KB111883

코스믹 홀로그램

THE COSMIC HOLOGRAM

정보로부터 창조된 우주

코스믹 홀로그램

쥬드 커리반 지음 | 이균형 옮김

정신세계사

코스믹 홀로그램

ⓒ 쥬드 커리반, 2017

쥬드 커리반 짓고, 이균형 옮긴 것을 정신세계사 김우종이 2020년 3월 30일 처음
펴내다. 배민경이 다듬고, 변영옥이 꾸미고, 한서지업사에서 종이를, 영신사에서
인쇄와 제본을, 하지혜가 책의 관리를 맡다. 정신세계사의 등록일자는 1978년 4월
25일(제2018-000095호), 주소는 03965 서울시 마포구 성산로4길 6 2층, 전화는 02-
733-3134, 팩스는 02-733-3144, 홈페이지는 www.mindbook.co.kr ; 인터넷 카페는
cafe.naver.com/mindbooky 이다.

2024년 5월 3일 펴낸 책(초판 제2쇄)

ISBN   978-89-357-0436-1 03400

이 도서의 국립중앙도서관 출판시도서목록(CIP)은 서지정보유통지원시스템
홈페이지(http://seoji.nl.go.kr)와 국가자료공동목록시스템(http://www.nl.go.kr/
kolisnet)에서 이용하실 수 있습니다. (CIP제어번호: CIP2020011527)

차 례

1부 ♦ 완벽한 우주 만들기 ♦

2부 ♦ 정보로부터 형성된 홀로그램 우주 ♦

3부 ♦ 우주의 홀로그램 속에서 공동창조하기 ♦

책의 내용을 언급하기 전에, 정신과 의사인 내가 왜 물리학자가 저자인 이 책의 추천사를 쓰게 되었는가에 대해 잠시 설명이 필요하다고 생각한다. 나는 환자의 깊은 내면과 영혼을 다루는 최면치료를 전문으로 하고 있는 정신과 의사이다. 한 사람 한 사람이 살아온 세월과 상처가 새겨진 인간 의식의 내면, 길고 힘든 세월 속에서 고군분투하며 성숙해가는 영혼들의 감동적 여정을 늘 들여다보면서 이 책에 소개되어 있는, 수많은 과학자들이 관찰하고 실험한 자료들의 많은 부분을 일상의 치료 속에서 늘 목격해왔다. 새롭게 밝혀지고 있는 첨단의 여러 과학이론들이 우리의 일상에 늘 작용하고 있는 오래된 현실이라는 사실을 분명하게 체험해왔다.

아마존 온라인 서점에서, 관심을 가지는 주제와 제목들을 검색한 후 새로 눈에 띄는 책들을 몇 권씩 주문하고 시간이 날 때마다 한 권씩 읽는 것이 나의 오래된 습관이다. 지난 20년간 주로 인간 의식 연구와 관련된 양자물리학과 여러 첨단 과학 분야의 책들을 읽으며 나는 환자들과의 최면치료 과정에서 만나는 불가사의한 체험들을 과학적으로 설명할 수 있는 새로운 지식과 실험결과들을 많이 얻을 수 있었다. 이 지식들을 실제 임상치료에 응용하여 새로운 치료기법들을 고안하고 발전시키는 데도 많은 도움을 받아왔다.

이 책도 《우주의 홀로그램(Cosmic Hologram)》이란 제목에 끌려 다른 몇 권과 함께 구입하게 되었다. 그리고 여러 달 동안 서가에 꽂아만 둔 채 잊고 지내다, 어느 날 문득 꺼내 읽기 시작했다. 나는 곧 책의 내용에 빨려 들어갔고 짧은 시간 안에 아주 흥미롭게 끝까지 읽었다. 여러 과학 분야의 새롭고 다양한 논문자료들과 실험결과를 모아 정리한 후 이를 바탕으로 우주와 우리 존재를 바라보는 새로운 관점을 전개하는 저자의 성실한 노력에 깊이 감사하는 마음이 들었기에, 책을 다 읽은 후 며칠간 망설이다가 간략하게 내 소개를 한 후 "책을 잘 읽었다. 좋은 내용에 감사하고 많은 부분에 공감한다"는 내용의 이메일을 저자에게 보냈다.

그 후 얼마간 시일이 흐르고, 내가 이메일을 보냈다는 사실조차 잊고 지냈는데, 어느 날 메일을 확인하니 저자로부터 답신이 와 있었다. 내용을 요약하면 "책을 잘 읽고 내용에 공감해준다니 감사하다. 계속 이 책에 대한 지지를 해주면 좋겠다. 지금 한국어로 번역하는 작업이 진행되고 있으니 번역하는 분이 연락을 취하도록 하겠다. 앞으로 책이 출간될 때 가능하면 추천사를 부탁한다"는 내용의 편지였고, 번역을 맡아 작업하고 있는 분의 휴대전화 번호도 적혀 있었다.

나중에 그 번호로 통화하면서 알게 된 것은, 번역을 맡은 분이 이미 여러 권의 무게 있는 책을 번역했고 《우주의 홀로그래피》라는 책도 저술한 정신세계사 전 편집주간 이균형 님이고 이 책도 정신세계사에서 출간할 예정이라는 사실이었다. 내가 오래전 첫 책을 출간했던 정신세계사에서 이 책이 출간된다는 사실이 반가웠고, 그 추천사를 쓰게 되었다는 사실 또한 단순한 우연은 아니라는 느낌이 들었다. 정신세계사의 김우종 사장님과 이균형 님도 내가 이 책을 이미 읽고 저자와 편지를 주고받았다는 사실을 반갑게 받아들였다.

이 책에 담겨 있는 여러 과학 분야의 전문지식을 열심히 읽을 독자들은 진정으로 인간의 삶과 우주의 본질에 대한 지적 탐구심이 깊은 분들이라고 생각한다. 그동안 과학이 많이 발달했다고 하지만, 따지고 보면 모든 지식의 가장 기초라고 할 수 있는 우주와 삶의 본질에 대해서는 별로 밝혀진 것이 없다. 편리한 물건들을 이것저것 만들어 쓰고 여러 가지 기술로 안락한 삶을 살고 있지만 우리는 아직 우주의 정체가 무엇인지, 어떻게 만들어졌고 왜 유지되는 것인지를 모른다. 우리 생명의 본질이 무엇인지, 왜 살고 죽는 것인지 역시 과학적으로는 제대로 밝혀진 바가 없다. 자신의 정체도 모르고, 살고 있는 집의 구조도 모르는 것이 우리의 현재 지식 수준인 셈이다. 이 의문들에 대한 답을 찾기 위해 저자는 여러 첨단 분야 과학자들의 최근 연구결과들을 소개하며 이 '물리적 현실세계'가 생성되고 유지되는 근원을 찾아가는 새로운 논리를 제시하고 있다.

양자물리학의 등장과 정밀한 실험관측 기법들의 개발로 과거에는 가설과 주장으로만 받아들여지던 여러 이론들이 증명되면서, 우주의 모든 현상과 물질계를 이루는 가장 근원적 요소가 '정보(information)'라는 사실이 새롭게 밝혀지고 있다. 물리적 세계를 이루는 원소와 입자뿐 아니라 생명체와 수많은 별과 은하 등 복잡한 에너지 체계까지도 근원에 깔려 있는 정보가 물질적으로 표현된 여러 형태일 뿐이라는 뜻이다.

저자는 정보가 에너지보다 더 근원적 요소이며, 정보의 바탕에는 우주 전체의 본질인 '의식(consciousness)'이 있다는 사실을 여러 과학 분야의 새로운 발견들을 근거로 설득력 있게 주장하고 있다. 인간의 의식도 이 근원적, 보편적, 우주적 의식의 한 부분이다. 우리 각자의 생각과 의식은 이 근원의식과 연결되어 창조의 에너지에 영향을 줌으로써 현실 창조에 참여한다. 즉 인간은 우주 근원의 의식이 창조한 현실의 한 부분이면서, 동시에 그 창조에 동참하고 있는 작은 창조자들이다.

오래전부터 현자들이 말해온 "모든 것은 마음의 창조물이다", "우주 전체는 하나의 거대한 생명체이며 그 안에 있는 모든 것이 하나로 연결되어 있다"라는 가르침들은 막연한 비유가 아니라 겉으로는 무질서해 보이는 현실의 이면을 정확히 이해한 설명이었다는 사실을 첨단 과학이 조금씩 더 증명해가고 있는 셈이다. 저자는 책의 서두에서 수천 년 전 인도 경전에 묘사된, 아름답고 무한하며 시작도 끝도 없는 우주의 모습을 소개하며 과학이 조금씩 밝혀내고 있는 우주의 모습이 이와 같다고 말한다.

여러 자료를 통해 저자가 주장하는 중요 내용을 몇 가지만 살펴보자면, 서로 모순되는 것처럼 보이는 양자물리학과 상대성 이론이 사실은 우주 안에서 정보가 표현되는 상호보완적 방식이며 이 관점으로 이해하면 전혀 모순이 안 된다는 설명이 먼저 눈에 띈다. 우주의 팽창 원인은 우주 안에 있는 모든 존재의 경험과 진화가 진행되며 쌓이는 정보의 양에 따라 엔트로피가 증가하는 결과라는 주장도 흥미롭고, 에너지의 변동을 표현하는 열역학 법칙의 방정식이 정보의 변동에도 그대로 사용될 수 있어 에너지와 정보는 둘이 아닌 하나라는 증거들도 인상적이다. 우주를 창조한 근원에 존재하는 의식과 정보가 우주의 가장자리로부터 중심을 향해 정밀한 홀로그램으로 투사되어 만들어지는 것이 곧 우리가 살고 있는 우주이며, 그 안에 담긴 모든 것은 이 홀로그램의 결과물이라는 논리 또한 흥미롭다. 우리의 생각과 말과 행동 역시 그 창조 작업에 동참하고 있는 에너지이기 때문에, 우리 각자는 자신의 생각과 말과 행동을 돌아보며 책임지는 삶을 살아야 한다는 결론에 이르는 점도 깊이 새겨야 할 점이다. 첨단 과학의 지식이 하나씩 모여 결론적으로 보여주는 이 우주의 모습은 의미도 목적도 없이 저절로 발생하여 기계적으로 유지되는 유물론적인 것이 아니라, 우리의 의식과 행동의 영향을 받으며 같이 진화하고 성숙해 가는 살아 있는 유기체에 가깝기 때문이다.

이외에도 독자들의 호기심을 자극하고 채워줄 새롭고 흥미로운 과학 지식이 이 책에는 가득하다. 그동안 이런 진지한 과학 서적이 국내에 소개된 경우가 별로 없었기 때문에, 이 책이 번역 출간된다는 사실만으로도 나는 큰 기쁨과 흥분을 느낀다. 우주의 실체와 우리 삶의 본질을 과학적으로 탐구하고자 하는 모든 분에게 이 책은 훌륭한 참고서로 오래도록 두고 읽을 만한 가치가 있다고 생각하며 일독을 권한다.

— 김영우 *

＊ 신경정신과 전문의, 의학박사, 김영우 정신건강의학과 원장(drhypnosis.co.kr)

이 책은 역작이다. 이 책은 당신에게 만약 우주를 창조하게 된다면 어떤 우주를 만들어낼 것인지, 거기에 어떤 재료들을 어떻게 배합할 것인지를 묻고 있다. 케이크 만드는 법에 대해 묻듯이 말이다. 다만 "무엇을?"과 "어떻게?"라는 이 두 질문이 만물의 총합인 우주를 포함하는 '만유'(all things)에 해당한다는 점이 다를 뿐이다.

그러나 이 책은 가벼운 지적 놀음이 아니라 아주 심각하고 진지한 이야기다. 여기에는 우주에는 무엇이 들어 있으며 그것들이 서로 어떻게 연결되어 있는지에 관한 정보가 가득하다. 이것은 내가 읽어본 중 가장 풍부한 정보를 담고 있는 책이다. 이 책을 읽노라면 마치 완벽한 케이크를 만드는 최고수 주방장의 비법을 전수받는 듯한 기분이 든다. 완벽한 우주를 만드는 비법. 이 비법의 노하우를 발견하는 일보다 더 야심 찬 일은 없을 것이다.

하지만 그보다도 더 야심 찬 일이 있는데, 이 책은 그것까지도 이야기한다. 우주가 '무엇'인지 또 '어떻게' 배합됐는지만이 아니라, '왜' 존재하는지를 알아내는 것 말이다. 이 '왜'라는 질문은 이 우주 속에 살고 있는 우리 자신에게도 해당한다. 이 책은 우리 존재의 의미와 목적에 대해서 질문을 던진다.

이 책은 '왜'라는 질문이 우리로 하여금 초월적 존재나, 현실의 본질에 관한 잠정적인 가설에 의지하게끔 만들지 않는다. 우리는 이런 질문을 제기하고, 과학의 최전방에서 발견되는 새로운 영역으로부터 이성적인 대답을 얻어낼 수 있다.

이 책은 나에게 선명한 '아하!'의 순간들을 선사했다. 여기에 거론되는 많은 사실과 이론들은 나도 익히 알고 있는 것이었지만, 이 책의 새롭고 선명한 조명 속에서 나는 그 의미를 재발견했다. 이것은 멋진 '아하!'의 순간이다. 이 책은 그저 이것 또는 저것에 대한 이해를 밝혀주는 것이 아니라 '만유'의 근본적 성질을 깨닫게 하고, 그것을 만드는 주방장의 정체를 알게 해준다.

그리스어로 코스모스Kosmos는 '질서 잡힌 전체'를 의미한다. 21세기 첨단과학이 조명하는 발견들을 바탕으로 쓴 이 책이 제공하는 한층 더 깊은 시야는 상호연결된 온전한 전체인 코스모스를 보여준다.

《코스믹 홀로그램》은 완벽한 우주 ― 우리의 우주 ― 를 만들어낸 정보를 밝혀준다. 독자들은 쥬드 커리반이 접시에 올려주는 통짜 코스믹 케이크를 맛보고 싶어질 것이다. 맛있게 드시길. 이것

은 마음이 열린 지적인 독자라면 누구나 그 맛을 길이 기억할 잔
칫상이다.

— 어빈 라슬로Ervin Laszlo ✳

✳ 어빈 라슬로 박사는 시스템 과학자이자 통합이론가이고 클래식 피아니스트이다. 노벨 평화
상 후보로 두 번 물망에 올랐던 그는 75권이 넘는 책을 썼고 400편이 넘는 연구논문을 발표했
다. 그는 국제적 씽크탱크인 부다페스트 클럽의 창시자이자 회장이고, 라슬로 고등연구소 소장이
다.(ervinlaszlo.com)

우리의 우주가 어떻게 지금과 같이 되었는지만이 아니라,

왜 그렇게 되었는지를 궁금해하며

그 증거를 따라 어디라도 가고자 하는

모든 이에게

시작도 끝도 없는, 반짝이는 빛의 그물을 상상해보라. 낱낱의 매듭마다 반짝이는 보석이 꿰어져 있다. 이 무수한 다면체의 보석들은 끊임없이 변화하는 무지갯빛으로 서로를 비춰주고 있다. 무한한 일체성을 드러내는 이 무수한 보석들은 끊임없이 영감을 주고받으며 공동창조를 통해 진화의 영원한 사이클을 굴려간다.

3,000년 전쯤, 인도의 신성한 경전 《아타르바베다Atharvaveda》는 우주의 이 장엄한 이미지를 처음으로 묘사하면서 그것을 '인드라의 망'이라 일컬었다. 그것이 베다 시대의 신 인드라가 창조한 우주의 모습이었다. 존재의 모든 규모에서 자신을 비춰 보여주는 그 완전한 실재(reality)의 모습은 오늘날 재발견되어서, 그만큼 시적이지는 못해도 마찬가지로 장엄하게, 과학의 언어로 다시 묘사되고 있다.

첨단과학이 이 21세기의 혁명을 이끌어가는 동안, 그것이 우리에게 부여해줄 것으로 보이는 힘과 권능은 우리 모두에게 깊은 영향을 미칠 것이다. 그것은 우리가 알고 있다고 생각했던 물질우주뿐만이 아니라 우리 자신과 실재의 본성에 대한 우리의 인식까지도 바꿔놓을 것이기 때문이다.

나는 어릴 적부터 이 현실이라는 것이 '실제로' 무엇인지를 이해하고 싶었고, 우주가 '어떻게' 만들어졌는지만이 아니라 '왜' 만들어졌는지를 알아내기 위해 필생의 여정에 나서고 싶다는 충동을 느꼈었다. 그 답에 대한 나의 과학적 추구는 다섯 살 때부터 시작됐다. 벌써부터 천문학에 매료되어 있었던 나에게 크리스마스 날 부모님이 선물해준, 영국의 천문학자 패트릭 무어Patrick Moore가 쓴 《소년(!)들을 위한 우주의 서書》(The Boy's Book of Space)는 큰 상이었다.

몇 년 후에는 양자量子(quantum)의 세계도 나의 관심을 끌어당겼다. 그리하여 결국 10대 후반이었던 1970년대 초에 나는 옥스퍼드 대학교에서 물리학 석사과정 공부를 하게 되었다. 거기서 나는 양자물리학을 전공하여 가장 미시적인 규모의 물질우주와 상대성 이론의 우주물리학을 탐사했다. 우주를 총체적으로 이해하려고, 그리고 동시에 가장 극단적인 조건하의 우주를 이해하려고 애쓰던 당시는 흥미진진한 시기였다. 빅뱅 기원설이 확정되고, 새롭게 발견된 블랙홀 현상을 두고 갑론을박이 소란하던 때였다. 무엇보다도 나는 물질우주에 대한 과학적 이해의 시야가 넓어짐에 따라,

그 기초를 다지고 다리를 놓는 일에 매진하고 있었다.

하지만 그때도 나는 이미, 시간과 공간에 대한 관점이 극도로 다른 양자이론과 상대성이론이 서로 근본적인 갈등을 겪고 있다는 점, 옥스퍼드에서 공부하던 당시 50년 넘게 이어져온 과학 연구가 아직도 통일이론을 만들어내는 데 실패한 점 등을 껄끄럽게 느끼고 있었다.

3학기 때 나는 내 담당교수인 데니스 시애머Dennis Sciama에게 이 난국이 해결될 수도 있다는 나의 생각을 개진했다. 케임브리지 대학교에서 최근에 옥스퍼드로 옮겨온 데니스 교수는 감사하게도 나를 두 사람의 선구적인 학자들이 이끌게 될 연구소에서 블랙홀과 소위 특이점에 대해 진행될 논의에 함께하도록 초대해주었다. 그것은 대학원 세미나였는데, 아마도 내가 거기서 가장 어린 사람이었을 것이다. 당시 스티븐 호킹Stephen Hawking은 이미 운동신경세포병에 걸려 있었고, 그의 동료 로저 펜로즈Roger Penrose는 질량이 큰 별의 중력붕괴가 어떻게 그런 시공간 특이점을 만들어낼지를 이론적으로 설명했다.

당시에도 이미 세계적으로 유명했던 두 과학자는 뛰어난 두 뇌를 인정받아서 바야흐로 아이작 뉴턴이 회장이었던 유명한 왕립협회에 특별회원으로 초빙될 예정이었다.

그 세미나에서 영감을 받고 데니스 교수의 격려에 힘입어서, 나는 블랙홀과, 블랙홀의 행태가 어떻게 (중력을 양자화할 방법을 찾아 양자이론과 상대성이론을 조화시키고자 하는) 양자중력이론에 통찰을 제공할 수 있을지에 대한 새로운 관점을 주제로 논문을 써서 대학 논문대회에 제출했다. 그리고 나는 수상의 영광과, 늘 가난에 쪼들리는 학생으로서 당시로는 아주 관대한 금액인 25파운드의 상금을 타는 기쁨을 누렸다. 하지만 그 논문에서 내가 썼던 맺음말이 훗날 어떻게 될지에 대해서는 거의 알아차리지 못하고 있었다. — "그런 극단적인 조건에서의 물질의 행태에 대한 우리의 지식은 현재로선 너무나 한정적이어서, 블랙홀과 특이점의 형성은 문제의 극히 일부분에 지나지 않음을 깨닫게 될지도 모른다."

그로부터 40여 년이 지난 현재, 호킹과 펜로즈를 위시한 여러 뛰어난 과학자들의 연구에도 불구하고 소위 암흑물질과 암흑에너지 — 그 본질은 아직도 알려지지 않았지만 — 의 발견은 과학자들로 하여금, 계속 발전해가고 있지만 아직도 갈등을 겪고 있는 물리학의 기본이론들이 기술하고 있는 우주론도 이제는 우주의 약 5퍼센트밖에 설명하지 못한다는 사실을 깨닫게 만들었다. 현재의 이해에 의하면 그 나머지는 그저 '실종상태'인 것이다.

하지만 두 이론의 갈등과 설명 부족(아니면 최소한 주류과학의 해석방식의 부족) 등 아직도 해결되지 않고 있는 이 모든 것보다 나에게 더 중요한 것은, 의식의 본질을 어떻게 이해하고 설명하고 통합시키느냐 하는 것이다.

실재의 가장 깊은 본질을 이해하고자 하는 필생의 탐구를 시작하던 때부터, 나는 이집트나 베다 시대의 인도 같은 고대 문화의 지혜에도 매료됐나. 이 전동들은 모두 (내가 나 자신의 탐구에서 알아가고 있던 것과 마찬가지로) 우주와 실재에 대한 인간의 인식에 관한 설명을 찾아내려고 애썼다. 그들의 우주론은 코스모스의 근본바탕,

곧 우주가 물질적 형체로 표현되는 데 가장 중요한 역할을 하는 것을 의식과 배후의 우주 지성으로 보았다. 이 지성을 우리가 현실이라 부르는 모든 것 속에 편재하는 것, 아니 본질적으로는 '현실 자체'인 것으로 본 것이다.

이런 관점들은 그런 심층의 실재로부터 우주의 형체가 현상화하여 생겨나오는 신비를 설명할 뿐만 아니라 뭇 생명의 의미와 목적까지도 이해하고자 했다.

과학은 이제야 겨우, 인드라망의 비유로 묘사된 뭇 시대의 현자와 샤먼과 성인들의 형이상학적 통찰과 체험을 따라잡기 시작하고 있다. 이 방면에서 가장 강력한 것은 네덜란드의 물리학자 헤라르뒤스 엇호프트Gerard't Hooft가 처음으로 제시한 홀로그래피 가설(holographic principle)이다. 1993년에 그는, 3차원으로 보이는 한 공간영역 속에 담겨 있는 모든 정보는 그 공간영역의 2차원 경계면에 담긴 홀로그램 정보로 대신할 수 있다는 견해를 제시했다.(참조 1: 이하 참조 표기가 된 내용은 책 뒤편의 '참고문헌'에서 출처를 확인할 수 있다. 편집부 주.)

우리는 앞으로 우리의 우주가 실로 하나의 '우주적인 홀로그램'(cosmic hologram)임을 보여주는 증거들을 하나씩 탐사하고 살펴볼 것이다. 거기에는 존재의 모든 규모(scale)의 모든 물리적 형상들의 배후에 존재하는 조화로운 질서와, 정보의 제닮음꼴 패턴이라는 속성이 내재해 있다.

태동하고 있는 이 홀로그래피 가설의 추이를 20여 년 동안 관찰해본바, 우리는 마침내 실로 '만물이론'(theory of everything)을 선사해줄 잠재력을 지닌 실재관實在觀을 갖게 된 듯해 보인다. 이 실재관은 창조의 정보와 의식, 그리고 궁극적으로는 우주의 지성이야말로 온 우주의 바탕이요 모든 곳에 스며들어 있는 근본임을 자각하게 하는, 과학적 근거를 지닌 혁명적 모델이다.

우리에게 새로운 권능을 부여해주는 이 심오한 통찰은, 20세기 과학의 발견과 통찰의 토대를 다지고 그 위에 집을 지어 올릴 뿐만 아니라 거기서도 훨씬 더 멀리까지 확장해 나간다.

홀로그래피 가설을 이해하기 위해서일까. 21세기의 첨단과학도 정보야말로 물질, 에너지, 공간, 시간보다도 더 근본적인 것이라는 사실을 이해하기 시작하고 있다. 곧 알게 되겠지만, 코스믹 홀로그램은 양자보다 훨씬 더 작은 플랑크Planck 규모의 미세한 물질의 수준으로부터 온 우주의 규모와, 우리의 일상적 현실을 포함하여 그 사이의 모든 수준에 이르기까지 다양한 과학연구 분야에서 그 모습을 드러내고 있다.

우리는 새로운 발견과 실험 증거에 의해 계속 보강되는 양자정보, 점점 더 복잡한 모습을 드러내며 진화해가는 우주, 홀로그래피 가설, 프랙탈fractal 기하학과 엔트로피 현상 등, 직물의 실처럼 서로 짜여 있는 이런 개념들이, 정보로 이루어진 현실의 심층으로부터 물리적 우주에 대한 일체의 인식이 일어난다는 사실을 밝혀주는 현장을 목격하게 될 것이다.

그 전체 그림은 아직 모습을 드러내고 있는 중이어서, 코스믹 홀로그램이 보여주는 이 새롭고 놀라운 전망에 과학이 제대로 눈을 뜨고 받아들이려면 더 오랜 시간을 통해 더 많은 발견이 이뤄져야만 할 것이다. 하지만 나의 소견으로는 이 개척적인 단계에 서조차 실재와, 우주 속 인간의 위치에 대한 우리의 인식을 변혁시켜놓을 그것의 잠재력은 과학의 손에만 맡겨놓기에는 너무나 중차대하다.

코스믹 홀로그램은 21세기판의 인드라망으로서, 우리의 '완벽한' 우주를 만들어내기 위해 필요한 모든 정보 — 설명서, 조건, 재료, 조리법, 그리고 그릇에 이르기까지 — 가 시간과 공간이 창조된 태초로부터 이미 완벽하게 마련되어 있었음을 보여준다. 마치 엄마가 맛있는 초콜릿 케이크를 만들 때처럼 말이다. 그리고 그 완벽한 우주는 갈수록 더 복잡한 생명체를 낳아서, 실재의 더 깊은 본성과 우주 속에 자신이 서 있는 자리와 온 목적을 궁금해하고 그것을 알아낼 수 있는(그리고 초콜릿 케이크를 즐기는), 자아의식을 지닌 인간을 진화시키기에 이른다.

우리는 또한 에너지와 물질과 공간과 시간으로 현상화한 물리적 우주를 하나로 엮고 있는 빛의 수수께끼도 살펴볼 것이다. 그 물리적 우주 속에 절묘하게 짜여 들어 있는 비범한 성질들은 아인슈타인이 '우주심'(cosmic mind)이라 불렀던 것의 지성으로 하여금 우리의 우주 속에서 그 창조성을 마음껏 발휘하여 자신을 표현할 수 있게 해준다.

그것은 '우리의' 우주, 곧 무한하고 영원하고 충만한 우주공간 속의 한 다중우주 속의 무수한 우주들 중의 하나, 우리를 '자아의식을 지닌' 존재로 진화시켜낸 그 우주다.

아무튼 나는 — 감사하게도 내가 늘 그래왔던 것처럼 — 당신도 놀라고 기뻐하게 되기를 소망한다. 아인슈타인도 우리의 완벽한 우주가 일련의 기본원리로부터 그 믿기지 않도록 복잡한 구조를 나타냄으로써 진화해올 수 있게 됐다고 말하지 않았는가. 그 기본원리들은 그보다 더 단순할 수 없다. 실제로 우리는 핵심을 꿰뚫는 그의 이 통찰을, 우리의 탐구가 온전한 것이 되도록 이끌어줄 길잡이로 삼을 것이다.

무엇보다도 우리는 우리 마음의 인식과, 가슴과, 내적, 외적 목적이야말로 인드라망의 반짝이는 소우주들이어서, 그것을 통해 코스믹 홀로그램의 온 우주가 공동창조되고 경험되고 탐사된다는 것을 보여주는, 갈수록 강력해지는 증거들을 살펴볼 것이다.

1부

완벽한 우주
만들기

사물의 특정한 배열방식이나 전후관계에 의해

전달, 혹은 묘사되는 것…

"존재의 근원은 비트bit다…. 만물은 정보다."

— 존 아치볼드 휠러John Archibald Wheeler, 이론물리학자

"존재의 근원은 양자비트(qubit)다."

— 데이비드 도이치David Deutsch, 양자정보물리학자, 옥스퍼드 대학교 퀀텀 컴퓨테이션 센터

이 책은 정보가 없었기 때문에 여태까지 저술되지 못했다. 그러니까 정보가 시대를 만난 것이 아니라, 그야말로 시대가 정보를 만난 것이다.

태동하고 있는 21세기 과학이 갈수록 물리적 현실을 하나의 우주적 홀로그램(cosmic hologram)으로 묘사하고 있음을 이해하기 시작해가는 마당에, 우리는 우선 정보의 기본적인 성질을 음미해볼 필요가 있다.

물질과 에너지가 움직이는 방식과 상호작용하는 방식을 정의하는 운동법칙과 열역학법칙은 기본적으로 정보의 법칙이다. 정보의 내용과 정보의 흐름이라는 개념이 물리적 현상을 여태까지보다 더 깊고 더 포괄적인 수준에서 묘사하는 데 사용되면서, 바야흐로 강력한 힘을 발휘하기 시작하고 있다.

21세기 과학의 두 기둥인 양자이론과 상대성이론도 정보이론으로 재해석되고 있다. 이것은 아직도 갈등을 빚어내고 있는 두 우주관을 마침내 화해시킬 잠재력을 지닌 발전 양상으로 받아들여지고 있다.

그러나 곧 알게 될 테지만, 이것은 그보다 훨씬 더 포괄적인 인식을 향한 첫걸음일 뿐이다. 그 인식은 물리적 우주의 완전성을 이해할 뿐만 아니라 존재와 경험의 '모든' 측면을 포용하는 우주론을 제시하고, 우주가 '어떻게' 지금과 같은 모습을 띠게 되었는지만이 아니라 '왜' 그렇게 되었는지에 대한 답까지 캐들어가는 것을 목표로 한다.

우리는 정보가 어떻게 에너지나 물질보다도, 게다가 실로 공간과 시간보다도 더 근원적인 무엇으로 인식되고 있는지부터 살펴볼 것이다. 그 과정에서 우리는 양자세계보다 1조 배의 1조 배나 더 작은, 말마따나 가장 작은 플랑크 규모의 물리계가 어떻게 정보를 모든 것의 근간으로 바라보는 우리의 (발전 중인) 통찰의 열쇠가 되는지를 깨닫게 될 것이다. 그리고 정보란 '실제로' 물리적인 것임을 이해하고, 정보가 어떻게 우리의 우주를 창조해내는지를 깨달아가는 여정에 나설 것이다. 그리고 동시에 그것은 우리가 '물리적'이라는 말로써 표현하는 실재에 대한 우리의 관점을 바꿔놓을 것이다.

미완의 혁명

한 세기쯤 전에 에너지와 물질, 공간과 시간에 대한 우리의 모든 관념이 송두리째 바뀌는 사건이 일어났다. 아이작 뉴턴을 비롯한 여러 과학자들이 열었던 17세기 개척시대로부터 당시에 이르기까지, 에너지는 물질과 운동의 한 속성으로 간주되었고, 공간과 시간은 그 자체가 절대적인 것이어서 본질적으로 '서로 별개이고, 진짜인' 사건들이 일어나는 배경으로서만 소극적으로 존재하는 것으로 여겨졌다.

그러나 19세기 말에 당대를 지배하던 이론들이 설명하지 못한 당혹스러운 현상들 — 예컨대 뜨거운 오븐이 방사하는 에너지 같은 — 이 균열을 노출시키면서, 결국 물리학의 두 가지 혁명적인 새 접근방식, 곧 상대성이론과 양자역학이 출현하게 되었다.

이 이론들은 뉴턴의 물리학이 틀리지 않았음을 보여줬다. 사실 우리는 아직도 뉴턴의 법칙을 일상 속의 온갖 용도뿐만 아니라 로켓 과학에까지 활용하고 있다. 다만 이 고전물리학은 아직 완성되지 않았던 것일 뿐이다. 상대성이론과 양자역학이 가져온 혁명적인 돌파는 뉴턴역학의 법칙을 더 확장시켜서, 그것이 우리의 우주에 대한 더 포괄적이면서 극적으로 다른 그림을 일상적 경험의 차원에서 모사해낸 근사치였음을 밝혀냈다. 이 더 큰 우주에서는 에너지와 물질이 서로를 보완해주는 표현물이었고, 서로 분리되어 있는 듯 보이는 '물체'라는 개념과 아직도 설명되지 않고 있는 '원격작용'(action at a distance)은 '영향력의 역장力場'(dynamic fields of influence)이라는 개념으로 대치됐다. 게다가 공간과 시간은 각각 관찰자의 위치에 따라 달라져서, 우리는 그것을 4차원 시공간이라는 결합된 개념에 의해서만 불변량으로 간주할 수 있게 됐다.

하지만 3세기 전에 뉴턴의 통찰이 부분적인 것에 지나지 않았듯이, 20세기의 과학혁명도 마찬가지였다. 미시적 규모에서 물리적 세계를 기술하는 양자이론도 거시적 규모의 물리적 세계를 기술하는 상대성이론과는 근본적으로 일치하지 않았다. 근본적으로, 양자이론에는 시간의 개념이 없다. 그리고 상대성이론의 시공간과 중력은 양자화(quantize)되어 있지 않다. 이 둘의 차이를 해결하려는 시도로서, 우주의 태초와 블랙홀 속의 극단적인 조건하에 놓인 물질에 대한 연구에서 나온 단서를 가지고 중력을 양자적으로 기술하는 방법을 개발하는 데에 많은 연구가 집중되었다. 하지만 80여 년에 걸친 시도에도 불구하고 두 이론은 아직도 완강하게 화해를 거부하고 있다.

이조차 모자란다는 듯이, 1960년에 미국의 천문학자 베라 루빈Vera Rubin이 최초로 보고한 설득력 있는 관측결과는, 예상 밖으로 빠른 은하계 외곽 천체들의 공전속도 — 중력효과로만 계측할 수 있는 — 는 '암흑물질'로 알려지게 된 뭔가가 존재해야만 눈에 보이는 별들이 밖으로 튕겨 나가지 않고 현재의 궤도에 머물 수 있음을 보여주었다. 이때부터 이 우주는 흔히 '미지의 것'으로 간주되는, '미약하게 상호작용하지만 무거운 아원자 입자'(WIMP: Weakly Interacting, but Massive subatomic Particle), 곧 암흑물질로 가득 차 있음이 알려졌다.

1990년대부터 관측되기 시작한 우주공간의 팽창속도도 우리가 예측한 것처럼 점점 느려지는 것이 아니라 사실은 점점 더 가속되고 있음이 밝혀졌다.(참조 1) 현재로는, 이것은 소위 '암흑에너지'라는 것의 존재 때문이라고 추정된다. 나중에 논의되겠지만, 시공간이라는 직물 자체에 내재된 팽창력인 이 우주상수를 설명해 줄 몇 가지 후보 이론이 있으나 아직 아무것도 증명되지는 않았다.

'암흑'에 싸인, 전혀 예상하지 못했던 우주의 이 두 요소는 아직 이해되지 못하고 있지만 현재 추정하기로는 우주의 모든 에너지와 물질의 95퍼센트를 차지하고 있어서, 20세기 과학의 바탕이자 아직 완성되지 않은 두 이론은 물리적 현실의 5퍼센트밖에 기술하지 못하는 이론으로 지위가 격하되어버렸다.

그렇다면 우리는 여기서 어디로 가야 할까?

과거의 과학혁명이 그랬던 것처럼, 그토록 어긋나 보이는 불편하고 이상한 현상들을 설명하고자 하는 노력만이 우주에 대한 더 폭넓은 이해와 훨씬 더 포괄적인 시야의 문을 열어줄 것이다.

하지만 암흑물질과 암흑에너지가 20세기 물리학의 확장된 경계 안에 통합될 수 있음이 증명될 가능성도 농후하다. 나에게 그것은 두 이론을 화해시키기 위한 노력일 뿐만 아니라 양자이론 과 상대성이론이 '왜' 그토록 완강하게 서로를 반목하는 것처럼 보이는가 하는 더 깊은 의문에 답하기 위한 노력이어서, 그것이야 말로 물리적 세계에 대한 우리의 이해뿐만 아니라 의식과, 현실 자체의 본질에 대한 우리의 이해까지도 뿌리 깊이 변혁시켜놓을 통로임이 밝혀질지도 모른다.

이 두 이론이 지닌 잠재력은 기술적으로 많이 활용되고 있지 만, 관찰자의 행위가 왜, 그리고 어떻게 양자 차원의 존재에 '실질 적인' 영향을 미치며, 비非국소적인 연결성 — 아인슈타인이 '공포 의 원격작용'이라 불렀던 — 이란 게 '진정' 무엇을 뜻하는가 하는 등의 다른 의문들은 부차적인 것으로 치부되어왔다.

그러다 이제야 양자 현상과 상대성 현상 속에 아직도 묻혀 있는 더 깊은 단서들이 고려되기 시작하면서, 존재의 모든 규모에 서 온 우주가 공동창조되고 있는 방식에 대한 훨씬 더 깊고 폭넓 은 인식으로 우리를 이끌어가고 있다. 아인슈타인이 이것을 알면 기뻐할 것이다. 정보물리학에 대한 이 새로운 이해는 첨단과학의 발견에 근거를 두고 있지만, 주류과학계에는 근본적인 도전을 뜻 한다. 그래도 다행인 것은, 과학적 방법론의 편향되지 않은 실질적 접근방식이 주류과학으로 하여금 건강부회하는 경직된 우주관과 이론들에 괘념치 않고 실험적이고 경험적인 증거를 따라가도록 송용하리라는 것이다.

기존 이론의 패러다임을 전혀 다른 방식으로 대하는 광범 위한 연구 분야들에서 지난 몇 해 동안 일어난 발견과 통찰을 통해 축적되고 있는 증거들이, 갈수록 우리의 우주를 홀로그램 형태의 정보와 같은 것으로 설명하면서 21세기의 새로운 과학혁명을 선도하고 있다. 이 혁신적인 관점이 지닌 잠재력은 물리적 세계에 대한 우리의 인식을 다시 한 번 변혁시킬 수 있는 정도보다도 훨씬 더 크다. 이 새로운 전망은 우리의 우주를 이해하려면 비물리적인 다차원의 정보가 필요하다는 것을 깨달아가고 있으므로, 그것을 탐사해가는 과정에서 우리는 우리 자신과 온 우주에 대한 이해에 어쩌면 이전의 어느 때보다도 더 근본적인 변혁을 겪게 될지도 모른다.

과학법칙이 정보에 관한 기술記述로 확장되고 재정의될 수 있다는 인식이 발전해온 과정은 19세기의 열역학 연구까지 거슬러 올라간다. 열역학은 열과 온도가 에너지, 일, 엔트로피와 어떻게 연관되는지를 연구하는 물리학 분야다. 이전에는 열역학이란 한 계界(system) 안의 질서도나 무질서도를 측정하는 학문으로 가장 흔히 이해되어왔지만, 이제는 좀더 본질적으로, 한 계가 지닌 정보의 내용과 흐름에 관한 학문으로 간주된다.

19세기 말에 오스트리아의 물리학자이자 철학자인 루드비히 볼츠만Ludwig Boltzmann은 기체의 행태에 관한 연구로부터 원자와 분자의 존재를 예언했다. 당시에 그는 대부분의 과학자들로부터 반박을 받았고, 그로 인해 이미 심해지고 있었던 그의 정신허약 증세가 더욱 악화되어, 안타깝게도 그는 1906년에 자살로 생을 마감해버렸다. 그러나 그로부터 2년 후에 원자의 존재가 확인되고 그의 이론이 옳았음이 인정됨으로써 그의 죽음은 더욱 비극적인 사건이 되었다.

20세기 중반에 벨 연구소의 과학자 클로드 섀넌^{Claude Shannon}은 통신(communication) ─ 달리 말해서 정보의 소통 ─ 에 관한 그의 연구에서, 기체 에너지의 엔트로피를 열역학적으로 기술하는 수학공식과 한 계의 정보량(information content)을 기술하는 수학공식은 '정확히' 같다는 것을 보여주었다.

엔트로피를 에너지와 정보 양쪽과 연결시켜주는 이 아주 단순하고도 엄청나게 중요한 방정식은, 에너지와 물질을 연결해주는 아인슈타인의 그 유명한 방정식만큼 하루빨리 널리 받들어져야만 한다. 그 의미의 중차대함은 가히 아인슈타인의 방정식과 어깨를 나란히 할 만하니까 말이다. $S=k\log W$라는 이 방정식에서 S는 엔트로피를 나타내고 k는 볼츠만의 이름을 딴 볼츠만 상수, $\log W$는 본질적으로 한 계의 에너지 상태, 곧 정보량의 로그^{log(對數)}이다.

곧 알게 될 테지만 지난 몇 년간, 볼츠만의 비석에 새겨진 이 방정식이 뜻하듯이 정보와 에너지의 이런 동질성, 그리고 정보와 엔트로피 개념 사이의 관계는 정보가 사실은 '더' 포괄적이고 '더' 근본적인 것이어서, 실로 정보는 에너지와 물질의 보존을 통해서는 상보적으로, 그리고 시간 자체의 흐름을 통해서는 엔트로피로서 자신을 표현히고 있음을 보여주고 있다.

1666년 케임브리지 대학교는 당시 전국을 휩쓸었던 런던 대역병 때문에 임시휴교에 들어갔다. 링컨셔^{Lincolnshire} 주의 울즈소프Woolsthorpe라는 작은 마을에서 살고 있던 젊은 아이작 뉴턴은 이 기회를 알차게 활용했다. 그는 그 시기에 광학을 연구하고, 변화를 계산하는 수학인 미적분법을 개발했을 뿐만 아니라, 훗날 자신의 전기 작가 윌리엄 스터클리William Stukeley에게 이야기했듯이 정원에서 사과가 떨어지는 것을 보는 순간 영감을 얻어 중력의 법칙을 발견했다.

몇 해 후에 그는 17세기에 요하네스 케플러Johannes Kepler가 발견한 행성의 타원궤도운동 법칙도 중력의 법칙을 따른다는 것을 증명할 수 있었다. 그럼으로써 그는 중력이 지구에서만 작용하는 힘이 아니라 태양계 전체를 지배한다는 사실을 증명했고, 따라서 그것이 우주 전체를 지배하는 힘임을 유추할 수 있게 했다.

사실, 물리학의 모든 기본법칙은 '보편적(universal)'이어서 공간과 시간의 조건과 상관없이 온 우주에 두루 적용된다. 이러한 보편성은 너무나 명백하고 당연하게 느껴지기 때문에, 우리는 우리의 온 우주와 그 안에서 나타나는 모든 현상이 본래부터 속속들이 서로 연결되어 있다는 엄청나게 심오한 이 사실을 곧잘 망각해버리곤 한다.

소립자이든 사람이든 행성이든 은하단이든 간에, 우리 우주 속의 하위계들은 완전히 고립된 채로는 존재할 수가 없다. 존재의 모든 규모상의 만물은 원초적으로 정보의 내용과 흐름과 과정에 의해 서로 연결되어 있음이 점차 밝혀지고 있다. 앞으로 더 깊이 들여다보면 깨닫게 되겠지만, 이 정보란 그저 기초적인 수준의 데이터가 아니라 모든 것에 속속들이 스며들어 있는 패턴과 관계들이다.

우리는 전체 윤곽이나 질서가 파악되지 않는 상태를 흔히 '임의적(random)'이라는 말로 표현하곤 하지만, 이론물리학자이자 철학가인 데이비드 봄David Bohm은 1987년에 전일주의全一主義(holistic) 학자이자 저술가인 데이비드 피트David Peat와 나눈 대담에서 이렇게 말했다. "임의성이야말로 자연계, 그리고 궁극적으로는 만물의 본질적이고 불가해하고 분석 불가능한 속성이라고들 합니다. 하지만 어떤 맥락에서는 임의적인 것이 그보다 더 큰 다른 맥락 속에서는 필연적인 단순한 질서라는 사실이 드러날 수도 있습니다."

양자 차원의(그리고 실로 우리 우주 속의 모든 규모의) 현상들은 실제로 확률적으로 나타나기는 하지만, 종종 묘사되듯이 그것이 정말로 '임의적'이거나 우연에 뿌리를 두고 있지는 않다. 양자는 그것이 담고 있는 정보가 정하는 가능성 범위 내의 확률에 따라 행동한다.

실제로, 우주를 홀로그램으로 바라보는 새로운 관점은 우리 우주의 그 어떤 것도 궁극적으로는 결코 임의적이지 않음을 밝혀내고 있다. 물질세계에 나타나는 모든 것은 비물질적인, 즉 정보가 창조해낸 현실의 질서정연한 심층으로부터 출현한다.

정보는 물리적인 것이다

몇 해 전에 계단에서 굴러떨어져서 시멘트 바닥에 내동댕이쳐지면서 팔뼈가 으스러졌을 때, 나의 몸은 온통 고통에 비명을 질렀고 이 물실세계는 사무칠 정도로 '물리적으로' 느껴졌다. 그 순간

코스믹 홀로그램

만은, 우리가 물리적이라고 말하는 모든 것의 99.99999999999퍼센트는 사실 무無이고 나머지는 에너지와 정보가 여기勵起(excitation)되어 만들어내는 패턴이라는 사실을 스스로 주지시키기에 적당한 때가 아니었다.

이 사실은 단지 행성과 별들과 은하계들 간의 엄청난 거리만을 가리키는 것이 아니라 양자 규모의 세계가 보여주는 본연의 광활한 성질도 가리킨다. 흔한 비유로, 수소 원자핵의 양성자 하나를 농구공에 비유한다면 궤도를 도는 전자는 그로부터 12킬로미터 밖의 궤도를 돌고 있는 한 점이라는 설명을 통해, 우리는 이 희박한 물질성을 시각적으로 그려볼 수 있다.

이보다 한 술 더 떠서, 원자핵은 사실 힘의 장으로 이뤄져 있는데, 그 안에서 양성자와 중성자를 구성하는 소립자인 쿼크quark는 현재의 양자이론 표준모형에 의하면 점點입자(point-particle)이다. 달리 말해서, 쿼크는 내용물이나 '공간적' 크기를 지니고 있지 않거나, 아니면 현재의 기술로는 측정이 불가능할 만큼 너무나 작다. 전자를 비롯해서, 에너지와 물질의 가장 기초적인 구성요소로 여겨지는 실로 모든 '소립자'들도 마찬가지다.

물리적인 것에 대한 우리의 관념의 기반 자체가 이처럼 허무한 가운데, 우리 몸속의 원자들이 주위의 물질들과 섞이지 않도록 막아주는 것은 덴마크의 물리학자 볼프강 파울리Wolfgang Pauli의 이름을 딴 소위 파울리의 배타원리뿐이다.

이 원리는 어떤 두 개의 쿼크나 전자도 동일한 양자상태를 점할 수 없다고 선언한다. 즉, 같은 시간 같은 장소에 같은 에너지를 가지고 존재할 수 없다는 것이다. 이 규칙은 원자의 화학적 행태를 지배할 뿐만 아니라 주기율표상의 원소들과, 그 원소들의 엄청나게 다양한 성질들이 존재할 수 있게 해준다. 그리고 원자를 구성하는 아원자 입자들이 서로 너무 가까이 접근하지 못하게 막아주고, 본질적으로 안정되어 있는 물질의 성질도 설명해준다.

지난 몇 해 사이에 1980년대의 끈이론의 계승자로 등장한 M이론은 양자역학과 중력의 화해를 목표로 삼았다. 이것은 표준모형의 0차원의 점 같은 입자를, 진동하는 1차원의 끈 — M이론에서는 '브레인brane'이라 불리는 홀로그램 경계면과 연관되는 — 으로 대치했다. 하지만 이 또한 내부구조를 지니고 있지 않은 것으로 본다. 1995년 에드워드 위튼Edward Witten이 처음으로 추론하고 이름 붙인 M이론과 그 밖의 다른 경쟁이론들이 갈수록 심오한 통찰을 제공하고 있지만, 그 전부는 단지 물질성의 허약한 근본바탕을 또 다른 유령 같은 대체물로 바꿔놓을 뿐이다.

나중에 알게 되겠지만, 오직 우리는 더 근본적인 정보의 속성으로써 물질성의 유령 같은 속성을 비추어보아야만 물질현실의 경험을 일으키는 근원인 원초적 실재를 인식할 수 있게 된다.

1931년에 양자이론의 가장 위대한 개척자들 중 한 사람인 막스 플랑크Max Planck는 이렇게 말했다. "나는 의식이 근본이고, 물질은 의식으로부터 파생되어 나온 것이라고 생각한다." 그로부터, 그리고 그 이전에도 아인슈타인을 포함한 많은 과학자들이 이와 비슷한 견해를 표했다.

1991년 정보이론 학자 롤프 랜다우어[Rolf Landauer]는 최초로 정보의 근본적인 물리적 성질 — '의식'과 관련된 모든 개념들 속에도 내재되어 있는 — 을 노골적으로 언명했다.(참조 2) 우리는 이 중대한 통찰을 세 가지 주요한 시각으로부터 살펴볼 것이다. 첫째, 양자의 행태를 어떻게 정보의 언어로 설명할 수 있을지. 둘째, 엔트로피의 물리적인 근본 개념과 정보가 어떻게 서로 필연적으로 연결되는지. 셋째, 모든 물리법칙과 자연현상을 정보의 관점에서 어떻게 다시 표현할 수 있을지. 이 세 접근방식 모두에서 우리는 어떻게 하면 보편적인 모든 물리적 성질을 정보의 과정, 상태, 흐름으로 바라보고 다시 표현할 수 있을지를 살펴볼 것이다.

정보가 모든 물리계의 고유한 속성이라는 또 다른 증거는 헝가리 출신 미국 물리학자인 실라르드 레오[Szilard Leo]가 최초로 제시했다. 그는 한 조각의 디지털 정보, 곧 비트를 저장하려면 아주 작은 일정량의 일이 필요함을 보여주었다.(참조 3) 그 후 랜다우어는 그 정보 조각을 지우면 엔트로피가 정확히 동일한 양인 $kT\ln2$만큼 늘어난다는 것을 보여주었다. 여기서 k는 볼츠만 상수이고 T는 온도, 그리고 $\ln2$는 2의 자연대수이다. 지금은 랜다우어의 원리로 알려진 법칙이 이것이다.

마지막으로 2012년에는 물리학자 앙투안느 베루트[Antoine Berut], 에릭 루츠[Eric Lutz]와 그 동료들이 한 비트의 정보를 지우면 열이 얼마나 소실되는지를 측정함으로써 실라르드와 랜다우어의 예측을 실험적으로 증명할 수 있었다.(참조 4) 그들은 <네이처>지에 올린 보고서에서, 에너지와 정보 사이의 관계 속에서 열과 온도가 행하는 역할들 사이의 연관성을 증명하는 데 성공함으로써 정보가 본질적으로 물리적인 성질을 지니고 있음을 입증했다.

양자 정보

정보를 모든 것의 근본으로 바라보는 관점은 물질과 에너지가 왜 양자화되며, 양자 차원의 존재가 왜 파동과 입자의 양면성을 띠는지를 더 깊이 이해할 수 있게 해준다. 하지만 양자이론을 정보의 관점에서 바라보기 전에, 이 두 중요한 초석을 그 개척자들이 이해했던 대로 에너지의 관점에서 잠시 되살펴보자.

새로운 통찰 이전까지 고전물리학은 우리의 우주를 하나의 연속체로 바라봤다. 플랑크는 뜨거운 오븐이 어떻게 열을 복사輻射하는지와 같은, 아주 단순해 보이는 현상을 설명하려고 애쓰던 중에 최초로 양자라는 개념에 대한 인식을 이론적으로 제시하게 됐다.

문제는, 열과 빛에 대한 고전 전자기이론은 가장 이상화된 열원熱源인 소위 흑체로부터의 그런 열복사는 연속적이고 무한하게 일어나야 한다는 생각을 고집했다는 점이다. 이 같은 생각은 복사에너지의 총합은 이론적으로 무한대가 되어야 한다는 결과를 가져와서, 이런 말도 안 되는 결과에 곤혹스러워진 당시의 물리학자들은 이것을 '자외선 파국'이라 불렀다.

하지만 아인슈타인은 플랑크의 통찰을 받아들이고 적용하여 이 문제를 해결했다. 그는 1922년에 노벨 물리학상을 받았는데, 그것은 에너지-물질 등가방정식이나 시간-공간의 상대성원리 덕분이 아니라 이 문제를 해결한 공로 때문이었다.

아인슈타인의 설명은 자외선 파국과 관련된 문제, 곧 소위 광전光電효과에 대한 그의 연구를 통해 나왔다. 금속판에 쬐어진 빛이 금속 표면에서 전자가 방출되게 하는 현상 말이다. 빛을 연속적인 성질의 것으로 여긴 고전이론에 의하면, 금속판에 더 강한 빛을 더 오래 쬘수록 더 많은 전자가 방출되어야만 한다. 그러나 이것은 관찰된 사실과는 달랐다.

빛의 강도나 광선이 쬐어진 시간과는 상관없이 특정 주파수의 에너지 문턱 너머의 빛만이 전자를 해방시킬 수 있다는 사실을 깨달은 아인슈타인은 빛이 불연속적인 다발, 곧 플랑크가 이론화한 양자의 단위로 여행하며, 그 에너지는 주파수에 의해 증가한다는 설명을 제시했다.

그러니까 점점 더 높은 에너지를 지닌 주파수의 광선을(예컨대 빨강에서 파랑, 그다음은 자외선을) 금속판에 비추면 ─ 강도가 매우 약하더라도 ─ 각각의 양자는 금속에서 전자가 튀어나오게 만드는 데 필요한 만큼의 에너지를 지닌다.

아인슈타인의 천재성은 양자화의 결과인 광전효과가 플랑크 자신도 이해하려고 무진 애썼던 수수께끼까지 설명해준다는 사실을 알아차린 데에 있다. 뜨거운 오븐의 복사열이 유한한 이유 말이다. 여기서도 복사에너지는 고전이론의 연속적이고 무한한 파장 스펙트럼이 아니라 특정한 양의 에너지를 지닌 불연속적인 양자로 표현된다. 그러면 그 에너지의 총량은 유한해진다.

그러나 에너지와 물질의 양자화는 양자이론의 한복판에 놓여 있는 파동과 입자의 상보적 관계의 단지 한 측면에 지나지 않는다. 현실의 본질과 관련해서 그것이 실제로 의미하는 바에 대해서는 각자 입장이 달랐지만, 닐스 보어Niels Bohr와 베르너 하이젠베르크Werner Heigenberg, 아인슈타인과 플랑크 등 20세기 초의 선구적인 물리학자들은 물질과 에너지는 입자로도 파동으로도 간주될 수 있음을 간파했다. 예컨대 빛이라는 전자기파동 형태의 에너지는 양자화된 하나의 광자光子처럼 행동할 수도 있다. 1924년에 프랑스의 물리학자 루이 드브로이Louis de Broglie는 그다음 단계의 논리를 추적하여, 모든 소립자들도 파장이 아주 짧긴 해도 파동과 같은 행태를 보인다는 것을 발견했다.

1926년, 오스트리아의 물리학자 에르빈 슈뢰딩거Erwin Schrodinger는 몇 주일밖에 안 되는 매우 치열한 시기에 발표한 일련의 과학논문을 통해, 훗날 양자들끼리의 행동 역학과 파동-입자의 상보적 역학을 이해하는 큰 기반이 된 공식 — 슈뢰딩거 방정식 — 을 제시했다.

마치 거짓말처럼 단순한 슈뢰딩거의 방정식은 확률의 관점에서 한 계에서 가능한 '모든' 양자상태를 포함하는 한 개의 파동함수 속에 일련의 변수를 집어넣어서 만들었는데, 그 확률은 파동의 형태로 펼쳐졌다. 가장 일반적인 형식으로 표현하면, 이 방정식은 이런 상태들의 상대적인 확률이 시간이 지남에 따라 어떻게 전개되는지를 보여준다. 그 확률은 관찰되고 측정됨으로써만 물리적 영역에서 특징한 상대를 취한다.

20세기의 가장 중요한 과학적 통찰 중의 하나로 올바로 평가되어 노벨상의 영광을 안은 슈뢰딩거의 방정식은, 양자 규모뿐만이 아니라 우리의 온 우주를 포함하는 모든 규모의 물리계에 관해 알 수 있게 하는 가장 완전한 양의 정보를 밝혀내준다.

하지만 슈뢰딩거의 파동함수는, 물리적 세계가 아니라 소위 복소평면複素平面상에서, 시간이 감에 따라 배후의 확률이 어떻게 전개되는지를 관찰했을 때 한 계가 어떻게 물리적 세계에 현실화될 수 있는지를 예측한다. 이것은 여러 해 동안 양자의 행동을 예측하는 데 매우 유용한 수학적 추출법으로만 여겨져왔다. 그런데 뒤에서 좀더 자세히 살펴보겠지만, 최근에 와서 학자들은 복소평면을 비롯한 비물리적 공간과 차원들이야말로 그로부터 우리의 우주가 물리적 모습을 띠고 출현해 나오는, 배후의 심층 현실임을 갈수록 깊이 깨달아가고 있다.

물질과 에너지의 양자화와 파동-입자의 상보적 속성에 대해 간략하게 설명을 했으니, 이제 우리는 그것을 정보의 관점에서 재해석해볼 수 있게 되었다.

고전물리학의 자외선 파국 문제가 부각시켰듯이, 근본적으로 하나의 연속체는 문자 그대로 무한한 정보를 담을 수 있는 용량을 지니고 있다. 하지만 우리의 우주는 유한하다. 이 우주 속에서 시간은 말 그대로 138억 년 전 빅뱅 때 시작됐다. 그리고 물리적 공간과 시간은 시공간연속체라는 결합체로서만 존재할 수 있다는 우리의 이해를 따르자면, 공간이 유한하면 시간도 유한해야만 한다.

유한한 우주는 유한한 정보밖에 구현하지 못한다. 그러므로 본질적으로 무한한 비물리적 파동함수의 무한한 잠재력이 유한한 현실로 실현되게 하려면 어떤 메커니즘이 필요하다. 그런데 본래 불연속적인 특성을 지닌 양자화야말로 바로 그와 같은 메커니즘이어서, 시공간 속에 유한한 정보가 표현될 수 있게 해준다.

우리는 컴퓨터 데이터 처리에 쓰이는 1과 0의 비트로 이뤄진 디지털 벽돌의 개념을 잘 알고 있다. 하지만 그런 비트들은 가장 단순한 표현물로서, 유한한 모든 정보를 지어내는 '벽돌'이다. 이것은 최소한의 에너지로 최대한 안정된 상태에서 정보를 처리할 수 있게 해준다. 벽돌로 집을 지어 올리듯이, 비트들을 결합하면 모든 가능한 결과를 — 그리고 복수의(multiple) 결과들을 — 가장 효과적으로 표현할 수 있게 된다.

요컨대 정보는 디지털이고, 그래서 양자화되어 있으므로 우리 우주의 물질과 에너지도 양자화되어 있는 것이다. 정보가 양자화되어 있는 것은 그것이 전달에 가장 효과적인 방식이기 때문이다.

현실로의 화현

정보의 관점에서 바라보면 파동-입자 상보성이 어떻게 에너지-물질을 한 형태, 혹은 다른 형태로 관찰되게 만드는지를 더 잘 이해할 수 있게 된다. 그 열쇠는 물체의 분명한 상태를 어떻게 관찰하고 측정하느냐, 달리 말해서 그것에 대한 정보에 '어떻게' 접근하느냐 하는 데 있다. 본질적으로, 현실로의 화현化現은 존재와 그 환경 사이에서 일어나는 정보의 상호작용으로부터 파생된다. 그 순간 전까지는, 슈뢰딩거의 방정식은 그것의 파동-입자 양면 모두의 확률과 가능성이 전개되는 양상을 기술할 뿐이다.

현실의 화현이 일어나는 메커니즘에 대한 이러한 이해는 지난 몇 해 동안에 한층 더 세련된 방법으로 검증을 받았다. 2012년, 소위 '양자 지연선택 실험'(quantum delayed-choice experiment)에서 발견된 현상을 보고하는 획기적인 논문이 중요한 기본적 의문에 답을 제공해줬다. 양자 차원의 존재는 측정방식에 따라 파동 아니면 입자로 변하는데, 이 실험은 그것이 '조건에 따라 파동 아니면 입자처럼 행동하는가', 아니면 '측정되기 전까지는 늘 양쪽 다인 상태로 있는가' 하는 의문을 푸는 것을 목표로 했다.

　　논문의 대표저자인 영국 브리스틀Bristol 대학교의 알베르토 페루조Alberto Peruzzo가 밝혔듯이(참조 5), 연구팀은 높은 수준의 비국소적 행태도 탐지할 수 있는 측정 과정을 최초로 고안하여 광자가 파동인 동시에 입자인 상태로 존재할 수 있게 만들고, 그 사실을 밝혀낼 수 있게 했다. 이 실험에서는 광자의 비국소적 얽힘이 광자가 입자로 행동할 건지 파동으로 행동할 건지에 대한 선택을 지연시킬 수 있게 했다. 광자의 파동과 같은 형태가 표출되도록, 아니면 입자와 같은 형태가 표출되도록 자극했을 관찰자의 지연선택을 비국소성이 감쪽같이 대체한 것이다.

　　양자가 자신의 파동적 측면을 드러낼지 입자적 측면을 드러낼지에 대한 선택이 사실은 관찰로부터 일어난다는 것을 알아낸 과학자들은, 그렇다면 양자가 왜 때로는 파동처럼 행동하고 때로는 입자처럼 행동하는지를 밝혀내기 위해 계속 애썼다. 그러는 한편 역시 과학자들은 과학자들이어서, 양쪽을 동시에 관찰할 방법이 있는지도 알아내려고 애썼다.

2004년과 2006년에, 이란 출신의 미국인 물리학자 샤리아르 압샤르Shahriar Afshar는 그보다 더 세련된 실험을 통해 빛의 파동과 같은 간섭무늬를 보여주면서 동시에 빛의 양자 입자, 곧 광자가 지나간 경로를 측정해냄으로써 양자가 파동 아니면 입자로만 나타나야 한다는 '행위규범'을 위반한 것처럼 보이게 함으로써 동료들을 어리둥절하게 만들었다.(참조 6) 2012년에 이어진 한 실험에서는, 일단의 독일 과학자들도 압샤르의 발견을 입증해주는 것으로 보이는 실험을 행했다.(참조 7)

그러나 2014년에 엘리엇 볼덕Eliot Bolduc과 로버트 보이드Robert Boyd를 위시한 캐나다와 미국의 물리학자들은 이 외견상의 발견들이 제기한 문제를 재분석해본 결과, 정보에 접근하는 방식에서 야기되는 결함을 발견해냈다.(참조 8)

그들은 어떤 실험이든 그 준비단계에서 관찰과 측정을 어떻게 하여 정보를 얻어낼 것인지를 선택해야만 한다는 점을 깨달았다. 말하자면 실험장비가 환경과 어떻게 상호작용하게 할지를 택해야만 하는 것이다. 예컨대 '입자의 경로'에 관한 최선의 정보를 제공해줄 실험환경 측면을 측정하기로 선택할 수도 있고, 아니면 '파동적인 행태'가 만들어내는 가장 선명한 간섭무늬를 제공해줄 측면을 측정하기로 선택할 수도 있다.

그러므로 상보성을 제대로 시험하기 위해서는 측정장치가 그 계의 가능한 모든 성태에 대해 똑같이 민감해야만 한다. '공정(fair) 샘플링'으로 알려진 조건 말이다. 2014년의 캐나다-미국 연구팀이 독일 연구팀의 2012년 실험과 압샤르의 그 전의 분석에 이

조건을 적용해보았을 때, 그들은 그 실험들이 공정 샘플링 원칙을 위배했음을 밝혀냈다. 그리하여 이제는 파동-입자 상보성에 관한 모든 실험은 정보가 편향되지 않도록 공정하게 측정할 것을 엄격히 요구받고 있다.

2014년의 발견은 파동-입자 상보성이 시공간 본연의 한 속성임을 가리키는 과거의 모든 실험의 증거들을 확증해준다. 그래도 환경과 관찰자가 모든 실험과 얼마나 완벽하게 상호연결되어 있는지를 깨닫기 위해서는, 정보가 어떻게 그러한 상보성의 출현에 막강한 막후의 영향을 미치는지에 대한 이해를 쌓아가는 것이 필수적이다. 달리 말해서, 분리된 '객관적' 현실은 존재하지 않는다. 그리고 우리의 온 우주는 하나의 일관적이고 통합된, 정보로써 이루어진 실체다.

문자 그대로, '관찰자'의 의식과 별개로 존재하는 '환경'은 없다.

＊

우리의 탐사를 더 이어가기 전에 이쯤에서, 우주를 정보로 바라보는 홀로그래피 모델이 등장하기 전에 양자물리학자들이 어떻게, 내 소견으로는, 장차 과학사상 가장 대표적인 헛발질 중의 하나로 평가될 가설을 만들어냈는지를 잠깐 살펴보자.

이 가설은 '다세계 해석'(MWI: many worlds interpretation)이라 불리는데, 다중우주 개념의 여러 버전 중의 하나다. MWI는 현실의 본질을 무한히 다양한 역사와 현재와 미래를 가진 무한수의 평행 우주로 이뤄진 것으로 기술하고, 그 모든 우주는 똑같이 '진짜'라고 주장한다.

MWI는 사건에 대한 관찰이 그 결말에 영향을 미친다는 실험 증거에 대한 해석 — 코펜하겐 해석 — 에 반하는 반응이었다. 곧 알게 되겠지만, 코펜하겐 해석을 지지해줄 뿐만 아니라 그것을 정보가 바탕이 된, 온전하고 비국소적으로 상호연결되어 있고 궁극적으로 지성을 지닌 우주관으로 확장시켜주는 증거들이 갈수록 많이 쌓여가고 있다.

그러나 이 21세기의 관점이 견인력을 얻기 전인 1957년에 미국의 물리학자 휴 에버렛Hugh Everett이 MWI의 시나리오를 제시했었다.(참조 9) 60년대와 70년대에는 그의 동료 물리학자 브라이스 셀리그먼 드윗Bryce Seligman Dewitt에 의해 이 개념이 대중화되고, 공상과학의 사색 주제로 등장했다.

MWI는 양자 규모의 '모든' 사건의 모든 가능한 결과는 무한한 다른 우주들 속으로 분지分枝해 들어가서 실제로 존재하고 있다고 전제함으로써, 현상계의 배후에 속속들이 스며들어 있는 정보와 지성과 의식을 외면하려고 한다. 본질적으로, MWI는 실재의 본질을 이해함에서 의식을 더 깊이 고려하거나 개입시켜야 할 필요성을 배제하는 것이 그 목적이다.

그러나 그런 속셈을 위한 메커니즘은 존재하지도 않거니와, 그것은 물리학의 모든 원칙을 터무니없이 위반해서, 그럴듯한 이유도 없이 불가해하고 불필요한 문제만 한 층 덧씌워놓는다. (이제

속 시원히 털어놨으니 다음으로 가자.)

모든 양자계가 그것이 현실로 화현되기 전까지는 확률들이 중첩된 채 파도처럼 일렁거리는 상태로 존재하는 것과 마찬가지로, 그 확률 정보도 구체적인 비트로 현실화하기 전까지는 중첩된 '큐비트qubits'(quantum bits, 양자 비트)로 존재한다. 이것은 정보에 대한 우리의 이해를 양자정보의 수준으로 확장시켜서, 양자이론을 단지 에너지와 물질에 대한 기술을 넘어 더 근원적인 정보의 관점에서 표현되게 한다.

큐비트는 슈뢰딩거 파동함수의 확률 속에 박혀 있는 정보의 벽돌이다. 디지털화된 비트에게는 '존재'가 자신의 현실화된 단일한 상태를 구체적으로 명시하는 정보인 것처럼 말이다.

0 아니면 1로만(혹은 어떤 형태든 이원적인 켜짐/꺼짐 상태로만) 존재할 수 있는 비트와는 달리, 큐비트는 두 상태의 어떤 조합 속에도 중첩해서 존재할 수 있다. 그것이 상호작용하거나 관찰되거나 어떻게든 측정되기 전까지는 큐비트에 관한 정보에 접근할 방법은 없다. 그리고 그것이 어떤 구체적 상태로 넘어가서 비트로 묘사되고 나면, 그러한 측정 이전의 중첩된 상태에 관한 정보로 되돌아갈 방법도 없다.

큐비트의 이 같은 속성들은 양자컴퓨터에 관한 연구가 가속되게 했다. 동시에 여러 중첩상태에 존재할 수 있는 큐비트의 능력은 디지털 기반의 컴퓨터보다 엄청나게 더 빨리 정보를 처리할 수 있게 해주고, 중첩상태의 접근 불가능한 성질은 풀 수 없는 암호를 만들어내는 데에도 이용할 수 있다.

우리는 곧이어 정보의 관점으로부터 우리 우주의 현상들을 재구성해볼 테지만, 그러기 위해서는 먼저 에너지와 물질, 공간과 시간의 가장 미세한 규모와 가장 극단적인 규모에 대한 탐사에 나서야 한다.

플랑크 규모

우리 우주의 기본법칙에는 몇 개의 변하지 않는 물리적 상수가 포함돼 있다. 우주를 통틀어 변함없는 이 요소들이 에너지-물질, 공간-시간 사이의 관계를 지배하는데 광속, 중력 상수, 플랑크 상수가 그것이다. 이 상수들은 각각 특수상대성, 중력, 양자역학과 연관된다.

플랑크가 최초로 주장했듯이, 이 상수들이 조합되면 우리 우주의 운행에 불가결하게 존재하는 측정의 기본 규모(scale, 척도)가 밝혀진다. 우주의 힘들이 상호작용할 때 자연히 발생하는 이 규모는 물리적 현실 자체의 가능한 한계를 문자 그대로 대변하는 것처럼 보인다.

공간의 측정한계(곧 플랑크 길이)는 놀랍도록 작은 10^{-35}미터로서, 비교하자면 지표면에 사는 작은 미생물인 토양 아메바가 마치 온 우주처럼 커 보일 만큼이나 작다.

시간의 플랑크 단위는 빛이 플랑크 길이를 지나는 데 걸리는 시간으로, 마찬가지로 상상 불가능한 10^{-44}초여서, 그것을 빅뱅 이래 우리 우주의 나이인 10^{17}초와 비교해보면 더 기가 막힌다.

에너지-물질의 플랑크 규모는 우주의 태초나 블랙홀 내부 등의 극한의 조건에서와 같이 양자와 중력이 등가가 된 상태를 가리킨다. 플랑크 질량인 10^{-8}킬로그램은 점입자인 소립자의 최대질량으로, 직경이 1플랑크 길이인 블랙홀과 등가이다.

하지만 플랑크 규모는 단지 과학적 호기심의 대상으로만 머물지 않는다. 왜냐하면 곧 알게 되겠지만, 블랙홀에 의해 코딩된 엔트로피 정보의 내용을 포함하여 이 같은 극한상태를 연구하는 학자들이 시공간 자체의 본질과, 그것을 기술하는 상대성이론은 정보의 관점에서 바라볼 때 가장 잘 이해될 수 있을 뿐만 아니라 시공간에 의해 엔트로피적으로 새겨지는 정보의 비트는 플랑크 단위로 화소화畫素化(pixelation)되어 있다는 사실을 밝혀내고 있기 때문이다.

파동-입자 현상의 상보성은 관련 물리적 속성의 쌍 ― 어떤 물체의 에너지와 그 측정의 시간, 그리고 한 물체의 운동량(질량과 속도의 곱)과 그것의 공간적 위치 ― 을 플랑크 규모 너머로는 측정할 수 없다는 당연한 한계에 의해서도 드러난다. 이 한계는 하이젠베르크의 '불확정성 원리'라 불리는 양자이론의 기본전제 속에 내재돼 있다.

과학이 동원하는 많은 용어들이 종종 그렇듯이, '불확실성 원리'(uncertainty principle)라는 말도 어설픈 명명이다. 이 원리는 그보다는 불확정성(indeterminacy)에 관한 것이기 때문이다.[*] 이 원리

---

[*] 하이젠베르크의 불확정성 원리(uncertainty principle)는 영어를 그대로 옮기면 '불확실성' 원리지만, 국내에서는 이 원리가 실제로 가리키는 뜻을 올바로 옮겨 불확정성(indeterminacy) 원리라고 부르고 있다. 역주

는 우주의 특정한 물리적 속성과, 그 측정에 내재된 상보적인 성질에 대해 말하고 있다. 하나의 측정이 정확할수록 그 상보적 짝의 측정은 덜 정확해진다. 플랑크 규모로 인해 한쪽에 비해 다른 쪽의 정확성에는 근본적으로 한계가 생기는 것이다.

이 본연의 한계는 우리의 측정 능력과는 상관없고 그처럼 미세한 규모에서는 시공간이 화소화되기 때문으로, 이 한계야말로 화소화 현상의 존재를 암시하는 또 하나의 단서다.

정보로 이루어진 우주

우리는 플랑크 규모로부터 우리의 우주 전체에 이르기까지, 물리적 현실이라 불리는 모든 것이 문자 그대로 '정보'로 이루어져 있음을 깨닫기 시작하고 있다. 최근의 실험은 또한 양자의 정보적인 행태는 양자 규모에만 국한되어 있지 않다는 사실을 밝혀냈다. 정확히 동일한 종류의 파동-입자 상보성과 중첩성이 유기분자만큼이나 큰 대상에서도 관찰된 것이다. 유기물 분자는 미세한 양자 차원에 비하면 엄청나게 큰 것이어서, 이런 증거는 양자 차원 물체의 정보적인 행태와 거시차원 물체의 정보적인 행태 사이에는 사실상 아무런 차이가 없음을 보여준다.

거시계의 현상이 양자계와 같은 행태를 보이지 않는 '것처럼 보이는' 이유는, 거시계의 현상과 그 속에 내재된 정보를 그 주변 ― 우리가 자신을 그것과는 '별개의 것'으로 오해하여 '환경'이라 부르는 ― 과의 상호작용으로부터 격리시키기가 거시계 쪽으로 갈수록 점점 더 어려워지기 때문이다. 왜냐하면 앞서 말했듯이 어떤 규모의 어떤 현상이든 그것이 중첩된 확률의 상태로부터 특정한 구체적 상태로 현실화되게 만드는 것은 그런 정보에 접근하는 행위 자체이기 때문이다.

양자화와 플랑크 규모의 화소화가 물리적 세계를 현실화시킬 수 있는 완벽한 정보적 속성을 갖추고 있는 것과 마찬가지로, 홀로그램과 홀로그래피 가설의 전반적인 성질도 그러하다.

홀로그래피는 1947년에 헝가리계 영국인 물리학자인 데니스 가보르Dannis Gabor에 의해 발명, 아니 더 정확하게는 발견됐다.(참조 10) 인간이 만들어낸 홀로그램은 기초적인 수준의 것이지만, 그럼에도 홀로그래피 기술의 발전은 우리 우주의 홀로그램과 같은 성질을 더 깊이 통찰할 수 있게 해주고 있다. 하지만 현재로서는 홀로그래피의 성질이 어떻게 국소적, 비국소적인 차원 양쪽 모두에서 정보의 기록과 저장과 처리와 꺼내기에 안성맞춤인지를 이해하는 것만으로도 충분하다.*

홀로그램 입체영상을 만들어내는 빛의 간섭 패턴은 전대미문의, 엄청난 양의 정보를 담아낼 수 있다. 게다가 홀로그램의 아무리 작은 일부분도 전체 홀로그램이 담고 있는 정보를 다 담고 있다. 거시적 전체를 미시적 요소 속에 자기복제하여 정보를 비국소적으로 퍼뜨려 저장함으로써 말이다.

지금까지 배운 것을 염두에 두고, 이제 눈을 돌려 우리의 완

---

* 홀로그램은 입체상을 담고 있는 필름을, 홀로그래피는 홀로그램 입체상을 기록하고 재생하는 레이저 입체광학 사진술을 뜻한다. 역주

벽한 우주의 거시적 성질을 살펴보면서 시공간 자체의 정보적인 바탕을 탐사해보자.

2장

설명서

설명서는 어떤 일을 하는 방법을 일러준다…

"이 행성에는 설명서가 있는데 우리는 그것을 잃어버린 것 같다.
문명은 새로운 OS를 필요로 한다."

— 폴 호켄Paul Hawken, 사회운동가, 《축복받은 불안》(Blessed Unrest)의 저자

완벽한 초콜릿 케이크를 굽는 일과 마찬가지로, 138억 년의 진화를 거쳐 이제 케이크를 맛볼 단계에 이른 우리의 완벽한 우주를 만드는 일에도 초보 단계의 설명서, 조건, 재료, 조리법, 그릇이 있어야만 한다.

우리는 이제 기본적인 설명, 곧 우리 우주의 순환주기에 걸쳐 영속하면서 그 진화의 기반이 되어주는 시공간과 에너지 정보

원리의 창조를 지시한 알고리즘의 프로그램이 어떻게 태초의 순간부터 존재했는지를 살펴볼 것이다.

우리의 우주

1920년대까지는 대부분의 천문학자들이 우리의 우주를 불변하고 무한한 것으로 여겼다. 하지만 1927년에 벨기에의 가톨릭 사제이자 과학자였던 조르주 르메트르Georges Lemaitre는 우주가 변하지 않는 것이 아니라 팽창해가고 있다는 생각을 개진했다. 이 생각은 2년 후에 에드윈 허블Edwin Hubble이 그의 이름을 딴 허블 망원경을 통해 관측한 결과 확인되었다.

그럼에도 불구하고 영국의 프레드 호일Fred Hoyle 같은 천문학자들은 여전히 우주를 궁극적으로 무한한 것으로 여겨서 지금은 폐기된, 정상상태 모델을 제시했다. 이것은 우주의 팽창을 보상하도록 물질이 끊임없이 형성되어서, 시작도 끝도 없이 영원히 일정한 상태가 유지된다는 이론이었다. 호일은 그가 1947년에 '빅뱅'이라 이름 붙인 특정한 시작점, 고로 유한한 시작점을 지닌 대조적인 우주론에 비교하여 자신의 생각을 개진했다.

하지만 빅뱅 모델은 검증해볼 수 있는 예언을 제시했다. 즉, 처음의 엄청나게 뜨거운 상태로부터 우주가 팽창해감에 따라 냉각되어서, 이제는 그 초기상태로부터 남아서 극초단파의 파장으로 복사되는 매우 차가운 배경복사에너지가 우주를 채우고 있는 것을 측정할 수 있으리라는 것이었다. 이 예언은 1965년에 벨 전화기 연구소의 엔지니어 아르노 펜지어스Arno Penzias와 로버트 윌슨

Robert Wilson이 그들이 만들고 있던 라디오 수신기의 과잉잡음 때문에 골치를 앓다가 이 CMB(Cosmic Microwave Background), 곧 극초단파 우주배경복사를 우연히 발견했을 때 사실로 입증되었다. 이로써 빅뱅 이론은 널리 받아들여지게 되었다. 처음에 그들은 그 잡음이 장비 안에 비둘기가 싸놓은 똥 때문인 줄 알고 그것을 제거하느라 무진 애를 먹었다. 하지만 잡음은 여전히 남아 있었는데, 다른 과학자들이 그것을 보고 우리의 우주공간이 처음으로 투명해진 때, 곧 빅뱅 이후 약 38만 년이 흐른 시점으로부터 지금까지 남아 있는 에너지 흔적임을 깨달았다.

CMB뿐만 아니라 CMB 내부의 미세한 불규칙성에 대한 나사의 윌킨슨 극초단파 비등방성 탐색기(WMAP: Wilkinson Microwave Anisotropy Probe)의 분석도 우주가 유한하다는 추가적인 증거를 제공해준다. 2003년에 CMB 내의 잔물결 — 대양의 작은 파도와 같은 — 을 의미하는 약간 더 따뜻하거나 찬 지점들에 대한 WMAP의 조사에 의해, 장파장의 복사에너지는 존재하지 않음이 밝혀졌다. 우주가 무한하다면 모든 파장의 복사에너지가 담겨 있어야 하지만 유한한 우주라면 측정된 바와 같이 차단되는 부분이 존재할 것이었다.

우리의 우주는 탄생은 유한해도 공간적으로는 무한히, 그리고 영원히 팽창해갈 것이라고 아직도 주장하는 천문학자들이 있지만, 계속 보게 되듯이, 그런 관점은 기본논리도 터무니없을 뿐 아니라 물리학의 법칙과도 맞지 않고, 늘어나고 있는 관측결과와도 상충한다.

하지만 '우리의' 우주(Universe)가 유한하다고 결론짓는 것이 곧 전체 우주(Cosmos)가 유한하다고 가정하는 것은 아니다. 또 전체 우주의 무한성이 물리적 현상으로만 표현된다는 것도 아니다. 지난 10여 년 동안에 다른, 아니 가능한 모든 우주들이 소위 다중우주를 형성하고 있다는 이론 모델들이 쏟아져 나왔다. 이 이론들은 '우리' 우주의 아주 특별해 보이는 특정 성질을 포함해서 다양한 논쟁거리를 다루는 시도를 했다. 이 이론들은 대부분 우리 우주를, 무한히 많은 다른 임의적 사건들 중의 한 임의적 사건으로 바라보는 방법을 취했다. 그 모두가 똑같이 아무런 의미도 목적도 없는 것으로 바라보는 관점 말이다. 우리도 이미 깨닫기 시작했듯이, 우리의 우주뿐만 아니라 모든 다중우주 시나리오의 물리적 영역을 이해하려면 그 배후에 가득한, 질서정연한 정보에 대한 더 깊은 통찰이 필요하다. 이 탐사를 마쳐갈 때쯤이면 우리는 특정 다중우주 이론을 정보의 관점에서도 바라보게 될 것이다. 그리고 그것이 무한하고 의미 있는 우주(Cosmos)에 대한 인식을 어디까지 확장시켜줄 수 있을지를 가늠해볼 수 있게 될 것이다.

하지만 당분간 우리는 계속 우리의 우주에만 주의를 쏟을 것이다. 우리 앞에는 흥미진진한 여정이 기다리고 있다.

빅뱅

빅뱅big bang(대폭발)은 크지(big) 않았다. 그리고 폭발(a bang)도 아니었다.

우리 우주의 이 최초의 순간에, 말 그대로 공간과 시간이 시작됐을 때, 우주는 아주 미세했고 흠잡을 데 없는 질서를 지니고 있었다. 다음 순간, 그것은 혼돈스러운 폭발로 시작하는 대신 놀랍도록 완벽한 정밀성을 보이며 팽창하기 시작했다. 날 때부터 우주의 설명서는 소립자가 만들어지고 별들과 은하계가 서서히 형성되고 점점 더 복잡한 천체들이 나타나게 하는 근본적인 과정과 상호작용이 일어날 수 있게 해줄 정보를 담고 있었다.

인드라의 그물망을 보았던 그 고대인도, 베다 시대의 현인들도 우리 우주의 탄생과 진화를 마찬가지로 질서정연한 팽창방식인 '우주의 창조자 브라마가 내쉰 숨'으로 묘사했다.

그러니 이제부터는 우리 우주의 창세기가 얼마나 엄청나게 특별하고 정밀했는지를, 그리고 우리가 수십억 년이 지난 지금 여기에 있게 되기 위해서는 당시에 무엇이 필요했는지를 살펴보기로 하자.

태초의 질서 수준은 그 자체가 놀랍다. 최근의 CMB 분석에 의하면, 거기에는 1만 분의 1도 안 되는 에너지 불규칙성밖에 나타나지 않는다.

그토록 미미한 가변폭이 어느 정도인지를 가늠해보려면 CMB 속의 우주의 잔물결을 2010년에 수심이 11,000미터인 것으로 측정된, 지구상에서 가장 깊은 바다인 태평양 마리아나^{Marianas} 해구 챌린저^{Challenger} 심연의 수면에 일어난 10센티미터 높이의 물결로 상상해보면 된다.

그러니 우리의 완벽한 우주를 진화시켜내려면 태초의 매우 높은 질서도와, 이처럼 아주 미미한 배경에너지 변폭이 필수적으로 요구되는 것 같다. 하지만 우주론자들에게는 이토록 엄청나게 높은 균질성이 관측 가능한 우주 전체에 퍼져 있다는 것이야말로 가장 이해하기 어려운 점이다. 왜냐하면 그토록 높은 균질성이, 시공간 속 우주의 한계속도인 광속으로 달리고 있는 신호가 갈 수 있었을 거리보다 훨씬 더 먼 거리까지 퍼져 있기 때문이다. 광속에 의해 한정된 공간의 지평선 너머까지 퍼져 있는 이 극도로 높은 수준의 자기상사성自己相似性(self-similarity)을 설명할 수 없는 우주론자들은 그것을 '지평선 문제'라고 이름 붙였다.

게다가, 우리 우주의 에너지와 물질의 평균밀도를 측정해보니 0.4퍼센트 이내의 아주 작은 오차범위를 보였다. 이것은 '정확히' 우리 우주의 지형을 평평해질 수 있게 해주는 임계밀도다. 달리 말하면 시공간 전체가 우리가 학교에서 배우는 유클리드 기하학의 법칙을 따르고 있는 것이다. 그런 지형에서는 평평한 종이위에다 삼각형을 그리면 삼각형의 세 내각의 합은 180도가 된다. 평평하지 않은 지형의 종류는 엄청나게 많다는 사실에 비추어보면 이 독특한 기하학은 아주 희소한 것이다. 예컨대 오목한 안장모양의 소위 열린 표면이나, 구체와 같은 닫힌 표면에 그려진 삼각형은 내각의 합이 각각 180도보다 작거나 더 크다.

하지만 그런 평탄성이야말로 시간과 공간의 상대성을 위해서, 그리고 그것이 결합된 시공간의 불변성을 위해서도 반드시 필요하고, 게다가 그것은 우리의 우주가 맞을 운명도 말해준다. 즉, 공간이 평평해지게 하는 에너지-물질의 임계밀도는 결국은 공간의 팽창을 멈추게 할 정확한 수치지만 그것이 다시 붕괴되게 하기에는 충분치 않은 수치다.

평평하거나 그에 가까운 지형은 다른 온갖 다양한 지형들보다 존재할 가능성이 훨씬 더 낮을 뿐만 아니라, 태초에 우리의 우주가 팽창하는 동안에 평평한 지형을 유지할 수 있는 임계밀도를 갖추려면 빅뱅의 최초 순간부터 그보다 훨씬 더 예외적인 미세조율이 요구된다. 이 '예외적'이라는 말조차 낮잡아 하는 말이지만 말이다. 그 최초의 순간에는 시공간이 완전히 평평한 상태에서 출발할 확률이 10^{62}분의 1을 넘을 수가 없었기 때문이다. 이토록 믿기지 않는 정밀도에 당혹한 우주론자들은 이것을 '평탄성 문제'라 이름 붙였다.

우주적 규모의 균질성과 정밀한 평탄성이 우리의 완벽한 우주가 지금과 같은 모습으로 진화해오기 위한 고유의 요구조건이라면, 우주론자들이 '문제'라는 말로써 의미하는 바는 그것을 빅뱅 시나리오에 끼워 맞추려고 애쓰는 데서 기인한다. 그들의 딜레마는, 우주가 임의적으로 생겨난 것으로 보는 관점으로는 우리의 우주가 실제로 갖추고 있는 믿기지 않을 정도로 높은 질서도와 미세조율도 — 평탄성과 지평선 수수께끼는 그중 두 가지 예일 뿐이지만 — 를 설명할 수 없다는 데 있다.

우리는 이 두 가지 당혹스러운 성질뿐만 아니라 우주의 빅뱅 기원설의 다른 이상한 점들도 설명해줄 다른 근거를 탐색해볼 것이다. 하지만 그 전에 현재 대부분의 우주론자들이 붙들고 있는 기존의 설명을 잠시 살펴보자.

그것은 우리의 초기우주가 소위 인플레이션 급팽창기를 거쳤을 때의 모습이다. 이 기하급수적 팽창이라는 발상은 1980년대에 이론물리학자인 앨런 구스Alan Guth와 안드레이 린데Andrei Linde가 최초로 제시했다. 빅뱅 이후의 아주 짧은 순간에 공간이 약 1,000분의 1초 만에 1조의 100조 배 팽창했다는 것이다.

상대성이론은 어떤 신호도 광속보다 빨리 시공간 속을 지나갈 수 없도록 제한하지만, 이 이론에도 '공간 자체가' 광속보다 빨리 팽창하지 못하게 막는 조항은 없다. 이 급팽창 가설은 바로 그토록 믿을 수 없게 빠른 팽창이 우리가 보고 있는 이 우주의 자기 상사성이 존재할 수 있게 했다고 주장한다. 게다가 그와 같은 과정이 공간 속의 거의 모든 초기 불규칙성을 누그러뜨리고 이전의 모든 휘어진 공간을 평평하게 펴줬다는 것이다.

이 가설은 다른 학자들에 의한 수정을 받아들이면서 애초의 가정이 내포하고 있는 문제를 극복하려고 애쓰고 있지만, 아직 그와 같은 급팽창 메커니즘을 뒷받침해주거나 왜 그 급팽창 스위치가 켜졌다가 꺼져버렸는지를 설명해줄 확실한 이론은 나타나지 않았다.

아마 가장 큰 문제는 이 마지막의 문제여서, 지금까지 제시된 거의 모든 급팽창 이론이 이 문제를 해결하지 못했다. 대신 '영원한 인플레이션'으로 알려진 대안을 제시한다. 달리 말해서 끝없이 팽창해가는 악성 인플레이션, (유한한 광속 때문에 우리의 눈에 도달하지 못하여 우리의 관찰능력 밖에 있지만) 우리의 우주를 무한히 팽창시키는 인플레이션 말이다. 인플레이션 빅뱅 모델을 통해서, 우리는 시작은 유한하지만 호일의 무한한 정상상태 이론과 본질적으로 크게 다르지 않은 가설로 되돌아왔다.

　무디고 쌀쌀맞기로 유명한 요크셔 사람인 호일은 만족했을지 모르지만, 그는 유한한 우주라는 전제와 무한한 우주라는 전제를 이런 식으로 짜맞추는 것만은 나와 마찬가지로 단호히 꺼렸을 것이다. 아무튼 그게 아니었으면 패러다임의 전환이 요구됐을 지평선과 평탄성의 '문제'를 해결한 듯이 보임으로써, 급팽창가설은 현재 우주론자들 사이에 널리 받아들여지고 있고 그 에너지 흔적을 찾아내기 위한 탐사가 계속 진행되고 있다.

　2014년 3월에 Background Imaging of Cosmic Extragalactic Polarization이라는 장황한 이름의 약자인 BICEP2 실험에서, CMB로부터 극성화된 빛의 신호가 보고되어 학계를 흥분시켰다. 만약 사실이라면 그것은 팽창우주론의 강력한 증거를 제공해주는 것이었다. 그러나 2015년 초에 플랑크 탐사위성으로부터 최신의 데이터를 입수한 덕에, BICEP2 팀은 자신들의 착각을 자인해야 했다. 그 신호가 CMB로부터 일어난 것이 아니라 사실은 우리 은하계의 극성화된 먼지로부터 발생했다는 것 말이다.

　그들의 그릇된 해석을 여기서 언급하는 이유는, 때로는 주관성이 과학의 객관성을 침해한다는 것을 보여주는 좋은 예가 되기 때문이다. 이 학자들은 인플레이션 우주론의 전제를 입증하고 싶은 나머지, 그 이전에 필요한 증거가 입수될 때까지 기다리지 못했다. 주관적인 생각이 판을 지배해버린 것이다. 인플레이션 우주론자들이 자신들의 주장에 집착해 있는 동안, 그것은 많은 우주론자들로 하여금 다른 설명에 눈을 돌리지 못하게 가로막는 역할을 한다.

이제 인플레이션 가설로부터 눈을 돌려, '설명서'가 어떻게 우리의 우주가 팽창하도록 정보를 제공하는지에 대한 다른 관점을 뒷받침하는 증거들을 살펴보자. 이를 위해서 우리는 물리학의 가장 중요한 두 법칙이 ― 특히 그것을 정보의 관점에서 재언명할 때 ― 어떻게 우리에게 올바른 방향을 가리켜주는지를 살펴볼 것이다.

정보의 제1법칙

고립된 계, 다시 말해서 외부의 무엇과도 상호작용하지 않는 계 안에서는 에너지와 물질이 만들어지지도 않고 소멸되지도 않고 단지 형태만 변할 뿐이어서, 그 총합은 변하지 않는다. 이 물리법칙은 에너지 보존 법칙으로 알려져 있고, 너무나 기본적인 것이어서 열역학의 제1법칙으로도 알려져 있다.

결정적으로, 양자 규모 이상의 모든 관측도 이것이 우주의 보편적인 법칙임을 강력하게 뒷받침해주고 있어서 우리의 우주는 전체가 하나의 고립된 계여야만 함을 시사한다.

양자 규모에서는, 양자계의 진화를 기술하는 슈뢰딩거의 파동방정식이 비록 양자계의 구체적인 현상화에는 불확정성이 존재하더라도 그 다양한 상태의 '전반적인' 확률은 시간이 지나도 변하지 않음을 보여준다. 그러니까 달리 말하면 계의 에너지 총합은 보존된다는 말이다.

거시적 규모에서도(곧 돌아와서 더 깊이 살펴볼 테지만), 공간과 시간을 기술하는 일반상대성원리는 에너지와 물질뿐만이 아니라 운동량(물체의 질량과 속도의 곱)도 항상 보존될 것을 '요구한다.' 이것과 지금까지의 모든 증거들이 시사하는 것은, 시공간이 탄생한 태초의 순간에 존재했던 에너지와 물질의 총량은 오늘날 우리 우주의 에너지와 물질의 양과 '정확히' 동일하고, 우주가 끝나는 날까지도 그 총량은 동일하리라는 것이다.

이것은 시공간 속의 '모든' 에너지와 물질이 보존됨을 시사한다. 현재의 추산으로는 그 총량의 5퍼센트에 지나지 않는 가시적 에너지와 물질뿐만이 아니라, 27퍼센트를 차지하는 암흑물질과 68퍼센트를 차지하는 암흑에너지까지도 말이다.

에너지-물질의 총량이 보존될 뿐만 아니라, 앞서 보았듯이 시공간의 평탄성도 우리 우주의 전 생애에 걸친 에너지-물질의 평균 '밀도'가 결국은 우주의 팽창이 멈추게 만들 임계치라는 데서 기인된 결과다.

암흑물질의 끌어당기는 중력에너지도 가시적 물질의 그것과 동일한 효과를 지닌다. 거기에 암흑에너지의 효과를 더했을 때의 영향은 개념화하기가 더 어렵긴 하지만 더 중대하다.

암흑에너지의 가장 유력한 후보는 흔히 우주상수라 불리는, 공간 본연의 짜임새 속에 내재된 에너지다. 중력이 물질을 향해 안으로 당기는 반면 암흑에너지는 본질적으로 공간을 공간 자체를 향해 밖으로 밀어낸다.

잘 알려진 사실이지만, 아인슈타인이 일반상대성원리의 공식을 도출했을 때 거기에는 절로 우주상수가 포함됐는데, 이 상수의 존재는 공간이 '팽창해야만 함'을 암시했다. 하지만 당시에 그는 — 여러 해 후에 호일이 그랬던 것처럼 — 우주를 불변의 모습으로 그리고 있었다. 그답지 않게도, 그는 무시할 수 없는 수학의 논리를 따르지 않고 논문을 조작하여 이 우주상수를 제거해버렸다. 훗날 우리의 우주가 정말로 팽창하고 있다는 사실이 분명해지자 그는 우주상수를 제거해버린 일을 자신의 생애에 가장 큰 실수라고 말했다.

만약 정말로 암흑에너지가 우주상수로 작용하고 있는 것이라면, 그것은 빈 공간 자체가 중력에 반발하는 작용을 하는 종류의 에너지를 품고 있다는 뜻이다. 우리의 우주가 팽창하는 동안, 그것은 빈 공간의 에너지 '밀도'가 결국 '일정하게(constant)' 남아 있도록 모종의 힘을 발휘한다. '우주상수(constant)'라는 이름도 여기서 나온 것이다.

빅뱅 당시에 가시적인 에너지-물질과 암흑물질의 밀도를 합친 것은 암흑에너지의 밀도보다 엄청나게 더 컸다. 하지만 우주가 팽창하는 동안 이 두 가지를 합친 에너지 밀도는 점점 줄어들어서 결국 암흑에너지의 밀도보다 작아졌다. 그러나 현재의 우주론적 지식 수준에서 보면, 전체적으로 우주의 일생 동안 가시적 에너지-물질과 암흑에너지와 암흑물질을 다 합친 것의 '밀도'는 줄어들지만 그 에너지 '총합'에는 변함이 없을 것으로 보인다. 즉, 에너지는 보존되는 것이다.

우리 우주의 평탄성과 빅뱅 순간 이래로 팽창해온 성질은 또 다른 놀랍고 중대한 시사점을 품고 있다.

로렌스 크라우스Lawrence Krauss 같은 우주론자들이 보여줬듯이, 우리의 우주처럼 평평하고 팽창하는 우주에서는, 아니 '오직' 그런 우주에서만, 모든 공간과 시간을 통틀어 끌어당기는 에너지와 밀어내는 에너지가 '정확히' 서로 상쇄되어 제로가 된다.(참조 1) 이것은 암흑물질의 끌어당기는 중력효과와 암흑에너지 우주상수의 밀어내는 에너지를 포함해도 마찬가지다.

탄생의 순간으로부터 그 전 생애를 지나 소멸에 이르기까지, 시공간 속의 모든 에너지와 물질을 다 고려하면, 시공간 속의 정正의 힘과 부負의 힘은 끊임없이 상쇄되어 제로가 된다.

통틀어 말하자면, 우리의 우주는 문자 그대로 '무無'로부터 형성된 것이다.

가시적 에너지-물질과 암흑에너지-물질의 보편적 보존성과 제로로 상쇄되는 성질이 합쳐져서, 그리고 우리 우주의 한정적인 생애의 각 시대를 각 에너지-물질들이 지배하면서 진화의 역동적인 과정이 펼쳐지게 한다.

빅뱅의 외부를 향한 압력으로부터 가시적 물질과 암흑물질의 중력효과에 의해 공간이 팽창하는 속도가 서서히 줄어들면서, 물질이 모이고 덩어리를 이뤄 별들과 은하계를 형성할 수 있게 했다. 그러나 공간이 어떤 경계점 이상으로 커지자, 그런 끌어당기는 에너지의 밀도는 줄어들고 암흑에너지의 밀도가 더 커져서 우리 우주의 남은 생애를 지배하게 되었다.

2011년에 나사의 우주관측 위성 갤렉스GALEX의 자외선 망원경과, 호주 뉴 사우스 웨일즈New South Wales 사이딩 스프링Siding Spring

산의 앵글로-오스트레일리안Anglo-Australian 망원경을 통해 20여만 개의 은하계를 조사한 5개년 연구사업인 위글Z WiggleZ 프로젝트는 70억 년 전을 뒤돌아봤다. 이 연구에서 인력과 척력의 교차가 50여억 년 전에 이미 일어났다는 사실이 발견됐다.(참조 2)

전혀 뜻밖에도, 그것은 우리 우주의 팽창이 그때부터 가속되기 시작했고 남은 우주의 생애 동안 계속 팽창해갈 가능성이 다분함을 보여주었다. 그런데 2015년 초에 천문학자들은 우주공간의 거리 측정에 사용되는 Ia형 초신성의 밝기가 우리 우주의 신생기에는 달랐다는 사실을 깨달았다. 그에 따라 다시 계산해보면 팽창 속도는 이전의 계산치보다 줄어들지만, 중요한 점은 가속팽창은 여전히 사실임이 확인된다는 것이다.(참조 3)

우리는 곧 돌아가서 우리 우주의 궁극적인 운명은 어떻게 될지를 더 깊이 살펴볼 것이다. 하지만 그 전에 열역학의 제1법칙을 정보의 보존이라는 관점에서 재언명하는 것으로 우리의 고찰을 마무리할 것이다.

앞서 우리는 에너지와 물질을 어떻게 정보의 관점에서 재언명할 수 있는지를 살펴보았다. 정보 자체가 본래 보존성을 지니고 있음을 주장하기 위해서, 실제로 많은 정보이론가들이 에너지-물질과 정보 사이의 등가성을 즐겨 거론한다. 하지만 그들이 정보에 대한 자신의 이해로부터 논리적인 결론을 이끌어내려 하지 않기 때문에, 나는 그들의 시야가 부분적인 것에서 그치고 만다고 생각한다.

정보는 우리가 물리적 현실이라 부르는 모든 것 속에 침투해 있기 때문에 에너지-물질, 전하, 운동량, 각운동량(회전 스핀) 같은 '보편적으로 보존되는 양'과 관련되고 그 속에서 표현되는 정보 또한 보존된다. 이것이 정보의 — 혹은 정보역학(infodynamics)의 — 제1법칙이다.

그러나 결정적으로, 이제부터 살펴볼 엔트로피에서와 같이 '보존되지 않는 속성'을 통해 표현되는 정보는 그와 마찬가지로 보존되지 않는다.

정보의 제2법칙

엔트로피 개념은 열역학계 내부의 질서도와 비질서도를 측정하는 수단으로서 19세기에 처음으로 연구되기 시작했다. 이로부터 고립된 계의 엔트로피는 언제나 그대로이거나 증가한다는 열역학 제2법칙이 나왔다.

고립된 계인 우리의 우주는 엔트로피가 계속 증가한다는 이 법칙을 몸소 보여주고 있다. 우리 우주의 이 근본적 속성은 영국의 우주물리학자 아서 에딩턴 경Sir Arthur Eddington의 과학적 명언을 상기시킨다.

"내 생각으로는, 엔트로피는 항상 증가해간다는 법칙이 자연의 법칙들 중에서 최고의 지위를 차지하는 것 같다. 만일 누군가가 당신이 애지중지하는 우주론이 맥스웰의 방정식을 위배한다고 지적한다면 맥스웰 방정식에겐 그만큼 불길한 일이 될 것이다. 설사 관측결과가 그 우주론을 반박하고 나선다고 하더라도, 글쎄, 실험물리학자들은 가끔 실수를 저지르기도 하니까. 하지만 당신의 이론이 열역학 제2법칙을 위배하는 것으로 판명된다면 가망이 없다. 철저히 굴욕당하고 무너지는 수밖에."

맥스웰의 방정식은 가장 중요한 물리적 힘으로 꼽히는 전자기력의 기본법칙을 기술한다. 에딩턴이 엔트로피는 불가피하게 증가해간다는 불변의 법칙에 비해 전자기력의 법칙을 부차적인 것으로 보았다는 사실은, 곧 살펴보겠지만 그만큼 엔트로피의 법칙이 우리 우주의 진화와 시간의 흐름 자체에 결정적인 것임을 강조해준다.

엔트로피가 증가하는 흐름을 눈으로 보거나 느껴볼 방법은 우리의 일상 속에 수두룩이 널려 있다.

내가 잘 하는 짓 중의 하나는, 대개는 찻잔이지만, 뭔가를 엎지르는 것이다. 그 무질서를 얼른 수습하려고 아무리 애써 봐도 찻잔을 엎지르기 전의 질서 상태로 돌아갈 수는 없다는 것은 너무나 명백한 사실이다. 누군가가 나의 어설픈 행동을 촬영하여 그것을 거꾸로 재생한다고 해도, 그것을 보는 사람은 시간 순서를 거꾸로 돌린 것임을 금방 알아차릴 것이다.

이것이 왜 그래야만 하는가를 이해하는 좋은 방법은, 사용하지 않은 새 카드를 손에 들고 있는 상황을 상상해보는 것이다. 갑에서 꺼낸 새 카드는 대개 스페이드, 다이아몬드, 클로버, 하트가 종류별로 에이스, 킹, 퀸… 등의 숫자 순으로 정리되어 있다. 이제 당신이 그것을 공중에 던진다고 상상해보라. 상상하기보단 실제로 해보는 게 더 재미있지만, 상상이든 실제든 간에 당신은 거의 불가피하게 카드가 다소간에 처음의 상태보다 순서가 어지럽혀진 채로 떨어진 모습을 볼 것이다.

카드를 모으고 처음의 순서대로 정리한 후 다시 공중에 던진다면, 카드는 비슷하지만 또 다른 무질서 상태가 되어서 떨어질 것이다. 이 과정을 아무리 반복해도 카드가 던지기 전의 질서정연한 상태 그대로 떨어지는 모습을 보기는 힘들 것이다.

이것은, 사용되기 이전의 질서정연한 상태는 딱 한 가지뿐인데 비해 던진 후 무질서하게 된 상태의 종류 수는 무수하기 때문이다. 그러니 질서도와 무질서도를 간단하게 측정하는 수단으로 볼수 있는 카드 팩의 엔트로피는, 던지기 전의 가장 낮은 상태로 있거나 그게 아니라면 시간이 갈수록 무질서도가 높아질 것이 거의 확실하다(엔트로피가 낮으면 질서도가 높고, 엔트로피가 높으면 질서도가 낮다).

이 단순해 보이는 원리가 사실은 시간 자체의 본성에 대한 심오한 통찰을 제공해준다. 만일 시간을 되감아서 138억 년 전 빅뱅의 순간으로 돌아간다면, 열역학 제2법칙은 우리 우주의 엔트로피는 탄생 시에 가장 낮았고, 전 생애에 걸쳐 비교해보아도 가장 낮을 것이라고 말한다. 그러니 우리는 태초의 순간부터 불가피하게 늘어나는 엔트로피가 어떻게 시간에게 '화살'이라는 별명을 부여하는지를 알 수 있다.

제2법칙의 다른 측면들을 생각해보기 전에, 먼저 그것이 과연 범우주적으로 적용되는 진리인지에 의문을 제기했던 한 실험의 실상을 밝혀보고, 동시에 그것을 정보의 관점에서 재정리해보자.

1867년에 물리학자 제임스 클러크 맥스웰James Clerk Maxwell(훗날 제2법칙의 불변성에 관한 에딩턴 경의 말에서 언급된 그 사람)은 한 가지 상상실험을 고안해냈다. 그는 기체가 든 상자를 상상하여, 그 가운데에 칸막이를 치고 '맥스웰의 도깨비'라 불리는 존재를 집어넣어서 빠르게 움직이는 기체분자는 칸막이를 통과시키고 느리게 움직이는 분자는 통과하지 못하도록 감시하게 했다. 그러면 결국 빠르게 움직이는 분자들은 모두 한쪽 칸에 모이게 되어서 계에 에너지가 가해지지 않았는데도 한쪽의 온도가 더 높아지게 된다. 무질서에서 질서가 추출되어 제2법칙을 위반하는 듯 보이는 것이다.

이 문제에 반격을 가하는 데는 오랜 시간이 걸렸다. 하지만 이제 과학자들은 맥스웰의 도깨비가 어떤 분자를 통과시켜야 할지를 판단하려면 모든 분자의 속도를 측정해야 하고, 그 측정에는 에너지가 필요하다는 것을 안다. 이 점을 고려하면 제2법칙은 위배되지 않는다.

2010년에 일본 추오中央 대학교의 토야베 쇼이치鳥谷部 祥一와 그의 동료들은 작은 규모에서 맥스웰의 도깨비 실험을 실제로 행해보았다.(참조 5) 그들은 전기장의 기울기를 이용해 아주 작은 계단을 만든 후, 가장 아래에 아주 작은 구슬을 놓아뒀다. 그러자 구슬 주위 공기분자의 자연스러운 움직임이 구슬을 밀었고, 때로 그것은 구슬을 한 단계 위로 밀어 올릴 정도로 커졌다. 연구팀은 이 과정을 연속적으로 촬영하면서 구슬이 한 단계 올라갈 때마다 다시 떨어지지 않도록 전기장 ― 맥스웰의 사고실험에 나오는 칸막이와도 같은 역할을 하는 ― 을 바꿔줬다. 그러니까 이 역시 제2법칙을 위배하는 것처럼 보였다.

토야베의 이 실험에서, 통상적인 에너지가 계 안으로 유입되지는 않았다. 대신 구슬의 위치를 알아내기 위해 동영상 카메라를 이용하고 그 정보만을 이용했다. 그러니까 카메라의 에너지까지 고려하면 전체 계는 정확히 제2법칙을 따른 것이다.

이제는 정보도 제2법칙을 뒷받침해준다는 사실에 대한 우리의 이해가 확장되고 있으니, 이 법칙이 어떤 더 심오한 통찰을 제공해줄지를 살펴보자. 우리는 이미 에너지, 정보, 그리고 엔트로피 사이의 근본적인 관계를 살펴보았고, 엔트로피라는 이 보편적인 개념이 어떻게 한 계의 정보량을 상징하는 것으로 간주될 수 있는지도 살펴보았다.

그러니 우리 우주의 엔트로피가 최저 상태였던 빅뱅의 순간은 시공간 속에 담긴 정보의 양이 최소였던 순간을 의미하기도 한다. 그로부터 우리 우주의 에너지-물질 수지(balance)의 변천 속에 담긴 정보는 힘과 입자의 상호작용을 통해 그 형태를 바꿔왔지만, 그렇게 나타난 정보의 총합은 우주의 전 생애에 걸쳐 보존된다. ─ 정보(혹은 정보역학)의 제1법칙.

하지만 보존되지 않는 속성과 관련된, 그리고 무엇보다도 엔트로피와 관련된 정보는 끊임없이 계속 증가한다. ─ 정보(혹은 정보역학)의 제2법칙.

우리의 완벽한 우주 속에 갈수록 고도의 복잡성이 진화되어 나오고, 더 높은 수준으로 발달한 지성과 의식과 자아인식이 표현되어 담길 수 있게 해주는 것은 바로 이 정보의 제2법칙이다. 이

재언명된 확장판 제2법칙은 실로 공간과 시간 자체를, 그리고 그것이 통합된 시공간을 정보적인 엔트로피 현상의 드러남으로 바라볼 수 있게 해준다.

이런 정보가 어떻게 말 그대로 '코딩될' 수 있는지에 대한 이해를 얻기 위해서, 이제 플랑크 규모의 미세한 영역과 태초의 빅뱅의 순간으로 돌아가보자.

시공간의 화소화

1장에서 마주쳤던 슈뢰딩거의 파동방정식이 지닌 힘 중의 하나는, 한 양자계의 특정한 성질이 측정되면 그 결과를 양자화할 수 있음을 예언하는 능력에 있다. 하지만 모든 측정이 양자화된 상태를 가져다주는 것은 아니다. ─ 위치, 운동량, 시간은 양자화되지 않고 연속적인 값을 취할 수 있다. 이것이 시사하는 심오한 뜻은, 시공간은 양자화되지 않는다는 사실이다. 이 관점에서 바라보면, 거의 한 세기 동안이나 애써왔음에도 불구하고 양자이론과 중력의 상대성이론(relativity theory of gravity)이 아직도 서로 타협할 줄 모르고 남아 있는 이유가 설명된다.

하지만 시공간을 플랑크 규모에서 생각해보고 그것을 정보의 관점에서 재언명해보면, 이 수수께끼의 해결을 향해 크게 한 발짝 다가갈 수 있다.

애초에 우리는 플랑크 규모를 우리 우주의 모든 물리적 힘이 한 곳에서 만나는, 거의 상상이 불가능할 정도로 작은 극단적 세계로 인식했다. 시공간으로 따지면 이것은 약 10^{-35}미터의 공간적 길이에 10^{-44}초의 시간적 길이다.

독자들 중에는 나처럼 텔레비전이 처음 나왔던 시절을 기억할 정도로 나이가 든 분들도 있을 것이다. 당시에 텔레비전 화면은 해상도가 매우 낮아서, 가까이 다가가서 보면 상을 이루는 화소들이 낱낱이 보일 정도였다. picture element를 줄인 말인 픽셀pixel은 화상畵像을 이루는 하나의 점인 화소畵素, 즉 프로그램으로 정의할 수 있는 가장 작은 화상단위다. 오늘날은 고해상도 장치의 발달로 화소의 숫자가 엄청나게 늘어나서 아무리 가까이서 들여다봐도 화상은 연속적인 것처럼 보인다.

우주론자들은 시공간 자체를 양자화된 것으로 보기보다는 플랑크 규모로 화소화되어 있는 것으로 보기 시작하고 있다. 그들이 탐구하고 있는 대상도 블랙홀에 관한 사실들, 무엇보다도 블랙홀의 정보량에 관한 것이다. 이해를 도울 바탕을 깔기 위해 우선 다른 몇 가지 주제를 살펴보겠지만, 우리는 나중에 돌아와서 이 새로운 발견들을 좀더 자세히 살펴볼 것이다. 이것들이 우주에 대한 21세기 과학의 새로운 인식의 가장 급진적이고 혁명적인 측면의 밑바탕을 이루고 있기 때문이다.

우선은 한 가지 핵심적인 발견에 주목할 필요가 있다.

공간의 한 영역 속에 담길 수 있는 정보와 엔트로피의 최대량 — 양자 수준의 한 물리계를 완전히 기술하는 데 필요한 비트 정보 — 에 관한 연구에서, 이스라엘의 물리학자 야코브 베켄슈타인Jacob Bekenstein은 소위 '베켄슈타인 경계'라는 것을 도출해냈다.(참조 6)

일반상대성원리와 열역학 제2법칙을 블랙홀의 물리적 성질과 결합시킨 매우 복잡정교한 계산 결과, 베켄슈타인 경계는 한 블랙홀의 엔트로피와 정확히 동일하다는 점이 밝혀졌다. 달리 말하자면, 블랙홀은 그것이 차지하고 있는 공간영역 속에 담길 수 있는 최대량의 정보를 담고 있는 것이다.

하지만 이것은 베켄슈타인이 발견한 가장 놀라운 사실이 아니었다. 그는 하나의 구체 블랙홀(a spherical black hole)이 담을 수 있는 정보의 최대량은 그것이 차지하는 3차원 공간의 부피에 비례하는 것이 아니라 그 2차원 표면적의 크기에 비례한다는 사실을 발견했다. 당신이 이것을 얼른 읽고 지나쳤다면 다시 한 번 읽으면서 이것이 실로 얼마나 놀라운 발견인지를 깨닫기 바란다.

나는 옥스퍼드 대학교 학부 신입생 시절의 재앙이었던 커다란 교재를 아직도 가지고 있다. 그것은 B. I. 블리니Bleany의 《전기와 자기》(Electricity and Magnetism) 제2판이었다. 그것은 가로 17센티, 세로 24센티에 두께는 거의 4센티로, 처음 봤을 때는 거의 해독이 불가능한 정보로 가득 차 있었다.

거기에 담겨 있는 정보의 총량을 계산하자면 각 페이지에 담긴 데이터의 평균 비트 수에다 (두께와 등가인) 페이지 수를 곱하면 된다. 그러므로 2차원인 한 페이지 당 정보의 밀도가 같다고 한다면, 두께를 곱하면 정보의 전체 양은 책의 3차원적 부피에 비례한다.

그러나 베켄슈타인이 발견한 것은 이것이 아니었다. 대신 그의 계산에 따르면 블랙홀이 담고 있는 정보량, 아니 공간의 어떤 영역이든 거기에 담겨 있는 정보의 '최대량'은 그 공간의 2차원 경계면의 면적에 비례했다. 나의 책의 경우를 보자면, 베켄슈타인 경계는 책의 부피가 아니라 표면적에 비례하는 것이다.

하지만 이 발견의 가장 믿기 어려운 시사점은 책이나 블랙홀 따위를 훌쩍 넘어서 있다. 왜냐하면 1993년에 헤라르뒤스 엇호프트가 홀로그래피 가설을 최초로 제시한 이래로, 갈수록 더 많은 우주론자들이 우리 우주의 시공간이 담고 있는 것처럼 보이는 모든 정보는 그 경계면상에 새겨져 있는 것으로 볼 수 있다고 생각하고 있기 때문이다.

베켄슈타인 경계와, 최첨단 과학과 목하 여러 과학 분야에서 연구하고 있는 아주 많은 (나중에 훨씬 더 자세히 살펴볼) 주제들은 우리의 우주가 실로 하나의 코스믹 홀로그램이라는 놀라운 관점을 향해 귀결해가고 있다.

앞으로도 훨씬 더 많은 증거들이 제시되겠지만, 이 같은 가능성을 받아들이기 시작하는 문턱에서, 플랑크 규모의 시공간 화소화에는 이것이 어떻게 작용하는지를 먼저 살펴보기로 하자.

당신은 이미 베켄슈타인 경계가 3차원 물체의 2차원 표면영역(여기서 각 플랑크 규모영역은 1비트의 정보를 코딩함)을 구성하는 플랑크 규모영역의 수를 최대 비트 수로 산정해낼 것임을 추측했으리라.

베켄슈타인 경계는 빅뱅 시의 태초로부터 공간 자체가 왜 팽창했는지에 대한 통찰도 제공해준다. 엔트로피가 우리 우주의 생애 전반에 걸쳐 불가피하게 증가하는 쪽으로 흘러간다는 열역학 제2법칙을 고려하면, 그리고 그것이 가장 본질적인 차원에서는 정보의 엔트로피임을 알고 또 그 정보가 시공간의 경계면의 플랑크 규모 화소에 코딩되어 있음까지 감안하면, 우리는 매우 중요한 결론을 도출해낼 수 있다. ― 쌓여가는 온갖 경험과 진화라는 형태로 끊임없이 늘어나는 정보가 우리의 우주에서 표현되려면 그 경계면이, 곧 공간 자체가 팽창할 수밖에 없다는 것이다. ― 여태껏 그래왔고 지금도 그러고 있듯이 말이다.

제1법칙과 제2법칙의 결합

이 책을 쓰면서 나는 열역학법칙을 정보의 법칙으로 바꿔 쓰는 것이 양자이론과 상대성이론이 화해할 길을 열어주고, 우리의 완벽한 우주에게 탄생으로부터 전 생애에 이르는 전체 과정을 일러주는 설명서를 제공해주는 일임을 깨닫게 됐다. 게다가 그 보편적 원리들을 결합하면 우리 우주의 대강의 미래와 궁극적 종말에 관한 통찰도 얻을 수 있게 된다.

그 방법을 알아내려면 에너지와 엔트로피 양쪽에 다 관련되는 또 하나의 기본적인 속성을 고려해야 한다. ― 엔트로피를 산정하는 한 방법은 에너지를 온도로 나누는 것인바, 이 '온도'라는 개념 말이다.

그러니 엔트로피의 변화는 에너지의 변화 아니면 온도의 변화, 혹은 양쪽 다를 요구한다. 우리의 우주에서는 에너지가 보존된다. 그러므로 증가하는 정보 엔트로피는 시공간의 온도 변화를 요구한다. 열역학에서 기체의 온도는 기체가 차지하는 공간이 늘어나면 낮아진다. 우리 우주의 전체 공간은 팽창한다(그리고 보았듯이, 공간의 팽창은 플랑크 규모로 화소화된 정보가 공간의 경계면 홀로그램에 비트 부호로 더 많이 새겨질 수 있게 해준다). 그러므로 불가피하게 시공간의 온도는 낮아지고 있다.

이 모든 것은 천문학 관측과도 멋지게 맞아떨어진다. 하지만 얼핏 보면 이상해 보이는 한 가지 경우가 있다. 이것을 이해하려면 다시 플랑크 규모로, 빅뱅의 최초 순간으로 돌아가야 한다.

열역학과 정보 엔트로피 계산에서 처음 마주쳤던 또 하나의 보편적 요소인 볼츠만 상수를 물리적 힘들의 수지를 맞추는 계산에 포함시키면, 우리는 온도의 플랑크 규모를 도출해낼 수 있다. 그것은 절대온도 10^{32}도K라는 어마어마한 온도다. 이 숫자의 크기를 짐작하려면 켈빈 온도는 절대온도 0도에서 시작하고, 얼음은 보통 기압에서 273도K에서 녹으며, 우리 태양의 중심부 온도는 1,600만 도K밖에 되지 않는다는 사실을 생각해보라. 이 엄청난 플랑크 온도는 빅뱅 시 우리 우주 최초 순간의 온도다.

그리고 그 복사에너지의 파장은 1플랑크 길이다.

플랑크 규모의 영역 당 단 1비트의 정보를 담고 있는 시공간 화소를 가지고, 플랑크 규모 창세기의 우리 우주는 요컨대 스위치를 올려 불을 켤 수 있는 가장 단순한 지시를 담고 있는, 플랑크 규모의 광파장으로 표현되는 원시정보를 코딩했다. 하지만 이상해 보이는 것은, 그토록 엄청나게 높은 온도에 수반되는 에너지는 사납도록 혼돈스러워야 하므로 초기의 우리 우주는 가장 낮은 엔트로피의 질서정연한 상태 대신 가장 높은 엔트로피의 무질서 상태를 보였어야만 했다.

이 신생기의 우주에 중력이나 극도로 강력한 전자기장이 없었다면 그토록 높은 온도는 대개 그만큼 높은 운동에너지를 수반하여 그야말로 엄청나게 격앙된 에너지의 대폭발을 일으켰을 것이다.

하지만 관측 가능한 일부 극단적인 천체물리학 현상에서 발견되고 있듯이, 엄청나게 강한 중력과 강력한 자기장은 그처럼 지극히 높은 온도의 에너지-물질을 길들여서 질서 잡히게 할 수 있다. 이처럼 초기 플랑크 시대의 이 에너지는 아주 작은 변동밖에 보이지 않는 질서상태를 유지하여, 그것이 나중에 별과 은하계와 우리 우주의 기타 다른 거대 천체구조물들을 형성할 중력의 핵을 이룬다.

138억 년이 지나서, 극초단파 우주배경복사 측정에 의하면 이제 우리 우주의 평균온도는 아주 차가운 절대온도 2.7도K로 내려왔다. 공간이 계속 팽창하고 있으므로 평균온도도 계속 떨어질 것이다.

우리 우주의 평탄성과 고립성과 유한성과 엔트로피 변화 추이를 감안하여 논리적 결론을 내리자면, 우리 우주의 종말은 최대의 정보 엔트로피와, 절대온도 0도나 그에 아주 가까운 완전한 평형상태가 될 것이다. 시공간의 가속적인 팽창, 냉각속도 등의 천문학 측정치와 절대온도 0도에서 가능한 최대 정보 엔트로피의 계산치를 결합하여, 과학자들은 그 종말의 일정을 어림잡아 산정해 낼 수 있게 되어가고 있다. 하지만 그렇게 되더라도 우리의 완벽한 우주가 어떻게 생애를 마감할지를 알려줄, 이 우주가 마침내 와해되게 할, 알려진 물리학적 메커니즘은 아직 없다.

하지만 어쩌면 내부의 압력이 주변의 대기압과 같아질 때 터지는 물거품처럼, 이 종말의 시각이란 우리의 우주가 그 축적된 정보와 지식과 지혜를 그것이 태어난 곳이자 살다 죽어갈 곳인 무한한 우주공간(infinite cosmic plenum) 속으로 풀어놓을 수 있는 모종의 평형상태에 이르는 시점을 가리키는 것일지도 모른다.

이제 이 새로운 관점으로부터 우리 우주의 비범한 생애를 바라보고 있으니, 우리는 실로 우리의 우주가 빅뱅big bang(대폭발)으로부터 시작된 것이 아니라 '빅브레쓰big breath(큰 숨)'로부터 태어나 진화해가고 있음을 깨닫게 될지도 모른다. 이제부터 우리는 그것을 이런 관점으로부터 묘사해볼 것이다.

* 3장 *

조건

어떤 것의 결말을 결정짓는 초기상태…

"행복의 첫째 조건 중 하나는 인간과 대자연 사이의

연결고리가 깨지지 않는 것이다."

— 레오 톨스토이^{Leo Tolstoy}

단순성, 불변성, 그리고 인과성이 우리의 완벽한 우주의 세 가지 기본 조건이다. 각 성질은 저마다 공간과 시간이 생성되는 과정, 내재된 정보로부터 물리적 현실이 형성되어 나오는 과정에서 중요한 역할을 한다.

다채로워 보이는 온갖 현상들을 하나로 통합시키려 보면 종종 물리적 세계의 복잡성 배후에 감춰진 놀라운 수준의 단순성

코스믹 홀로그램

을 깨닫게 된다. 그 단순성은 때로 뜻밖의 곳에서 조화와 일치와 상보성이 드러나면서 발견된다. 그러한 단순성의 존재는 으레, 물리적 현상의 작용에서 흔히 발견되는, 노력도 저항도 필요 없는 길을 찾아가는 길잡이가 되어준다.

불변성이라는 보편적 조건은 변함없는 일정한 행태나 상태를 의미한다. 예컨대 아인슈타인이 발견했듯이 공간과 시간은 각각 관찰자의 위치에 따라 상대적이지만, 그것이 통합된 4차원적 시공간은 변함이 없다. 그러므로 시공간 속 좌표에 의해 정의된 동일한 사건의 모든 측정치는 공간이나 시간 속 관찰자의 위치와 상관없이 모든 관찰자에게 동일한 답을 줄 것이다.

실제로 상대성이론의 수학적 계산은 시공간을 통틀어 '모든' 물리적 법칙은 변함이 없을 것을 요구한다. 물리적 법칙들은 그것이 오늘날 지구상의 한 실험실에서 측정되든, 100만 년 전의 다른 은하계의 한 행성에서 측정되든, 심지어 10억 년 후 한 블랙홀의 가장자리에서 측정되든, 상관없이 동일한 형태(예컨대 $F=ma$)를 취해야만 한다.

세 번째 중요한 조건은 인과성이다. 물리계 본연의 이 전제조건은 모든 결과는 언제나 원인의 뒤를 따르도록 보장해준다. 이것은 우리의 일상경험을 반영하므로 그저 하나의 상식처럼 보일 수도 있다. 하지만 많은 물리법칙이 시간을 포함하지 않는 것으로 보이므로 거기에는 인과의 개념도 없다. 그럼에도 좀더 깊이 들여다보면, 인과성은 실로 시공간의 기본구조 속에 내재되어 있음을 깨닫게 될 것이다.

이 세 가지 중요한 조건이 물리적 현실을 결정하고 지배한다. 이제 이 조건들이 어떻게 그렇게 하며, 우리의 우주가 하나의 시종여일始終如一한 통일체로 존재하면서도 끝없이 고도화되는 복잡성을 체현하면서 진화해가도록 하는 데 어떤 핵심적인 역할을 하는지를 살펴보자.

단순성

먼저 16세기의 천문학자로서 태양을 태양계의 중심으로 보는 코페르니쿠스(1473-1543)의 학설을 일찍이 옹호했던 갈릴레오 갈릴레이(1564-1642)가 한 말을 음미해보자. ― "자연의 책은 수학의 언어로 쓰여 있다."

물리적 현실의 양자화된 비트로 코딩되어 숨어 있는 기본 수학공식들은 인간의 지성에 의해 발명되거나 만들어진 것이 아니다. ― 그것은 발견된 것이다. 그리고 문자 그대로 우주의 언어인 수학은 우리 우주의 모든 물리적 성질, 그리고 만물에 스며 있는 그 정보를 그것의 관계와 전이와 흐름을 기술하는 수학언어를 통해 표현하여 전달할 수 있다.

모든 물리적 현실이 우주의 언어인 수학을 통해 정보로 표현될 수 있지만, 역으로 모든 수학이 물리적 현실을 기술해내는 것은 아니다. 과학자들은 물리적 현실을 기술하는 강력하고 세련된 방정식과 관계식들은 실로, 아인슈타인의 흉내를 내자면, 그보다 더 단순할 수는 없다는 사실을 거듭거듭 깨닫고 있다.

단순성을 찾아서, 그리고 그것을 표현하는 수학이 이끄는 길을 기꺼이 따르다 보면 이 완벽한 우주의 본성에 대한 우리의 이해를 풍부하고 온전해지게 해주는 통찰들이 쌓인다. 그 인도를 따르다 보면 현상들의 '외견상의 다양성'과, 그 외적 표현을 뒷받침하고 있는 '심층의 단순성'을 식별할 수 있게 된다. 이 본연의 우주적 단순성이라는 전제가 얼마나 중요한 것인지를 감 잡기 위해 잠시 몇 가지 예를 살펴보자.

19세기 말에, 흔히 현대물리학의 아버지로 불리는 ─ '두루 좋은 사람'이기도 했던 ─ 스코틀랜드의 물리학자 제임스 클러크 맥스웰은 전기, 자기, 빛의 다채로워 보이는 성질을 연구했다. 그는 당대의, 아니 시대를 통틀어 최고의 실험물리학자 중 하나인 마이클 패러데이Michael Faraday의 연구를 이어받았다. 패러데이는 1830년에 움직이는 전하는 자기장을 일으키고 역으로, 움직이는 자기장은 전류를 일으킨다는 사실을 발견함으로써 물리의 단순성을 발견하는 작업에 시동을 걸었다.

이것은 맥스웰로 하여금 전기와 자기가 별개의 것이 아니라 동전의 양면처럼 서로를 정확히 비춰 보여준다는 것을 깨닫게 했다. 이 전기와 자기를 아주 단순한 수학적 언어로 기술함으로써 그는 그것을 전자기장으로 통일시킬 수 있었다. 수학은 전자기장이 파동으로서 공간 속을 광속으로 여행한다는 사실도 밝혀주었다. 그래서 그는 빛이 일종의 전자기파로서 우리의 눈에 보이는 파장을 지니고 있음을 깨달았다.

전자기장을 기술하는 그의 강력한 방정식은 방사성 에너지의 존재와, 전자기 스펙트럼상의 눈에 보이지 않는 다른 전자기파들의 존재를 예언할 수 있었다. 그의 방정식은 우리의 범지구적 데이터 통신과 다른 많은 기술의 근간이 되었을 뿐만 아니라, 아인슈타인으로 하여금 공간과 시간의 근본적인 본질에 대한 혁명적인 통찰을 얻을 수 있도록 영감을 제공해주었다.

20세기 초에 아인슈타인은 빛이 어디서나 일정한 속도로 움직인다는 것을 보여주는 맥스웰의 수학적 기술을 문자 그대로 받아들임으로써, 공간과 시간은 모두 관찰자의 관점에 따라 상대적으로 변할 수 있음을 깨달았다. 그는 공간과 시간을 4차원 시공간으로 통합시킴으로써 물리적 현실을 인과성이 늘 보전되는, 변하지 않는 방식으로 기술할 수 있었다.

하지만 어떤 현상을 정확히 기술하는 수학이라 할지라도, 아직도 '가장' 단순해 보이지는 않는다면 거기서는 어김없이 더 심오하고 강력한 설득력을 지닌 해석의 문이 열리곤 한다. 왜 '이보다 더 단순할 수는 없는지'를 보여주면서 말이다. 실제로 과학사를 통틀어 이러한 깨달음들은, 우리의 완벽한 우주가 지금도 여전히 존재하고 진화해갈 수 있게끔 해주는 데 필요한 극단의 단순성이 늘 존재함을 보여주었다. 과학은 이처럼 단순성의 극치를 탐사함으로써 우리 우주의 만물은 가장 근본적인 밑바탕으로부터 뚜렷한 목적을 지니고 있으며, 어떤 것도 쓸모없이 그저 낭비되고 있는 것이 아님을 보여주었다.

이것을 보여주는 한 예는 영구의 이론물리학자 폴 디랙Paul Dirac의 소립자의 행태를 기술하는 방정식이다. 이 방정식은 그로 하여금 1920년에 반물질의 존재를 예언하게 했고, 그것은 4년 후에 증명되었다. 반물질은 보통의 물질로 이뤄져 있고, 질량이 동일하지만 반대 전하를 지니고 있다.

디랙의 방정식은 우리 우주의 태초에 동일한 양의 물질과 반물질이 생성되었어야만 함을 보여주었다. 그러나 반물질은 현재 거의 존재하지 않는다. 물질과 반물질이 만나면 빛을 발하며 사라진다. 극초단파 우주배경복사 속의 광자와 물질을 측량해본 결과, '빅브레쓰'의 첫 순간에서 약 10억 분의 1초 후로부터, 10억 개의 물질-반물질 쌍이 상쇄될 때마다 오직 한 개의 물질 입자만이 살아남았음이 밝혀졌다.

애초에 반물질이라는 '복잡한 것'이 왜 필요했는지, 태초의 물질-반물질의 단순한 대칭성이 왜 깨졌는지, 그리고 왜 10억 개 중에서 단 한 개의 물질 입자만이 남겨졌는지를 이해하기 위하여 진행 중인 탐사는, 우리 우주에 빛 이외의 다른 것이 왜 존재하는가 하는 근본적인 의문에 답을 얻는 일을 돕고 있다. 물론 이 탐사 또한 '이보다 더 단순할 수는 없어야 한다'는 원칙을 따르고 있다.

어떤 현상을 단순화하여 더 깊은 수준에서 이해하고자 하는 목적을 지닌 또 다른 통합은 아르헨티나의 물리학자 후안 말다세나Juan Maldacena에 의해 이뤄졌다. 그는 1998년 끈이론가들의 학회에서, 앞서 언급한 엇호프트와 베켄슈타인 등의 선구자들이 제기했던 홀로그래피 가설의 개념에 영감을 받아서 쓴 자신의 논문을 발표했다.(참조 1)

그는 양자장을 홀로그램 경계면상에 정의된 M이론 ― 그 자체가 양자이론과 상대성이론의 화해를 추구하는 ― 의 한 버전으로 재해석할 수 있음을 밝혀냈다. 그는 양자장과 M이론의 상관성을 밝힘으로써, 홀로그래피 가설을 물리학계가 훨씬 더 잘 수용할 수 있는 심오하고 혁명적인 새로운 관점으로 제시했다. 거기에다 덤으로, 한 관점에서 보면 아주 어려운 문제가 그 상관물(예컨대 전자기력에서 전기와 자기) 쪽에서 바라보면 훨씬 더 단순해질 수 있음을 보여주었다. 그의 이 멋진 통찰은 전혀 단순하지 못한 'AdS/CFT(anti-de Sitter/conformal field theory) 대응성'이라는 이름으로 알려졌지만 말이다.

우리는 곧 이것이 돌파해낸 것의 골자와 그 엄청난 시사점, 급속히 확산되고 있는 코스믹 홀로그램 모델에 대해 더 자세히 살펴보겠지만, 지금으로서는 말다세나의 발표가 동료 학자들의 엄청난 호응을 일으켜서 그들은 즉석에서 마카레나 춤을 추며 그의 쾌거를 경축해주었다는 사실만을 이야기하고 넘어가자.

공간과 시간

이제 우리는 공간과 시간의 본성을 더 탐사해감으로써, 불변성과 인과성이라는 나머지 두 기본조건이 어떻게 우리 우주의 존재와 진화를 뒷받침해주는지를 더 잘 이해할 수 있다. 물론 여기서도 단순성을 길잡이 삼아서 말이다.

그 과정에서 우리는 공간과 시간이 왜 불변의 시공간으로 스스로 통합되면서도 관찰자의 관점에 따라서는 상대적인 것으로 보여야 하는지, 그리고 인과성은 어떻게 유한하고 일정한 광속 때문에 늘 보존되는지를 이해하게 될 것이다.

아인슈타인은 열여섯 살 때 최초로 상상 속의 사고실험에서 한 빛줄기를 따라가보았다. 하지만 그가 처음으로 직관했던 그것에 영감을 받아 발견한 일련의 혁신적인 이론을 실제로 발표한 때는, 그 자신이 스스로 '기적의 해'라고 부른 1905년에 이르러서였다. 그리고 그 영감은 그의 특수상대성이론으로 결실을 맺었다.

그것이 왜 '특수'상대성이론인가 하면, 이 이론은 물체들이 상대적으로 '일정한' 속도로 움직이는 경우만을 한정하여 기술하고 있기 때문이다. 곧 알게 되겠지만, 아인슈타인 같은 천재에게도 이 이해를 가속되는 물체의 움직임을 기술하는 소위 일반상대성이론으로까지 확장시키는 데는 10년간의 골똘한 사색이 더 필요했다. ─ 그 도중에 혁명적인 중력이론을 밝혀내기도 했지만.

하지만 이 모든 것을 이해하기 위해서, 우선은 내가 과학사상 가장 위대한 성취 중의 하나로 손꼽는 발견을 살펴보기 위해 아인슈타인의 발견 여정의 출발점으로 돌아가보자. 그가 발견한 것은 우리가 일상적으로 경험하는 것과는 완전히 반대되는 현상이었다.

그의 결론이 얼마나 급진적인지를 설명하기 위해서, 일정한 속도로 움직이는 두 물체 사이의 관계에 대해 우리가 학교에서 배운 기본적인 내용을 떠올려보자. 구체적으로 말하면, 한 물체의 속도(velocity)란 특정 방향으로 움직이는 물체의 속력(speed)을 말한다. 문제를 단순화하기 위해, 우리는 서로 나란하게 움직이거나 서로 반대 방향으로 움직이는 물체를 상정할 것이다. 그러면 운동의 법칙에 의해 이들의 상대적인 속도를 알아내려면 같은 방향일 때는 단순히 각각의 속도를 뺀 차이를 구하면 되고, 반대 방향일 때는 각각의 속도를 더하면 된다.

예컨대 시속 65킬로미터라는 일정한 속도로 3차선 고속도로의 중앙 차선을 달리는 차 안에 앉아 있을 때 우리는 이것을 분명히 경험하고 느낄 수 있다. 예컨대 왼쪽 차선에는 트럭이 시속 60킬로미터로 달리고 있고 오른쪽 차선에는 스포츠카가 70킬로미터로 달리고 있다고 하자.

우리의 상대속도를 계산하는 것은 쉽다. 느린 차 또는 빠른 차, 우리 사이의 상대속도는 각각 시속 5킬로미터다. 그리고 트럭과 스포츠카 사이의 상대속도는 시속 10킬로미터다.

이제 중앙분리대 너머에, 예컨대 반대 방향을 향해 시속 65킬로미터의 속도로 차가 한 대 오고 있다고 하자. 중앙분리대가 도로를 안전하게 분리시켜주고 있긴 하지만 우리와 그 차 사이의 상대속도는, 이 경우에는 각각의 속도를 더해줘야 하므로 시속 130킬로미터라는 엄청난 수치가 된다.

이 모든 것은 우리의 상식에 맞아떨어지므로, 차를 운전하는 우리는 그것에 특별히 주의를 두지 않는다. 하지만 아인슈타인이 발견한 것처럼, 빛은 이처럼 상식적인 방식으로 작용하지 않는다. 맥스웰의 전자기방정식의 논리를 빈틈없이 따랐을 때 이 사실을 깨달은 그는, 공간과 시간 또한 상식적인 방식으로 작용하지 않는다는 것을 인정하지 않을 수가 없었다.

그가 발견한 사실과 그것의 시사점을 이해하기 위한 다음 단계로, 우리는 먼저 고속도로를 시속 65킬로미터 속도로 달린다는 일상적인 예로써 우리가 의미하는 바가 무엇인지부터 정의할 필요가 있다.

우리가 얼마나 빨리 달리고 있는지를 알려주는 속도계는 길, 그러니까 지구에 대한 자동차의 움직임을 측정한다. 다행스럽게도 우리의 평소 경험은, 우리가 가만히 서 있으면 지구는 우리에 대해 움직이지 않는다는 것이다. 만일 그렇지 않다면 우리는 적잖이 어지러워질 것이다. 그러니까 실로 지구는 우리의 차를 포함한 고속도로상의 모든 자동차뿐만 아니라 지표면상, 혹은 지표면 가까이에 있는 모든 사물에 대해 변함없는 기준점이 되어주고 있다.

자, 이제 아인슈타인의 사고실험으로 눈을 돌려보자. 그는 하나의 빛줄기를 향해, 혹은 그로부터 멀어지는 방향으로, 아니면 나란히 움직이면 어떨지를 상상해보았다. 앞서 말했듯이, 그로부터 몇 년 전에 맥스웰은 빛이 전자기파라는 사실을 깨달았다. 그리고 무엇보다도 전자기장을 기술하는 그의 방정식은, 예컨대 공간이든 물이든 하나의 매질 속에서 광속은 언제나 일정함을 보여주었다. 그러니까 광속은 진공 속에서 가장 빠르고 다른 모든 매질 속에서는 그보다 느리지만, 각각의 매질 속에서의 속도는 일정하다.

그러나 방정식은 광속의 불변성이 무엇을 기준으로 측정되는지에 대해서는 아무런 단서도 제공해주지 않는다. 이 또한 우리의 일상경험에 비춰보면 기이한 일이다. 일상에서는 속도가 언제나 어떤 기준과 비교해서 측정되기 때문이다.

앞의 예에서도 고속도로를 달리는 자동차의 속도는 지구라는 변함없이 고정된 기준에 대하여 측정된다. 그러나 우리의 우주 속을 달리는 빛의 경우에는 그렇지 않다. 만약 빛도 같은 방식으로 행동한다면, 그 속도를 측정하기 위해 어떤 보편적인 기준이 있어야만 한다.

여러 해 동안 우주에 편만한 에테르의 존재설이 제시됐었다. 그것은 움직이지 않는 기준점의 존재를 설명하려는 시도로서만이 아니라 그와 관련된 한 수수께끼에 대답하기 위한 시도이기도 했다. 즉, 진공처럼 보이는 공간 속에서 빛은 어떤 매질 속을 지나가는가 하는 의문 말이다. 에테르를 탐지하려는 무수한 노력에도 불구하고 아인슈타인 당시까지도 — 그리고 지금까지도 — 과학자들은 탐지에 실패를 거듭했다.

두 가지 수수께끼 중에서 쉬운 것부터 살펴보자. — 빛은 공간 속에서 어떤 매질을 지나는 것일까?

단서가 없었던 맥스웰로부터 아인슈타인 당시에 이르기까지, 물리학자들은 빛의 전파에는 빛이 지나갈 모종의 매질이 필요하다고 보았다. 역학적 파동인 음파音波는 영화 <에일리언>에 나오는 유명한 대사 — "우주공간에선 네가 아무리 비명을 질러봤자 들리지 않아" — 처럼 공기나 물과 같은 매질을 필요로 한다.

하지만 전자기장의 가시광선 — 그리고 다른 모든 파장의 전파電波 — 의 이동에는 그런 매질이 필요하지 않다. 왜냐하면 아인슈타인도 깨달았듯이, 빛은 전자기장의 진동이고, 전자기장은 '그 자체가' 시공간 속에 편만한 매질이기 때문이다.

빛의 보편적인 기준점은 무엇인가 하는 나머지 수수께끼의 답을 얻으려는 아인슈타인의 노력으로부터는 더 큰 도전과제와, 그에 따라 훨씬 더 의미심장한 발견이 일어났다. 사고실험 속에서 빛줄기를 따라갔을 때, 그는 광속의 불변성이란 어떻게 선택된 것이든 간에 '모든' 기준점에 대해 광속은 변함이 없다는 뜻임을 깨달은 것이다. 요컨대 빛을 어디서 어떻게 측정하든 간에 그 속도는 '언제나' 동일할 것이었다.

우리의 일상경험에 비춰보면 이것은 정상적인 일이 아니다.

이 발견이 얼마나 뜻밖의 일이었는지를 알아보기 위해서 또 다른 일상적 경험을 생각해보자. 밤중에 기차를 타고 가는데 옆에서 다른 기차가 마주 온다고 상상해보라. 두 기차가 지나치는 동안 기준으로 삼을 만한 주변 풍경은 보이지 않으므로, 우리는 어느 기차가 움직이고 있는지 — 혹은 둘 다 움직이고 있는지 — 를 판단할 수 없을 것이다. 즉, 어느 기차든 어떤 고정된 기준점에 대해 절대적인 속도를 잴 수가 없다. 우리가 잴 수 있는 것은 두 기차의 '상대적인' 속도뿐이다.

만약 각 기차의 선두에 거울이 달려 있다면 우리의 기차로부터 일련의 빛 신호를 보내고, 그것이 다른 기차의 선두에 달린 거울에 닿아서 반사되어 돌아오는 데 걸리는 시간이 점점 짧아지는 것을 측정함으로써 상대적 속도를 측정할 수 있을 것이다.

가령 마주 오고 있는 기차가 시속 65킬로미터 속도로 달리고 있고 우리의 기차는 (우리는 모르지만) 움직이지 않고 있다고 해보자. 그러면 우리는 마주 오는 기차가 시속 65킬로미터로 달리고 있는 것으로 측정할 것이다. 그런데 만약 우리의 기차도 시속 40

킬로미터로 달리고 있다면 (이 역시 우리는 모르지만) 우리는 다른 기차가 시속 105킬로미터의 속도로 달려오고 있는 것으로 측정할 것이다. 하지만 두 경우 모두 마주 오고 있는 기차의 속도는 동일하다.

그리고 만일 우리의 기차가 다른 기차와 나란한 방향으로 달리고 있다면(그리고 다른 기차의 후미에도 거울이 달려 있다면), 둘의 상대속도가 시속 25킬로미터라는 것은 측정할 수 있더라도 각 기차의 절대속도는 역시 알아낼 수가 없을 것이다.

그런데 이번엔 기차 대신에 한 줄기의 빛이 우리를 향해 ─ 물론 훨씬 빠른 속도로 ─ 달려오고 있다고 상상해보자. 그러면 우리 자신의 속도와는 '상관없이', 그리고 마주 오는 기차나 그 어떤 사물과도 달리, 우리는 빛의 속도를 언제나 동일한 것으로 측정하게 될 것이다. 마찬가지로 빛이 우리로부터 멀어지는 방향으로 달리고 있다고 해도, 우리 자신이 얼마나 빨리 움직이고 있는지와는 상관없이 우리가 측정한 광속은 정확히 동일할 것이다.

빛이 공기 같은 매질을 지날 때는 진공 속을 지날 때보다 느려진다. 하지만 빛은 언제나 일정한 속도로 전파되는 것으로 측정될 것이다. 진공 속에서는 광속이 언제나 초속 약 30만 킬로미터의 보편적인(그리고 최대인) 제한속도로 측정될 것이다. 이 속도는 c 라는 문자로 표시된다. (원래는 '상수'를 뜻하는 constant의 약자인데, 좀더 최근에 외서는 리틴어로 '빠름'이란 뜻인 celeritas의 약자로 간주된다.)

우주에는 어디에도 선호할 만한 장소나 방향이 '없으며' 모든 '관성'좌표계(상대적으로 일정한 속도로 움직이는 좌표계들)는 완전히 등가라는 아인슈타인의 결론은, 물리학의 법칙은 온 우주를 통틀어 동일하다는 사실도 밝혀준다.

이것은 좋은 소식이다. 공간과 시간의 상대성에 의해 묘사되는 빛의 불변성에 대한 암시 없이는 전체 우주에 적용되는 어떤 우주론도 개발될 수가 없었기 때문이다. 아인슈타인이 상대성의 더욱 깊은 차원에서 발견해냈듯이, 빛과 그것의 불변성이야말로 우리 우주가 하나의 일관된 통일체로서 존재하고 진화해갈 수 있게 해준다.

하지만 물리적 법칙의 이 보편성은 이보다 더 심오하고 불가피한 점을 한 가지 시사한다. 모든 관찰자가 측정한 광속이 일정하다는 것은 관찰자의 속도가 '공간과 시간에 대한 그들의 관찰과 측정 자체'에 영향을 미친다는 뜻임을 이해하는 데는 아인슈타인의 천재성이 필요했다.

물체의 속도는 물체가 시간당 여행한 거리로 측정된다. 예컨대 시속 65킬로미터처럼 말이다. 아인슈타인의 특수상대성이론은 물체가 가속되면 시간(예컨대 시계가 측정하는 시간)은 느려지거나 늘려지고, 운동 방향의 거리(예컨대 측정된 길이)는 그에 완벽하게 맞추어 수축한다는 것을 밝혀냈다. 그러므로 광속에 대한 모든 측정값은 관찰자들의 저마다 다른 속도와 상관없이 모두가 정확히 동일하게 나올 것이다.

정확하게 보상되는 이 관계는 간단한 로렌츠 변환식에 의해 수학적으로 우아하게 묘사된다. 네덜란드의 물리학자 헨드릭 로렌츠Hendrik Lorentz의 이름을 딴 로렌츠 변환식은 물체의 질량-에너지에도 적용된다. 이 방정식은 무거운 물체가 광속으로 가속될 수 있다면 시간은 정지하고 물체의 길이는 수축되어 0이 되고, 질량은 무한대로 늘어남을 보여준다. 물체의 속도를 광속으로 가속시키는 데에 드는 에너지도 무한해질 것이다. 이 때문에 시공간 속의 어떤 질량을 지닌 어떤 물체도 실제로 그렇게 되지는 못하며, 오로지 질량이 없는 빛만이 제한속도인 c(광속)로 여행할 수 있는 것이다.

시공간

공간과 시간의 상대성 때문에 모든 관찰자들은 동일한 사건을 저마다 다른 관점으로부터 측정할 것이다. 하지만 그들의 상대성은 광속의 불변성을 보존하여 물리적 법칙들이 보편적으로 적용될 수 있게 해준다. 이 유한하고 변함없는 광속은 단위시간을 단위공간으로, 혹은 그 반대로 바꿔주는 만능의 환산계수다. 광속은 문자 그대로 공간과 시간을 하나로 엮어서 시공간이라 불리는 불변하는 하나의 4차원적 실체로 짜낸다. 이것은 우리의 우주가 본래적으로 상호연결되어 있으며 단일한 통일체로서 존재하고 진화해간다는 사실을 또다시 보여준다.

불변인 시공간의 개념을 더 잘 이해하기 위해, 먼저 시공간 속에서는 거리를 어떻게 측정하는지를 살펴보자. 대부분의 사람이 시공긴 속의 기리 같은 것을 일상적으로 생각하지는 않지만, 바로 그런 것을 생각하게 하는 한 가지 용어만은 이미 친숙하게 알고 있다. 진공 속을 빛이 1년 동안 여행한 거리인 광년光年 말이다.

우리는 광속에 시간을 곱하여 결합시킴으로써 거리를 얻어 낸다. 그러면 가장 가까운 별인 태양은 8광분光分 거리에 있고, 은하수 밖의 가장 가까운 은하계인 안드로메다는 250만 광년光年 거리에 있다.

시공간 속에서는 아무것도 광속을 초과하지 못하므로, 태양 빛을 볼 때 우리는 사실 8분 전의 태양의 모습을 보고 있는 것이다. 그리고 망원경을 통해서 아름다운 안드로메다 은하계의 빛을 볼 때는 사실 250만 년 전의 모습을 보고 있는 것이다.

원인과 결과

우리의 우주공간은 평평하다는 매우 특별한 성질로 인해, 우리는 학교에서 처음으로 배웠던 그 기하학의 원리를 이용하여 시공간 속의 거리를 알아낼 뿐만 아니라, 시공간의 불변하는 성질이 어떻게 우리 우주에서 일어나는 모든 사건이 늘 인과율을 지키도록 보장해주는지를 설명하는 수학적 근거도 찾아낼 수 있다.

상대적인 속성을 지닌 시간과 공간 속에서는, 서로 다른 관찰자들이 다른 장소에서 일어난 두 사건이 동시에 일어났는지 어떤지에 대해 제각기 자신의 관점이 옳다고 논쟁을 벌일 수 있다. 하지만 그것을 시공간연속체 속의 사건으로 간주하고 보면, 모든 관찰자가 동일한 결과를 관측할 것이므로 그 모든 불일치가 해결된다.

우리의 우주에서 인과율이 왜 신성불가침인가를 이해하는 또 다른 접근법은 시간 자체의 본성을 깊이 들여다보는 것인바,

지금부터 그것을 해보자.

시간이란 무엇인가?

우리는 앞서 우리 우주의 엔트로피가 최저점에서 출발했다는 사실에 주목했었다. ─ 정보의 관점에서 말하자면, 그것은 그이상 더 단순할 수 없는 상태로부터 출발했다. 그로부터 불가피하게 엔트로피가 증가해가는 동안, 그것은 시간에게 '화살'의 속성, 곧 방향성이라는 속성을 부여했다.

우리는 또한 우주론자들이 왜 시공간이 플랑크 규모로 미세하게 화소화되어 있다고 보기 시작하고 있는지, 그리고 어떻게 공간이 우리의 외견상 3차원적인 경험에도 불구하고 하나의 시공간으로 ─ 각각의 플랑크 규모영역들이 한 비트의 정보를 지니고 있는, 2차원의 홀로그램과 같은 경계면으로 ─ 정보적으로 묘사될 수 있는지도 살펴보기 시작했다. 우리는 또, 정보 엔트로피의 불가피한 증가와 시공간에 대한 이 같은 홀로그래피적 관점의 결합은 공간 자체가 팽창할 것을 요구한다는 사실을 알았다.

이에 따라 내려지는 시간에 대한 결론은, 우리를 특수상대성이론으로 인도된 아인슈타인의 여정을 벗어나 인과율의 천부적 보존성을 향한 다른 길로 데려간다. 정보의 관점에서 말하자면, 원인이 되는 사건은 언제나 그로부터 일어나는 결과보다 적은 정보를 담고 있다. 결과는 자신의 결말뿐만 아니라 그 원인도 참작해야만 하니까 말이다. 게다가 엔트로피의 불가피한 흐름은 10^{-44}초라는 매 플랑크 시간마다 우리의 우주는 갈수록 더 많은 정보를 표현하고 있음을 의미한다. 과거는 그 정보로써 현재를 창조하고, 또 현재는 그 정보로써 미래를 창조해야 하기 때문이다. 그러니 우주의 태초로부터 그 생애의 종말까지, 인과율은 시공간 속에 늘 펼쳐지며 작용한다.

그러니 이제 실로 우리는 물리적 세계에서 경험되는 시간의 본성을 '문자 그대로' 정보 엔트로피의 흐름으로 바라볼 수 있다.

비국소성

실험방법은 갈수록 정교하게 발전하는데도 불구하고, 대부분의 과학자들은 시공간 속에서 광속의 한계를 초월해보려는 생각을 놓아버림으로써 광속이야말로 우리 우주 안에서 정보를 전달할 수 있는 '범우주적 제한속도'라는 아인슈타인의 계시에 대한 반증 노력을 포기해버렸다.

하지만 지난 몇 해 동안에 양자물리학자들은 비국소적 현상의 한 측면을 이용하여 엄청난 양의 데이터를 현재의 기술보다 훨씬 더 빨리 처리해낼 수 있는 양자컴퓨터를 개발해냈다.

널리 알려졌듯이, 아인슈타인이 '공포의 원격작용'이라고 조롱했던 비국소성은 그가 한사코 받아들이지 않았던 양자이론의 엄연한 결과였다. 그러나 1964년에 북아일랜드의 물리학자 존 스튜어트 벨John Stewart Bell은 그의 이름을 딴 엄밀한 수학적 증명을 통해 양자이론의 모든 물리적 속성들을 재현하려면 비국소성은 반드시 존재해야만 하는 성질임을 보여줬다. 비국소성을 증명하기 위한 실험들이 1970년대에 시작되었고, 아인슈타인이 죽은 지 거의 30년 후인 1982년에 이르러 파리 오르세d'Orsay 대학교의 알랭 아스페Alain Aspect와 그의 동료들이 이것이 사실임을 최종적으로 증명했다.(참조 2)

비국소적 연결성은 흔히 양자 상태를 공유하면서 하나의 실체처럼 행동하는 — 얽힘(entanglement) 효과로 알려진 — 입자 쌍을 만들어냄으로써 보여줄 수 있다. 만들어진 입자 쌍을 떼어놓고서 얽혀 있는 쌍 중 한 입자의 상태를 변경시키면, 다른 짝은 공간적 시간적으로 아무리 멀리 떨어져 있어도 '즉각' 자신의 상태를 바꿔서 상대방의 변화를 반영해준다.

입자 쌍 중 한쪽이든 양쪽이든 그것을 관찰하여 정보를 얻는 행위는 그 자체가 입자 쌍을 훼방하고 흥분시켜 그들의 얽힌 상태를 깨어버린다. 2014년의 소위 '양자 원격이동 실험'에서, 제네바 대학교의 일단의 물리학자들은 한 걸음 더 나아가 얽힘 현상의 정보적 의미를 보여주는 놀라운 묘기를 발휘했다.

그들은 먼저 서로 얽힌 광자 쌍을 만들어내어 그중 하나는 약 25킬로미터 길이의 광섬유 케이블을 따라 보내고, 다른 하나는 입자 쌍이 만들어진 곳 가까이에 있는 크리스털을 향해 보냈다. 그런 다음 얽히지 않은 제3의 광자를 쏘아서 첫 번째 광자와 부딪혀 둘 다 소멸되게 했다.

그러자 여기서 양자 원격이동이 일어났다. 제3의 광자에 담겨 있던 '정보'는 소멸되지 않고, 남아 있던 얽힌 입자 쌍의 두 번째 광자를 담고 있는 크리스털 속으로 전해진 것이다.

이 실험을 묘사한 보고서의 대표저자 펠릭스 뷔씨에르Félix

Bussières는 "쌍둥이 샴 고양이 같은 이 두 개의 얽힌 광자의 양자상태는 빛으로부터 물질 속으로 원격이동이 일어날 수 있게 해주는 통로다"라고 설명했다.(참조 3) 이 실험은 광자의 상태에 관한 '정보'는 물리적 표현물로서의 광자보다 우선하는, 더 근본적인 것임을 증명했다.

이어진 실험들을 통해서, 얽힘 현상이 양자 규모 훨씬 너머로 확장되어 있다는 것도 차츰 증명되었다. 한 쌍의 광자로부터 출발하여 세 개의 광자, 그리고 얽힌 전자쌍과 큰 분자들로 확장해가다가, 2011년에는 옥스퍼드 대학교의 이가청Ka Chung Lee과 마이클 스프래그Michael Sprague가 상온에서 귀걸이 장식용의 작은 다이아몬드 두 개의 양자상태를 얽히게 하는 데까지도 성공했다.(참조 4) 양자보다 수십억 배 더 큰 규모이자 우리가 늘 경험하는 상온에서 일어난 그와 같은 상호연결성은, 그것이 상대성이론이 적용되는 규모의 거시세계에서도 현실임을 보여준다.

이 실험은, 그 같은 비국소적 연결성이 실재하여 시간과 공간의 한계를 초월하지만 어떤 정보도 시공간 '속에서' 실제로 전달되지 않으며,* 범우주적 제한속도인 광속도 위배하지 않고 남아있다는 점에서 양자이론과 상대성이론은 둘 다 옳다는 사실을 보여주었다.

하지만 고도로 기술적인 조사가 보여주듯이, 양자 얽힘 현상은 단지 ─ 벨의 정리가 보여줬듯이, 양자이론이 예측한 '모든' 현

---

* 온 우주는 그 경계면 홀로그램에서 비국소적으로 연결되어 있는 '하나'이므로 정보의 '전달'이 필요하지 않다. 역주

상의 밑바탕이자 지금은 실험을 통해 너무나 잘 입증되어 있는 ―
범우주적 비국소성의 한 선례에 지나지 않는다.

통합

시공간의 불변하는 본성과 함께, 범우주적 비국소성은 근본
적으로 우리의 우주가 그 속에 속속들이 침투해 있는 정보에 의
해 뒷받침되고 있는, 상호연결된 하나의 통일체라는 심오한 사실
을 입증해준다. 그리고 빛이 보여주는 범우주적 제한속도는, 정보
를 시공간 속에서 일정하고 유한한 속도로 전달되게 하여 인과율
을 보존함으로써 우리의 우주가 경험을 통해 진화해갈 수 있게 해
준다.

그리고 우주의 본성인 비국소성의 존재 덕분에, 물리적 세계
를 출현시키는 정보적 바탕인 홀로그램 경계면도 온전하고 통합
된 하나가 된다.

또한 이 새로운 관점은 매우 특이하고도 결정적으로 중요한
성질인 시공간의 평탄한 성질과 우리 우주의 믿기지 않는 범우주
적 균일성을 이해할 수 있는 새로운 시각을 제공해준다.

평탄성의 '문제'를 해결한 것으로 일반적으로 여겨지고 있
는 인플레이션 팽창설은 ― 그런 메커니즘이 어떻게 일어날 수 있
는지, 어떻게 끝날지를 설명해줄 확실한 메커니즘도 없음에도 불
구하고, 그로부터 다른 우주들이 무수히 부지해 나온다는 점에서
멈출 수 없어 보이는 그 결말에도 불구하고, 그리고 결정적으로는
그런 일이 일어났다는 증거도 없음에도 불구하고 ― 표준 우주론

의 대들보가 되어 있다.

그러나 새롭게 대두되고 있는 코스믹 홀로그램 모델은 모든 급팽창 과정에 요구되는 전제조건인 우주의 평탄성과 균일성이라는 현실에 접근할 수 있는 새로운 방법을 제공해준다. 우주의 물리적 현실이라 불리는 모든 것이 하나의 통합된 홀로그램 경계면으로부터 일어난다고 보면, 평탄성은 시공간 출현의 한 정보적 바탕으로서 코딩되어 있고, 홀로그램의 속성인 범우주적 비국소성은 진화과정이 일어나는 데 필요한 수준의 균질성을 확보해준다. 실로 이토록 정교하게 조율된 정보가 태초부터 우리의 완벽한 우주를 만들어내었고, 종말까지 그러할 것이다.

아무튼 지금까지 우리는 범우주적 비국소성을 갖춘 불변의 시공간이, 우리의 완벽한 우주로 하여금 갈수록 정교해지는 복잡성과 자아의식의 출현을 경험할 수 있게 해주는 기본조건인 본연의 단순성과 불변성과 인과율을 만들어냄을 보았다.

✳ 4장 ✳
재료

더 나은 뭔가를 만들어내기 위해 조합할 것들…

"훌륭한 요리사의 야망은 모름지기 최소한의 재료로
멋진 요리를 만들어내는 것이 되어야 한다."

— 위르뱅 뒤부아Urbain Dubois, 세프 겸 저술가

우리의 완벽한 우주를 만들어내는 재료는 딱 한 가지밖에 없
다. — 에너지로 표현되고, 엔트로피 과정과 그 밖의 과정을 통해
작용하는 '정보' 말이다.

앞서 살펴본 것처럼, 정보 엔트로피는 우리 우주의 전 생애
에 걸쳐 증가한다. 하지만 에너지로 표현되는 정보는 끊임없이 그
형태를 바꿔가면서 널리 보존될 뿐만 아니라 공간의 평탄성을 수

반하여서, 전체 시공간 내부에서 밀어내는 양에너지와 끌어당기는 음에너지의 총합이 언제나 정확히 제로가 되게 한다.

이제부터 우리는 현상계를 정보로써 창조하여 진화되어 나오게 하기 위해 우주의 다양한 에너지들이 무수한 방식으로 만나서 결합하는, 실로 놀라운 상호작용을 살펴볼 것이다. 그 과정에서 우리는 에너지와 물질의 등가성에 대해 더 많은 사실들을 발견하게 될 것이다. — 질량과 중력이란 개념, 그것이 시공간과 상호작용하는 방식, 그리고 수수께끼의 암흑물질과 암흑에너지 등에 관해서 말이다.

의미심장하게도, 우리는 양자이론과 상대성이론을 화해시키려고 애쓰는 다양한 새 이론들이 모두 우리에게 친숙한 3차원 공간을 1차원으로 축소시키고 그것을 시간과 조합시킴으로써 결국은 2차원의 시공간으로 만들기를 요구하는 것처럼 보이는 현장을 만날 것이다. — 그것 또한 이 물리적 현실이 홀로그래피의 메커니즘으로 이루어져 있을 가능성을 암시하고 있다.

에너지란 무엇인가?

우리의 완벽한 우주에서 에너지가 취할 수 있는 형태는 많다. 그 모든 형태는 다른 모든 형태로 변환되며, 모든 형태가 시공간을 통틀어 보편적인 보존의 법칙을 따르며, 모든 형태가 결국은 서로 수지를 맞추어 제로가 되며, 모든 에너지 흐름은 노력을 최소화하는 보편적 경로를 벗어나지 않는다.

예컨대 대부분 가시可視 스펙트럼 주파수 범위 안에 있는, 태양이 방사하는 전자기 에너지는 지구에서 식물에 의해 변환되어 당분이나 전분 같은 화합물 속의 화학적 에너지로 저장된다. 그러면 우리는 그 식물세포를 먹고, 소화작용을 통해 화합물을 쪼개어, 풀려나온 화학적 에너지를 신경계를 가동시키는 전기 에너지나 근육을 움직이는 기계적 에너지 등 다른 형태의 에너지로 변환시킨다.

때로는 열과 일(방망이를 휘둘러 공을 때리는 것과 같이 무엇을 움직이기 위해 힘을 가하는 것)이 에너지로 잘못 간주된다. 하지만 이것은 사실 한 계의 에너지가 시간과 함께 어떤 방식으로든 옮겨지거나 변화되는, 엔트로피의 흐름을 보여주는 과정이다.

이런 구별이 좀 이해하기 어려워 보일 수도 있지만, 사실 이것은 에너지가 무엇인지를 이해하는 데뿐만 아니라 에너지가 엔트로피의 개념을 어떻게 보완하는지를 이해하는 데도 매우 중요하다. 앞서 살펴봤듯이, 이 둘의 속성은 물리계에 정보를 알려주는 기본 설명서인 정보의 제1법칙, 제2법칙의 관점을 통해 이해하고 재언명할 수 있다.

에너지가 취할 수 있는 무수한 형태를 통해 정보가 표현되는 곳에서, 정보는 널리 보존된다. 반면에 엔트로피 작용을 통해 표현되는 정보는 우주의 전 생애에 걸쳐 늘 증가한다.

에너지와 물질의 등가성

세상에서 가장 유명한 과학공식은 에너지와 물질의 등가성을 밝힌, 아인슈타인이 발견한 공식 $E=mc^2$일 것이다. 여기서 E는 질량 m과 관련된 에너지이고, c는 광속이다.

광속의 제곱은 엄청나게 큰 수이므로, 이 방정식은 물질 속에 담겨 있는 믿을 수 없는 양의 에너지를 보여준다. 예컨대 500그램의 물질 속에 담겨 있는 에너지를 다 빼내면 영국의 노팅엄Nottingham이나 텍사스 주의 오스틴Austin 같은 중형 도시가 1년 동안 쓸 모든 전력을 대줄 수 있다.

아인슈타인은 시간과 공간의 상대성과, 시간과 공간이 결합하여 불변의 시공간을 이룬다는 사실을 깨달음으로써 에너지와 물질은 등가라는 결론에 이르렀지만, 그것은 에너지와 운동량의 우주적 보존법칙과 공간의 평탄성이 가져오는 불가피한 귀추이기도 하다. 초기의 양자물리학자들은 '모든' 에너지, 그리고 따라서 '모든' 물질은 그 파동과 같은 본성과 등가성의 결과로서 진동주파수를 지니고 있음을 알고 있었다. 주파수가 높을수록 에너지도 크다. 그래서 짧은 파장과 높은 주파수를 지닌 X레이는 긴 파장에 낮은 주파수를 지닌 전파보다 큰 에너지를 지니고 있다. 그리고 물질도 에너지와의 등가성으로 인해 그 고유의 주파수로 설명할 수 있다.

이것을 정의하는 방정식은 $E=hv$이다. 여기서 E는 어떤 것의 에너지이고, 그것은 플랑크 상수(작용의 양적 단위를 나타내는 보편적 계수 — 양자 규모에서 에너지의 알갱이가 시간을 따라 작용하는 방식)인 h에 그것의 주파수 v를 곱한 것과 같다. 고로 '모든 것'의 에너지는 — 그것이 에너지의 형태로 표현되든 그 파생물인 물질의 형태로 표현되든 간에 — 이 보편적인 방정식 하나로 표시될 수 있다. 이야말로 더 이상 단순할 수가 없지 않은가.

결국 물질은 언제나 에너지의 형태로 재언명하여 기술할 수 있고, 에너지는 더 근본적으로는 정보의 형태로 재언명할 수 있으니, 물질의 본성 또한 여지없이 정보인 것이다.

물질이 왜 중요한가

물질이 없다면 시공간 속의 모든 것은 질량이 없는 빛의 광자처럼 우주의 제한속도인 광속으로 움직일 것이다. 로렌츠 변환식은 광속에 접근할 때 시간이 느려져서, 이 우주적 제한속도에 이르면 시간이 문자 그대로 정지하는 과정을 기술한다.

로렌츠 변환식은 또 물체가 가속되면 광속에서는 그 질량이 무한대가 됨을 밝혀준다. 그런데 이것은 일어날 수 없는 일이므로, 시공간 속에서 질량을 가진 물체는 광속에 이르는 것이 불가능하다.

2년 동안 가동이 중지되었다가 2015년 봄에 기능을 보강하여 재가동된 CERN(European Center for Nuclear Research)의 LHC(Large Hadron Collider)는 언제나 이런 상대성 효과를 고려하여 다뤄야만 한다. 이 기계는 강력한 힘으로 소립자를 광속보다 초속 몇 미터 느리게 가속하여 입자의 질량을 엄청나게 증가시키는 동시에, 보통은 단명하는 입자의 수명을 수천 배나 연장시킨다.

매우 중요한 사실은, 물체는 질량을 얻으면 움직임이 느려져서 그것이 질량과 에너지의 등가성과 함께 본질적으로 정보의 엔트로피적 흐름이 가능해지게 만들고, 그리하여 우리의 우주 속에서 시간의 경험이 가능해진다는 것이다. 하지만 소립자가 어떻게 질량을 얻게 되는지는 여러 해 동안 수수께끼로 남아 있었다. 양자이론에는 왜, 혹은 어떻게 그렇게 되는지에 대한 설명이 없기 때문이다.

영국의 물리학자 피터 힉스$^{Peter Higgs}$는 1964년에 이 근본적인 의문의 답을 찾으러 나선 여섯 명의 이론가들 중 하나였다. 그는 모든 공간에 두루 스며 있는 불변의 우주적 에너지의 장이 존재할 가능성을 제시했다. 이 장은 특정한 소립자와 상호작용하면 그 입자에 질량을 부여한다고 하는데, 지금 이 장 자체, 그리고 입자에 질량을 주입하는 메커니즘은 바로 힉스의 이름을 따서 불리고 있다.

시공간의 태초로부터 1조 분의 1초도 안 되었을 때의 극고온 상태에서는 모든 소립자가 질량을 지니지 않았을 것으로 여겨진다. 그러나 온도가 떨어지던 어떤 시점에서, 에너지 강하 중이던 힉스장은 물이 얼음으로 변하는 것과 같은 소위 상전이相轉移를 겪었다. 그 과정에서 힉스장은 에너지가 예컨대 '빙점'과 같은 최저점으로 떨어져서 그때부터 시공간 구조 속에 질량을 지닌 물질이 나타나게 하는 메커니즘을 가동시켰다는 것이다.

1993년에 당시의 영국 과학부 장관은 고급 샴페인 한 병을 상으로 내걸고 힉스 메커니즘을 비과학적인 방식으로 가장 잘 설명해줄 사람을 공모했다. 그 상을 탄, 런던 유니버시티 칼리지의 데이비드 밀러$^{David Miller}$는 과학자들이 파티를 벌이는 방을 배경으로 하는 시나리오로 그것을 설명했다. 나중에 이것은 정치인이나 할리우드 배우가 등장하는 비슷한 시나리오로 변형되어 퍼져 나갔지만, 원본을 옮기자면 그 방에 한 저명한 과학자가 들어서자 그녀를 칭송하는 이들로 방 안이 소란해지면서 그 때문에 그녀의 걸음걸이가 느려진다. 그녀는 열광하는 사람들의 '힉스장'에 둘러싸여서 '질량'을 얻게 된 것이다. 하지만 이름 없는 과학자가 들어서면 사람들의 주의를 그만큼 끌지 못한다. 따라서 그의 장과의 상호작용은 그녀보다 작아서 얻는 질량도 작다는 것이다.

힉스장과 그 메커니즘은 우리 우주에 없어서는 안 될 요소다. 그것은 시간이 펼쳐지는 데 필요한 질량을 제공해줄 뿐만 아니라, 그것이 없으면 원자는 즉석에서 와해되어버린다. 하지만 힉스장이 전기적으로 중성이라는 것은 그것이 모든 우주공간 속에 스며 있는 전자기장과는 직접적으로 상호작용하지 않음을 뜻한다. 그래서 광자는 질량이 없이 남아 있을 수 있고, 이것은 아시다시피 빛으로 하여금 문자 그대로 시공간을 한데 엮을 수 있게 만들어주는 중요한 속성이다.

이론 속의 장과 질량이 생기게 하는 그 메커니즘이 모두 힉스의 이름을 따서 불리게 되기는 했어도, 힉스장은 탐지해내기가 매우 어렵기 때문에 여러 해가 지나도록 단지 이론적인 가능성으로만 남아 있었다. 최소한 미래의 기술로라도 그것을 탐지해내는 유일한 방법은 장 속에 여기勵起상태를 만들어내는 것인데, 그러면 이 여기상태가 힉스 보존Higgs boson이라는 소립자로 자신을 드러내어 다른 소립자들에게 질량을 부여하는 매개체로 작용할 것으로 예측된다.

그러나 엄청나게 불안정하고 수명 짧은 힉스 보존이 나타나게 만들기 위해서 힉스장을 여기시키려면, 우리 우주 태초의 에너지 상태를 재현할 수 있을 만큼의 엄청난 에너지가 필요하다. 또 그렇게 된다고 하더라도 힉스 입자가 붕괴하여 변할 것으로 예상되는 더 낮은 질량-에너지 입자의 비틀림(slew)을 통해서 간접적으로만 그것을 탐지해낼 수 있다.

현재 지구상에서 이에 요구되는 고에너지 조건을 얻을 수 있는 곳은 CERN의 LHC뿐이다. 힉스 보존이 최초로 발견된 것은 2012년 이곳에서 고에너지 광자의 광선을 맞부딪히게 하고 붕괴한 입자의 흔적을 관찰함으로써였다. 양성자보다 약 130배 무거운 질량의 힉스 보존은 이론이 예측한 대로임이 밝혀졌다. 그리고 그 발견은 힉스와 그의 동료 프랑수아 앙글레르Francois Englert가 획기적인 통찰을 밝힌 지 거의 50년 만인 2013년에 노벨 물리학상을 받았다.

우주의 벽돌

비非암흑물질(non-dark matter)을 이루는 벽돌은 양자물리학의 소위 표준모형을 이루는 소립자들이다. 80여 년에 걸쳐 발전된 이 모델은 양자계의 행태를 지극히 정확하게 기술해낸다. 하지만 의미심장하게도 이 뛰어난 정확성은 어떤 이론적인 틀에서 나온 것이 아니라 엄청나게 폭넓은 실험의 결과로부터 취합된, 경험적 모델로부터 나온 것이다. 따라서 그것은 이론적 맥락에서 자연스럽게 나오는 모델보다는 실험과 관측의 결과로서 입력되는 많은 요소들을 포함하고 있다. 그래서 이 모델은 전반적으로 깊은 통찰이나 장차 발견될 것으로 이어질 예측을 해낼 능력은 갖추지 못하고 있다. 이론적 이해와 예측력의 결핍으로 인한 이 한계 때문에, 이 모델은 암흑물질을 설명하거나 비암흑물질을 이루는 벽돌의 종류가 왜 그렇게 구성되는지도 이해하지 못한다.

진정한 소립자란, 더 이상의 내부구조는 지니지 않은 가장 기본적인 입자로 간주된다. 여기에는 전자와 중성미자(질량이 작은 이 둘은 함께 경입자로 불린다), 그리고 원자핵의 양성자와 중성자를 구성하는 쿼크가 있다. CERN의 LHC처럼 전자나 광자의 광선을 매우 고에너지 상태에서 충돌시켜서 결과를 분석하는, 갈수록 강력해지는 입자가속기 덕분에 200여 가지나 되는 입자들이 발견됐다. 하지만 이들 중 대부분은 혼합입자(composite)이거나 지극히 짧은 순간 동안만 존재하는 입자들이어서, 실제로는 더 기본적인 쿼크나 경입자의 더 높은 에너지 상태를 나타내는 것이거나 기본입자들의 조합이다.

표준모형은 가장 밑바탕이 되는 열두 종의 물질입자를 파악하고 있다. 이것들은 비슷한 성질을 지닌 세 개의 패밀리 그룹으로 나뉜다. 각 그룹은 두 종류의 쿼크와 전자와 중성미자로 이뤄져 있다.

우리의 완벽한 우주를 탐사해가는 데 길잡이 역할을 하는 원칙 중의 하나가 '이보다 더 단순할 수는 없어야 한다'는 것이었음을 기억한다면, 당신은 물질을 이루는 소립자는 왜 열두 가지나 존재하는지를 의아해할 것이다.

그 대답은, 아직까지는 아무도 이유를 모른다는 것이다. 하지만 각 입자의 속성을 살펴보면 몇 가지 단서가 나온다. 그중 두 입자는 소위 위 쿼크와 아래 쿼크로서, 질량은 같고 전기부하는 다르다. 위 쿼크는 2/3의 전기부하를, 아래 쿼크는 -1/3의 전기부하를 지니고 있다. 두 개의 위 쿼크와 한 개의 아래 쿼크가 조합하면 1의 부하를 지닌 양성자가 된다. 이와 유사하게 한 개의 위 쿼크와 두 개의 아래 쿼크가 조합하면 전기부하가 중성인 중성자가 된다. 다른 하나의 소립자는 -1의 부하를 지닌 전자로서, 이 음의 부하는 양성자의 양의 부하와 정확히 균형을 이룬다.

이 세 가지 소립자, 위 쿼크와 아래 쿼크와 전자는 자신의 독특한 성질인 가장 낮은 에너지-질량 상태를 나타낸다. 힉스장에서도 보았고 모든 물리학 원리에서도 실로 그렇듯이, 이처럼 최저 에너지를 지닌 입자들은 가장 안정적이어서 우리 우주의 비암흑 물질 중 가장 다수를 차지한다.

음악에 비유하자면, 이 세 가지 소립자는 물질의 기본 '음音(note)'들이라고 할 수 있다. 이 각각의 소립자들은 또 한 단계씩 더 높이 양자화된 두 개의 에너지-질량 등가물 — 소위 맵시(charm) 쿼크와 기묘(strange) 쿼크, 꼭대기(top) 쿼크와 바닥(bottom) 쿼크, 그리고 뮤온muon과 타우tau — 을 지니고 있다. 그리고 이것은 음악에서는 세 기본음보다 한 옥타브씩 높은 음들이라고 할 수 있다. 그리하여 이것들이 총 열두 개의 소립자 중 아홉 개를 이룬다.

열두 개의 입자를 구성하는 마지막 세 개의 입자는 세 종류의 중성미자다. 하지만 이것들은 한 입자의 기본 에너지와 그보다 높은 옥타브의 에너지들에 해당하는 입자가 아니라, 그 세 가지 형태 사이를 계속 공명 진동하는 것으로 밝혀졌다. 다시 음악에 비유하자면, 이것들은 한 음과 그 음의 높은 화음과 낮은 화음이라고 할 수 있다.

그러니 이제 우리는 표준모형의 열두 가지 입자들이 하나의 기본 전자와 두 개의 기본 쿼크(그리고 그것들의 여섯 가지 높은 음), 그리고 세 개의 화음인 중성미자로 이루어져 있음을 이해할 수 있게 됐다. — 이보다 더 단순할 수는 없다.

에너지-물질을 이루는 벽돌에 대해서 아직 다 알아본 것은 아니다. 우리 우주의 근본적인 힘들과 그 힘들이 상호작용하게 하는 매개물이 되는 입자에 대해서도 생각해봐야 하기 때문이다.

물리학자들은 그 힘을 네 가지로 분류한다. 첫 번째는 전자기력으로, 그것으로 인해 빛이 시공간을 속속들이 침투할 수 있고, 전자기력의 성질이야말로 코스믹 홀로그램의 메커니즘에 결정적인 역할을 한다. 두 번째와 세 번째 힘은 원자와 아원자 규모에만 미치는 지극히 짧은 범위의 힘이다. 즉 원자핵 안에서 양성자와 중성자를 한데 뭉쳐 있게 하는 강력(strong force), 그리고 핵분열과 방사능 활동을 지배하는 힘인 약력(weak force)이 그것이다. 우리 우주의 매우 초기의 고온기에는 전자기력과 약한 상호작용이 결합하여 전자기 약력(electroweak force)으로 알려진 힘을 만들어냈다. 그러다가 에너지가 어떤 문턱 아래로 떨어지자 대칭성이 깨지면서 두 힘은 분리되었다.

전자기력은 광자에 의해 매개된다. 강력과 약력은 각각 글루온gluon(찐득찐득한 힘에 어울리는 이름이다)과 W입자, Z입자(내 생각엔 잘

지어진 이름은 아니다)에 의해 매개된다.

여담이지만, 살펴봤던 것처럼 힉스장과의 상호작용은 전자나 쿼크 같은 소립자들에 질량을 부여하지만, 양성자나 중성자 같은 복합입자들은 그 질량의 대부분이(그리고 따라서 우리 우주의 눈에 보이는 물질의 덩어리가) 사실은 구성입자인 쿼크들을 한데 뭉쳐 있게 해주는 글루온의 결합력으로부터 나온다.

물질 입자와 힘 입자의 차이를 이해하기 위해서는, 먼저 모든 기본 물질 입자와 힘 입자들의 고유한 한 측면인 스핀을 살펴봐야 한다. 스핀은 양자의 각운동량(angular momentum)에 해당한다. 축을 중심으로 회전하는 지구와 같은 것의 회전량 말이다.

각운동량을 서로 전달할 수 있는(한 계 내부의 전체 각운동량이 보존되는 한에서만) 거시규모의 물체들과는 달리, 입자 고유의 양자 스핀은 같은 종류의 모든 입자에게 정확히 동일하며 어떤 일이 일어나도 변하지 않는다. 모든 종류의 입자들은 특정한 스핀을 지니고 있고, 그에 해당하는 양자번호가 매겨져 있다. 물질의 기본입자들은 그런 스핀이 모두 반정수半整數(1/2, 3/2 등 홀수의 반)이고, 힘 입자들은 스핀이 모두 정수이다.

시공간의 상대성과 에너지-물질의 양자화를 감안하면, 실제로 이런 두 종류의 입자밖에는 존재할 수가 없음이 밝혀진다. 물질을 이루는, 반정수 스핀을 가진 모든 입자는 뭉뚱그려서 페르미온fermion — 이탈리아의 물리학자 엔리코 페르미Enrico Fermi의 이름을 따서 — 이라 불린다. 정수 스핀을 가진 입자들은 보존boson — 인도의 박식가인 삿옌드라 나스 보세Satyendra Nath Bose의 이름을 따서 — 이라 불린다. 페르미온과 보존의 스핀이 근본적으로 다르다는 것은 물질 입자와 힘 입자의 행태는 서로 매우 다름을 뜻한다. 이것은 잘 된 일이다. 왜냐하면 그렇지 않다면 우리의 완벽한 우주는 존재하지 않을 테니까.

우리는 앞서 두 개의 페르미온 물질 입자가 동일한 양자상태를 차지할 수 없다고 하는 파울리의 배타원리를 언급했었다. 핵자(양성자와 중성자의 총칭)와 전자는 서로 떨어져서 존재해야 한다는 이 법칙은 주기율표를 가득 채운 원소들이 생겨나게 했다. 놀랍도록 다양한 온갖 성질과 행태를 보이는 원소들이 생겨나게 한 것은 사실 이 배타원리에 의해 생겨난 원자 외곽궤도상의 다양한 전자 수이다.

하지만 같은 종류의 보존은 몇 개든지 상관없이 동일한 양자상태를 공유할 수 있다. — 예컨대 레이저 빔을 만들기 위해 엄청난 수의 광자 보존을 만들어낼 때처럼 말이다. 여기서는 모든 광자의 양자상태가 동일하다. 보존의 이런 행태는 우리의 우주를 하나로 엮는 힘을 발휘하기에 딱 안성맞춤이다. 예컨대 빛은 엄청난 양의 정보를 담을 수 있다. — 이것은 홀로그램의 가장 중요한 속성 중 하나이다.

하모닉스harmonics, 공명, 동조성과 같은 음악 관련 용어를 동원하면서 소립자를 음악에 비유하는 것은 소립자들이 제각기 특정한 속성을 지니고 있는 것이 왜 우연이 아닌지를 더 깊이 이해하는 데 도움이 된다. 왜냐하면 앞으로 알게 되겠지만, 시공간과 존재의 모든 규모에 속속들이 홀로그래피의 흔적을 감추고 있는 코스믹 홀로그램도 그러한 음악적 성질을 체현하고 있기 때문이다. 또한 소립자를 음에 비유하는 것은 에너지-물질이 양자로 존재하는 이유에 대한 또 다른 설명을 제공해준다. 양자화야말로 우리의 완벽한 우주가 자신을 표현하고 진화해가게 하는 우주적 교향악을 이루어내는 놀라운 다양성이 샘솟아 나오게 하는 원천이라는 점에서 말이다.

암흑 속의 존재

힉스 보존 발견의 여파 속에서, 암흑물질과 암흑에너지를 이루고 있는 것이 무엇인지를 찾아내려는 사냥도 한창 진행되고 있다. 말했듯이, 현재 알려진 바로는 어처구니없게도 이것들이 우리 우주의 모든 에너지와 물질의 95퍼센트를 차지하고 있는 것으로 보인다. 암흑물질은 은하계가 형성되고 그것이 구조적으로 안정되게 남아 있을 수 있게 하는 데 결정적인 역할을 할 뿐만 아니라, 1980년대 중반에 천문학자들이 망망한 공간 속에 촘촘히 박힌 거대한 성단들과 띠들의 우주적 망 속에 흩뿌려져 있는 은하계들을 관찰하기 시작하면서부터 서서히 발견해온 우리 우주의 소위 '거시적 구조' 속에서도 매우 중요한 역할을 하는 것으로 보인다.

2014년 후반에 칠레에 있는 VLT(Very Large Telescope)의 유럽 관측팀은 다수의 퀘이사 — 중심에 엄청나게 활동적인 초대질량의 블랙홀을 가진 은하계 — 를 샘플링하다가 매우 놀라운 정렬상태를 발견했다. 이런 거대한 블랙홀은 종종 태양의 질량보다 수억 배, 아니 극단적인 경우엔 수십억 배나 무거운데, 모든 은하계는 아니더라도 대부분의 은하계 중심부에 존재하는 것으로 여겨진다.

관측팀은 은하계들이 그것이 박혀 있는 우주적 띠의 망과 정렬되어 있을 뿐만 아니라, 놀랍게도 그 중심부 블랙홀의 회전축이 수십억 광년의 거리에 걸쳐 서로 나란히 정렬되어 있음을 발견했다. 마치 한 줄에 꿰어진 아름다운 우주의 진주 목걸이처럼 말이다.(참조 1)

앞서 말했듯이, 암흑물질의 가장 유력한 후보는 모종의 WIMP(weakly interacting massive particles, 약하게 상호작용하는 무거운 입자들)로 이루어져 있는데, 천문학자들은 그것이 가시적 에너지와 물질에 미치는 중력효과로부터 그 존재를 탐지해내려고 애쓰고 있다. 이를 위한 방법 중의 하나는, 말하자면 우주의 자동차 충돌 사건, 즉 우리 우주의 가장 큰 성단인 은하단들이 서로 충돌할 때 일어나는 현상을 분석하는 것이다. 그중 이름이 딱 어울리는 총알(Bullet) 은하단에서 일어나고 있는 충돌은 가시광선과 X레이 관측을 통해 그 이면에 숨겨진 뭔가의 존재를 드러내준다.

암흑물질은 은하계를 뭉쳐 있게 지탱해주는 중력효과를 내는 물질로 여겨지므로, 천문학자들은 그런 충돌에서 은하계의 가시적 물질이 암흑물질에 의해 끌어당겨질 것으로 예상한다. 하지만 반대로 은하 간 가스 성운이 서로 충돌할 때, 그것의 가시적 물질은 속도가 느려지면서 보이지 않는 암흑물질 뒤로 처진다.

지금까지 살펴본 것들 중에서도 총알 성단은 이런 예측에 맞아떨어진다. 그런데 2007년에 처음으로 연구된 또 다른 성단 충돌은 천문학자들로 하여금 자신들의 예상을 되살펴보게 만들었다.

코스믹 홀로그램

24억 광년쯤 떨어진, 합체 중인 거대한 은하단 아벨^{Abell} 520의 관측결과는 처음 분석됐을 때 믿겨지지 않았다. 최초의 분석에 의하면 이 계의 핵심에는 고온의 가스와 암흑물질이 가득 차 있었다. 이것은 중력렌즈로 알려진 현상의 관측을 통해 확인됐다. 질량이 큰 물체들이 빛으로 하여금 마치 렌즈를 지나갈 때처럼 그 둘레를 돌아 굽어서 지나가게 만드는 것이다. 하지만 의아한 것은, 암흑물질이 가득한 중심부에는 연구자들이 발견하기를 기대했던 밝은 은하계들이 하나도 없는 듯 보였다는 것이다.

연구팀은 이 이상한 현상에 대해 가능한 몇 가지 설명을 제시했다. 거기에는 암흑물질이 더 복잡한 성질을 지니고 있을 가능성도 포함되어 있었다. 그러나 나중에 허블 망원경으로부터 보내진 더 감도 높은 분석결과는 아벨 520이 지금까지 관측된 사례들보다 더 복잡한 일련의 상호작용을 겪었음을 밝혀냈다. 그것은 이제 '열차 잔해 성단'(Train Wreck Cluster)으로 알려져 있다. 이 같은 면밀한 조사결과는 암흑물질의 일관된 행태를 밝혀냈고, 그것이 모종의 WIMP로서 입자가 취할 수 있는 가장 단순한 형태를 취하고 있다는 설과도 부합되는 것처럼 보인다.

하지만 힉스 보존은 너무나 불안정하다는 단순한 이유로 그런 WIMP의 후보는 분명히 아니다. 암흑물질은 우주의 구조를 지탱하는 물질적 기반의 역할을 하고 있고, 그런 역할을 하려면 매우 안정되어 있어야만 한다. 하지만 그것은 힉스장이 가장 낮은 에너지 수준에 '얼어붙어' 있었던 초기 시대부터 존재했으므로, 암흑물질 WIMP는 전체 장의 붕괴 과정에서 생긴 힉스 보존의 딸

핵종核種(daughter product)*일지도 모른다.

암흑물질의 존재를 탐지하는 또 다른 방법은, 두 개의 암흑물질 입자가 충돌하여 상쇄되어 사라질 때 방출되는 고에너지 감마선의 광자를 찾아내는 것이다. 이것이 만들어지는 데는 세 가지 방식이 있는 것으로 추측되었는데, 2014년 말에 우리 은하계의 중심부를 탐색하는 캘리포니아-어바인Irvine 대학교의 한 연구팀이 이 세 가지 모두의 증거를 발견해냈다.(참조 2) 이것과 그 밖의 연구들은 고도로 농축된 암흑물질이 우리 은하계와 다른 은하계들의 중심부에 존재할 가능성을 제기하고 있다.

2015년 초에는 하버드-스미스소니언Smithsonian 천체물리학 연구소의 한 연구팀이 타원형 은하계들을 살펴본 결과, 은하계 내부의 암흑물질의 양과 그 중심부의 초고질량 블랙홀의 크기 사이에 직접적인 연관성이 있음을 발견했다고 보고했다.(참조 3) 이것은 암흑물질이 은하계의 구조를 지탱하는 틀이 된다는 것을 말해주는 증거의 한 조각일 뿐만 아니라, 나의 소견으로는 그보다 훨씬 더 중요한 무엇을 시사해주는 것 같다. 논쟁의 여지는 있지만, 그것은 나로 하여금 이렇게 묻게 한다. ― '은하계 중심부의 그런 블랙홀이 눈에 보이는 물질로 이루어진, 무수한 말기 항성질량(stellar-mass) 블랙홀들의 중력붕괴로부터 형성된 것이 아니라 사실은 농축된 암흑물질로부터 형성된 것이라면?' 하는 의문 말이다.

암흑물질의 성질이 어떻든 간에, 그것을 밝혀내려는 연구

---

* 방사성 핵종 A가 붕괴해서 핵종 B로 변환될 때 B를 A의 딸핵종이라 한다. 역주

는 바야흐로 전속력을 내고 있다. CRESST, CoGENT, DAMA/ LIBRA, LUX, 그리고 XENON, CERN의 LHC 등의 약자 이름을 가진 (지상에 기지를 둔) 실험들과 DAMPE, PAMELA와 같은 (위성에 기지를 둔) 연구들, 심지어는 암흑물질이 일으킬 수 있는 시공간 자체의 짜임새 이상 현상을 탐지하기 위한 30개의 GPS 원자시계를 연결시킨 연대망 등등, 모든 연구팀이 그것이 무엇으로 밝혀질 것이든 간에 우리 우주의 이 주재료를 찾아내는 경주를 치열하게 벌이고 있다.

2015년 여름에 NASA 웹사이트는 암흑에너지와 관련하여 이렇게 선언함으로써 학계의 여론을 내비쳤다. "알려진 것보다 알려지지 않은 것이 더 많다." 그것이 무엇이든 간에, 암흑에너지는 그 에너지 밀도와, 여타 에너지-물질과의 상호작용을 통해 우리 우주의 생애와 진화 사이클에 엄청나게 중요한 역할을 한다.

그것이 없다면 가시적, 비가시적 물질들을 한데 뭉쳐서 우주의 구조를 지탱시키는 인력에 대항해줄 팽창 에너지는 존재하지 않을 것이다. 암흑에너지는 문자 그대로 공간 자체의 팽창을 위해서 필요하다. 앞서 말했듯이, 우주의 홀로그램은 갈수록 더 많은 정보, 곧 갈수록 복잡다단해지는 진화상을 시공간 속에 펼쳐 표현해내기 위해서 그것을 필요로 한다.

2014년에 플랑크Plank 위성에서 이전에 보내온 CMB 관측 데이터를 분석하던 중, 암흑물질과 암흑에너지 모두의 성질을 유추할 수 있게 하는 흥미로운 단서가 발견됐다. 그것은 우리 우주의 거시규모 구조물의 형성 속도가 느려지고 있음을 보여주는 듯했다. 그 속도가 느려지는 이유 중의 하나는, 암흑물질 자체가 어떻게든 결국 서서히 다른 무엇으로 붕괴되어가기 때문일 수 있다. 가시적 물질이나 에너지로 붕괴된다는 것은 여러 가지 이유로 문제가 있지만, 이탈리아의 로마 대학교와 영국의 포츠머스Portsmouth 대학교의 합동연구팀은 가능한 해답을 하나 떠올렸다. 즉, 암흑물질이 암흑에너지로 서서히 붕괴되어간다는 것이다.(참조 4) 이들의 분석은 흥미를 당기는데, 왜냐하면 그것은 그런 붕괴의 속도가 빨라진 시간대가 암흑에너지가 우주를 지배하기 시작하여 우주의 팽창이 가속되기 시작한 때와 맞물린다는 것을 보여주기 때문이다.

암흑물질이 그처럼 암흑에너지로 바뀌는 일이 일어날 수 있는지 어떤지를 판단하는 데 결정적으로 작용하는 한 측면은, 끌어당기는 중력을 지닌 암흑물질이 어떻게 밀어내는 중력을 지닌 암흑에너지로 바뀔 수 있는지를 이해하는 것이다. 그리고 둘은 모두가 중력을 통해서만 가시적 에너지-물질과 상호작용하기 때문에, 중력의 본질을 더 깊이 이해해야만 우주의 이 감춰진 측면들을 꿰뚫어 통찰할 수 있게 될 것이다.

가상의 존재?

하지만 중력에 대해 논하기 전에, 모든 물리학에서 가장 논란이 여지기 많은 한 가지 주장을 살펴볼 필요가 있다. ― 진공의 공간이 지닌 에너지적 성질 말이다. 나는 이 주제를 피하고 싶었다. 하지만 그것은 불리학자나 우주론자들에게는 방 안의 코끼리와 같은 것이다. 그러니 모든 진정한 과학자가 그러는 것처럼, 우리도 그것을 이해하려면 증거가 데리고 가는 곳으로 가봐야만 한다. ― 그곳이 어디든지 간에, 그곳으로 가려면 어떤 혼란통을 거쳐야 하든지 간에 말이다.

기본적으로 문제는, 양자장론(QFT)은 실제로 측정한 값보다 10^{120}(맞다. 당신이 바로 읽은 것이다)배나 큰 에너지 밀도를 지니고 모든 공간에 스며 있는 진공 에너지 ― 때로 영점 에너지(ZPE: Zero Point Energy)로도 불리는 ― 의 존재를 예언하고 있는 듯 보인다는 것이다. 진공 파국(vacuum catastrophe)이라 불리기도 하는 이 터무니없는 격차는 물리학 역사상 최악의 이론적 예언으로도 일컬어진다.

하지만 문제는 이것이 물리학자들에게 호되게 당혹스러운 미해결 문제라는 것뿐만이 아니다. '엄청난 에너지를 품고 있는 진공의 공간'이라는 잘못 놓인 전제가 우리 우주를 채우고 있는 미지의 에너지라는 측면에서나 정보의 제1법칙, 제2법칙을 위배하는 소위 공짜(free) 에너지 기술을 찾는 측면에서나 엄청난 공론에 기름을 붓고 있다.

진정한 영점에너지는 공간의 가속 팽창을 일으키는 우주상수라는 가장 그럴듯한 형태를 띤, 암흑에너지란 이름의 에너지다. 거기에 우리 우주의 다른 모든 형태의 가시적, 비가시적 에너지-물질을 포함시키면 그것이 합하여 우주의 전 생애에 걸쳐 영점(제로) 상태를 유지한다.

그러니 영점장이론이 주장하는 어마어마한 규모의 영점에너지는 현실에서는 그 어떤 식으로도 말이 안 된다. 영점장이 실제보다 더 에너지가 넘쳤다면, 우리의 우주는 거의 시작하는 순간 산산조각이 나버렸을 것이기 때문이다. 더 분명히 하기 위해서 과학으로 돌아가자면, 양자장론은 사실 두 가지 중요한 가정을 전제로 내걸고서 그런 엄청난 진공 에너지를 '예언'하지만, 그 가정은 갈수록 개연성이 없음이 밝혀지고 있다.

그 첫 번째는, 에너지-물질의 양자화가 플랑크 규모에 이르기까지 적용된다는 가정이다. 하지만 그 규모에서 우리 우주의 홀로그램과 같은 성질과 그 정보량을 드러내주고 있는 것은 양자화라기보다는 시공간의 화소화라고 보는 것이 대두되고 있는 관점이다.

두 번째는, 어떻게든 간에 진공 에너지는 모종의 중력효과를 지니고 있다는 가정이다. 이것이 사실인지가 밝혀지든 말든 간에, '엄청난' 크기인 것으로 가정되는 영점에너지의 중력효과는 우리 우주의 다른 에너지-물질과도 '엄청난' 방식으로 상호작용해야 할 테지만 그것이 관측된 적은 없다.

양자장론은 그 배후의 상호작용을 이해하는 한 방법으로서, 입자와 반입자 쌍의 형태로 끊임없이 생성되었다가 소멸되는 일시적인 입자, 소위 가상입자가 온 우주에 영원히 존재한다고 전제한다. 그리고 그것이 '진짜' 입자와 상호작용한다는 전제가 말도 안 되는 10^{120}배의 영점장 에너지값을 만들어냈다. 가상입자의 개입이 많은 아원자 현상을 실명해주기는 하지만, 그런 상상 속의 요동(disturbance)을 '가상의 입자'로 묘사하는 것은 많은 물리학자들을 당혹스럽게 만든다. 거기에는 입자들의 '무상無常한' 존재의 뉘

앙스가 훨씬 더 진하게 풍기기 때문이다.

그렇다면 진공 파국은 앞서 말했듯이 양자장론이 플랑크 규모의 양자효과를 전제로 하고, 또 가상입자의 존재를 아원자 작용에 개입하는 차원을 넘어서 모든 공간 속에 편만하여 그것이 공간 속에 엄청난 에너지를 잠재시킨다고 가정하는 데서 일어난다.

우리는 첫 번째 전제가 틀렸음을 살펴봤고, 물리학자들은 두 번째 전제를 재평가해보려고 하고 있다. 그 같은 가상입자가 온 우주에 편만해 있다는 — 그리하여 영점에너지가 문자 그대로 천문학적 값을 갖게 되지만 — 가정은 다른 설명도 가능한 몇 가지 현상을 가상입자의 존재로도 설명할 수 있기 때문에 채택되었다.

그중 자주 언급되는 것의 하나가 캐시미르Casimir 효과이다. 이것은 진공 속에 두 금속박을 아주 가깝게 나란히 놓아두면 모종의 힘이 그것을 밀어 더 가까워지게 만드는 현상이다. 이것은 영점에너지에 의해 일어난다기보다는, 2005년에 MIT의 물리학자 로버트 재프Robert Jaffe가 제시했듯이 전기부하와 반 데르 발van der Waal의 힘으로 알려진 힘 사이의 단短범위 정전기력의 상대적 상호작용 때문일 수도 있다.(참조 5)

하지만 2010년에 캘리포니아에 있는 SLAC 국립 입자가속기 연구소의 스탠리 브로드스키Stanley Brodsky와 그의 동료들은, 양자장론(QFT)에서 분지된 이론인 크로모역학(QCD: Quantum ChromoDynamic)을 만들어냄으로써 가상입자가 온 우주에 편만해 있다는 생각을 송두리째 수정하는 가정을 내놓았다.(참조 6) 크로모역학은 이론적으로 쿼크와 글루온의 대양을 가정한다. 이 입자들은 양성자와 중성자를 형성하는 입자들로서 모든 공간 속에 가득 차 있고 끊임없이 생멸을 반복한다.

브로드스키와 그의 동료들은 대신에 그런 행태는 아원자 입자의 내부구조 안에서만 일어나서, 만약에 이것이 맞다면 진공 파국을 10^{45}의 차수만큼이나 대폭 줄여준다는 견해를 제시했다. 이 '과학사상 최악의 예언' 문제를 해결하려면 아직도 갈 길이 한참 멀다. 하지만 그것이 해결된다면, 새롭게 대두되는 코스믹 홀로그램 모델에 대한 이해가 그 해결에 중요한 이정표가 되어줄 가능성이 있다.

만유인력의 법칙

우리의 완벽한 우주의 네 가지 기본적인 힘 중에서 세 가지를 논했으니, 이젠 그 네 가지 중 아마도 가장 불가해한 힘과 씨름해볼 차례가 왔다.

앞서 살펴봤듯이, 1905년에 아인슈타인이 발표한 특수상대성이론은 시공간과 에너지 물질 등가성에 대한 급진적으로 새로운 설명을 제시했지만, 그것은 정지해 있거나 일정한 속도로 움직이는 물체의 행태만을 고려한 것이었다. 그는 깊은 사색 속에서 10년을 더 보낸 후, 1915년 6월 2일에 베를린 트렙토^{Treptow} 천문대 대강의실의 강단에 섰다. 그로부터 거의 한 세기가 지난 후 내가 정확히 그 자리에 섰을 때, 나의 귀에는 대중 앞에 처음으로 일반상대성이론을 발표하는 그의 목소리가 거의 들리는 듯했다. 상대성의 통찰을 일반화시켜 가속되고 있는 물체도 포함시키려고 애쓰면서 가속과 중력의 작용이 동일한 것임을 깨달은 그는 에너지-물질이 시공간 자체를 얼마나 역동적으로 구부려놓는지를 밝히는 새로운 혁명으로 대중을 이끌었다.

그의 강의 다음 날, 지역신문은 그의 청중이 '상대적으로 많았다'고 보도했다. — 아마도 웃기려는 의도는 아니었던 것 같지만. 그의 일반상대성이론이 당시에 완전히 완성되지는 않았던 사실을 감안하면, 그가 자신의 통찰을 그해 말에 과학계의 동료들 앞에서 발표하기 전에 대중강연에서 나누기로 했던 것은 주목할 만한 일이다.

큰 질량을 지닌 물체가 시공간을 어떻게 구부리는지를 보여주는 흔한 비유는 대형 트램펄린을 상상하는 것이다. 아이가 그 위에서 뛰면 발판은 조금밖에 꺼지지 않는다. 하지만 몸이 무거운 어른이 뛰면 발판은 훨씬 더 깊이 휘어진다. 그러므로 우리 태양계의 소위 '중력 우물'(gravity well)은 거기에 접근하는 혜성 같은 물체들을 붙잡아 가둘 수 있다. 대개는 우리 태양의 거대한 중력이 그렇게 하지만 때로는 행성들이 그럴 수도 있다. 1994년 7월에 목성의 중력에 붙들려서 목성에 충돌하면서 장관을 보여줬던 슈메이커-레비Shoemaker-Levy 9 혜성처럼 말이다.

이처럼 중력에 의해 공간이 휨으로써 일어나는 결과는, 물체가 아무런 힘도 받지 않고 시공간의 국소적 곡률曲率(curvature)을 반영하는 경로를 따라 떨어지는, 말 그대로 자유롭게 떨어지는 '자유낙하' 현상이다. 깊고 평평한 공간 속을 움직이는 물체는 직선을 따라 움직인다. 이에 반해 지구 둘레의 안정된 궤도상에 있는 우주인은, 지구의 중력이 일으킨 시공간의 만곡으로 인해 하염없이 원을 그리는 경로를 따라 사실상 낙하하고 있다. 그리고 땅 위에 서 있는 사람은 지구의 중심을 향해 낙하하려고 하지만, 파울리의 배타원리에 따라 자신의 발바닥과 땅 사이의 훨씬 더 큰 척력에 가로막혀 있다.

그래서 일반상대성이론은 중력을 기본 힘의 하나라기보다는 에너지-물질이 시공간의 기하학을 구부려놓은 하나의 '결과'로 본다. 이것은 전자기력과 핵력(강력과 약력)이 그 양자화된 보존을 통해 나타나고 매개된다고 보는 것과는 사뭇 다른 관점이다.

상대성이론과 양자이론 사이에 단층선을 그어놓는 것은 바로 이 같은 차이점이다. 여러 해에 걸쳐 많은 연구들이 양자화된 중력의 보존인 소위 중력자(graviton) 가설을 통해 그 난국을 해결해보려고 애썼지만 성공하지 못했다. 상대성이론 쪽에서는 초신성 폭발과 같은 고중력 사건은 시공간 자체에 물결과 같은 중력파를 일으키리라고 예언한다.

그러나 두 개의 중성자별이 동일한 질량중심 주위를 도는 헐스-테일러Hulse-Taylor 쌍성계를 연구한 결과, 일반상대성이론이 예언한 대로 중력파를 통한 에너지 소실과 부합하는 궤도변화가 탐지되기는 했지만 중력파의 탐지는 지극히 어려운 과업임이 밝혀졌다. 2016년 2월에 연구자들이 진일보된 관측장비 LIGO(Laser Interferometer Gravitational-wave Observatory)의 관측결과를 통한 역사적인 발견 사실을 발표할 때까지는 말이다. LIGO는 거의 3,000킬로미터 떨어진 루이지애나와 워싱턴에 각각 위치한 두 개의 안테나로 이루어진 관측장비다.

연구자들은 13억 광년 떨어진 두 거대 블랙홀 사이의 엄청나게 강력한 초기 병합으로부터 중력파의 생성을 기록할 수 있었다. ─ 그것이 지구에 도달했을 때는 엄청나게 미약해지기는 했지만.(참조 7) 이들의 비범한 기술적 성취는 시공간의 본질에 대한 아인슈타인의 마지막 예언을 확인해주었지만, 양자물리학자들이 가정한 중력자, 곧 중력이 양자화한 입자의 존재 가능성에 대한 통찰을 제공해주지는 않는다.

몇 해 안으로 더 미약한 신호도 민감하게 포착할 수 있도록 설계된 리사* 패스파인더LISA pathfinder 같은, 지상과 우주공간에 기지를 둔 실험계획이 가동된다. 우주공간이 빛이 지나갈 수 있을 정도로 투명해진 '빅뱅 후 38만 년'이라는 문턱 너머는 탐사하지 못하는 전자기선의 한계와는 달리, 잔여 중력파를 이용한다면 우리는 우리 우주의 가장 초기의 순간들을 들여다볼 수 있게 될 것이다.

흥분되지 않는가!

홀로그램과 엔트로피의 성질을 지닌 중력

홀로그램 우주 모델이 시사하는 흥미로운 것들 중의 하나는, 그것이 중력과 관련하여 제기해주는 생각거리다. 중력을 우주의

---

* Laser Interferometer Space Antenna의 약자이다.

근본적인 힘으로 간주하기보다 시공간의 정보적이고 홀로그램 같은 구조로부터 나타나는 결과로 바라보면 일반상대성이론을 좀더 문자 그대로 해석할 수 있게 되는 것 같다. 그리고 그것은 물리학자들이 중력을 담고 있는 것으로 가정하는 중력자를 왜 아직도 탐지해내지 못하고 있는지를 설명해줄지도 모른다. 그리고 아직도 한창 발전 중인 단계에 있기는 하지만, 이 접근법은 중력이 왜 나머지 세 힘보다 훨씬 더 약한지도 설명해줄 수 있을지 모른다.

중력과 가속력이 둘 다 시공간이 지닌 정보 엔트로피적 성질의 산물일 수 있다고 보는 이 관점은 1970년대까지, 즉 블랙홀의 정보 엔트로피에 관한 초기의 연구까지 거슬러 올라간다. 1995년에 미국의 테드 제이콥슨Ted Jacobson은 엔트로피에 대한 고려에 중력과 가속력의 등가성을 결합시키면 아인슈타인의 중력 방정식을 유도해낼 수 있음을 수학적으로 증명했다.(참조 8) 나중에 인도의 천문학자 타누 파드마나반Thanu Padmanabhan도 갈수록 확연해지는 중력과 엔트로피 사이의 연관성을 연구했지만, 엔트로피 현상으로서의 중력은 네덜란드의 이론물리학자 에릭 베를린데Erik Verlinde가 이에 관한 논문을 발표한 2010년을 전후하여 물리학계에서 정말 뜨거운 논란의 주제가 되었다.(참조 9) 이 논문에서 그는 우주적 규모의 중력을 무거운 물체가 시공간 속에 차지한 위치에 관련된 정보 엔트로피의 산물로 기술했다.

베를린데 자신과 다른 과학자들이 이 생각을 몇 차례 수정한 후, 2012년에 상해 화동이공華東理工대학교의 물리학자 타워 왕Tower Wang은 그렇게 수정된 몇 가지 접근법들을 하나로 통일시켜서 그

것이 (특정 측면에서는 무리가 있기는 해도) 아인슈타인의 중력과 일치됨을 보여주었다.(참조 10)

다양해 보이는 몇몇 양자중력이론들도, 이와는 다른 관점에서 플랑크 규모에서는 모든 양자화된 장과 입자들이 마치 공간이 1차원이고 시간과 합치면 2차원의 홀로그램과도 같은 시공간을 이루고 있는 것처럼 행동한다고 보는 견해에서 일치를 보인다.

차원을 축소시키는 것은 2005년 위트레흐트^{Utrecht} 대학교의 레나테 롤^{Renate Loll}과 그녀의 동료들이 입자들이 어떻게 서로 멀어지는지를 기술하는 인과역동 삼각측량(CDT: Causal Dynamic Triangulation)이라는 것에 대한 아이디어를 검증해보기 위해 컴퓨터 시뮬레이션을 해보았을 때 최초로 동원한 방법이다. 이 시뮬레이션은 입자들이 플랑크 규모에서는 마치 그런 2차원 시공간 속을 움직이는 듯 행동하는 것을 보여주었다.

루프양자중력(LQG)이나 체코의 이론물리학자 페트르 호라바^{Petr Horava}가 제시한 소위 호라바^{Horava} 중력 같은 다른 양자중력이론들에서도, 입자들은 마치 2차원의 시공간 속을 움직이는 것 같이 행동한다.(참조 12) 끈이론도 플랑크 규모의 고온에서는 시공간을 2차원으로 여기는 것 같은 엔트로피적 행태를 보인다.

이 이론들은 모두가 같은 곳을 가리키고 있는 것 같다. ─ 시공간이 홀로그램과도 같은 성질을 보인다는 것과, 중력은 또 하나의 엔트로피 현상이라는 것 말이다.

아직 초창기이긴 하지만, 다른 근본적인 힘들도 엔트로피에 근거한 것으로 재언명하는 시도들도 박차를 가하고 있다. 2010년

시카고 대학교의 피터 프룬드Peter Freund는 베를린데의 엔트로피 중력 가설을 확장시켜 모든 에너지-물질의 역장力場을 엔트로피의 관점에서 기술할 수 있다는 주장을 제시했다.(참조 13) 그리고 2011년에 중국과학원의 제 창Zhe Chang, 밍 후아 리Ming-Hua Li, 그리고 싱 리Xin Li는 암흑물질과 암흑에너지가 수정된 엔트로피 중력 모델 속에서 하나로 통일될 수도 있음을 시사하는 관측자료를 얻어냈다.(참조 14)

만약에 이 중에 맞는 이론이 있다면 그게 무엇인지는 시간이 가려줄 것이다. 아무튼 이런 뜻밖의 공통점이 드러난다는 사실은 물리학자들이 바야흐로 우리 우주의 정보적, 홀로그램적 본성에 대해 근본적이고 엄청나게 의미심장한 뭔가를 마침내 밝혀낼 지점에 다가가고 있음을 강력히 암시해주고 있다.

* 5장 *
조리법

특정한 결과를 만들어낼, 사물의 결합방식…

"영원한 무지를 만들어내는 조리비법은
자신의 견해와 지식에 만족해하는 것이다."

— 엘버트 허바드Elbert Hubbard, 철학자이자 뉴욕 로이크로프트Roycroft 장인 커뮤니티 창설자

필수적인 조건과 우주의 재료를 갖추고, 시공간 최초의 순간
부터 코딩되어 있는 설명서를 다 따르더라도, 이 정보의 부품들을
조합하는 정확한 조리법을 모르면 우리의 우주는 지금처럼 진화
하여 남아 있을 수가 없었을 것임을 우리는 이미 깨달았다.
지금까지 우리가 보유하고 있는 최고의 증거들은 우리 우주
가 완벽한 균형을 지닌 채 태어났음을 강력히 시사해준다. 곧 알

게 되겠지만, 본래의 대칭성 중 일부가 계속 유지되고 있는 것은 물리학 법칙들이 불변하게 유지되고 중요한 성질들이 보존되게 하는 데 결정적인 역할을 한다.

그러나 그 본래의 대칭성 중 몇 가지는 처음부터 불안정해서 금방 무너져버렸다. 하지만 그렇게 대칭성이 무너지는 것마저도 우리의 완벽한 우주가 형성되고 진화하는 데는 꼭 필요한 일이었다. 그것이 가장 에너지 효율이 높고 안정된 비대칭 상태를 낳았기 때문이다.

대칭성의 정확한 형성, 그리고 그것이 무너져서 비대칭 상태가 되는 것, 이 둘은 우리의 완벽한 우주를 만들어내는 조리법에서 빼놓을 수 없는 항목이다. 하지만 곧 알게 될 것처럼, 에너지-물질과 시공간을 가득 채운 그 상호작용의 놀랍도록 구체적인 미세조정도 여기서 빠져서는 안 될 항목이다.

대칭성

우리의 일상 속에서 대칭성은 조화와 균형의 느낌을 담고 있다. 우리는 빈틈이라고는 없는 고딕식 건축물과 음악을 포함하여 아름다운 꽃들, 눈 결정의 놀랍도록 다양한 모습 속에서 대칭성의 조화로움을 음미하며 감상한다. 한편 여론조사가 말하는 것처럼, 사람의 얼굴에서는 대칭성이 너무 지나치면 그런 외견상의 완벽함이 오히려 인상을 무미건조하고 특징 없어 보이게도 한다.

하지만 수학에서 대칭성은 상대적이면서도 훨씬 더 구체적으로 고려된다. 그리고 물리학에서 이 개념은 어떤 것이 예컨대 시간적으로, 혹은 공간 속을 직선적으로, 혹은 회전을 하며 움직일 — 혹은 물리학적으로 표현해서 '번역(translation)'을 겪을 — 때도 그것의 특정 측면이 변하지 않는 성질을 기술하는 데 사용된다.

그러니까 예컨대 동일한 실험을 지구상에서, 그리고 은하수 반대편의 한 행성 위에서 행한다고 해도 이 두 실험의 결과는 동일할 것이다. 달리 말해서 동일한 물리법칙이 적용될 것이다. 물리법칙은 불변하니까 말이다.

실제로 지구나 먼 행성이 자전축을 중심으로 조금 회전했을 때 두 실험이 다시 한 번 — 그러니까 '회전이라는 번역'(rotational translation)을 겪은 상태로 — 행해진다고 해도, 그 결과는 여전히 같을 것이다. 마지막으로, 두 실험이 공간적으로 격리된 게 아니라 시간적으로 격리되어 — 예컨대 한 실험은 어떻게든 간에 우리 우주 태초의 극한조건에서, 그리고 다른 실험은 오늘날의 지구이거나 심지어 먼 미래에 다른 행성에서 — 행해지더라도, 마찬가지로 동일한 물리법칙이 작용하여 결과는 동일하게 나올 것이다.

시공간의 불변성, 따라서 그 같은 직선적·회전적·시간적 '번역'하의 물리법칙의 불변성은 우리 우주의 존재를 위해서는 반드시 있어야만 하는 대칭성이다. — 최초의 순간부터 종말까지 범할 수 없고 깨지지 않는 대칭성 말이다.

독자는 아마 이 말을 듣고 "그게 어쨌다는 거야? 그야 당연히 불변이잖아" 하고 반응할지도 모르지만, 물리학자들은 의심이 많은 족속이라서 그것이 사실임을 지지해줄 증거와 이론적 근거를 원한다. 이에 화답하여 물리학자들에게 물리계의 배후에 감춰진 질서와 균형을 밝혀낼 가장 강력한 개념과 도구를 제공해준 것은 독일의 수학자 에미 뇌터Emmy Noether였다.

에미 뇌터는 아마 가장 중요하지만 거의 알려지지 않은 20세기의 천재 수학자일 것이다. 여성은 학문적 업적을 쌓는 것이 거의 금지되어 있었던 시대인 1882년에 태어나서 우여곡절 끝에 박사학위를 받았지만, 그녀는 이후 8년 동안 무보수의 연구직밖에는 얻을 수가 없었다. 1915년에 아인슈타인이 발표한 일반상대성 이론은 시간과 공간과 중력 사이의 관계에 존재하는 심오한 대칭성을 가리키고 있었다. 하지만 그것은 온전히 발굴해내려면 더 깊이 파고 들어가는 작업이 필요한 통찰이었다.

그것을 파내도록 돕기 위해서, 그리고 뇌터의 천재성을 인정했기 때문에, 저명한 수학자 다비트 힐베르트David Hilbert와 펠릭스 클라인Felix Klein은 그녀를 초빙하여 코펜하겐의 괴팅겐Göttingen 대학교에 합류하게 했다. 하지만 거기서조차, 그녀의 임용 자체를 허용하기 위해 학교의 규정을 바꾼 후에도 한동안 그녀는 무보수로 일할 수밖에 없었다. 그러다 마침내 규정이 완화되어 약간의 봉급을 받긴 했지만, 그것은 그녀의 진정한 가치에 비하면 약소하기 짝이 없는 보수였다.

훗날 힐버트는 자신의 회고록에서 그녀가 더 나은 지위를 얻도록 도우려고 무진 애를 썼다고 기록했다. 왜냐하면 그는 '어느 모로 보나 수학자로서 더 뛰어나다는 것을 알면서도 그녀 곁에서 더 높은 지위를 차지하고 앉아 있기가 부끄러웠기' 때문이었다.

뇌터의 위대한 공로는 대칭성과 불변성 사이에는 대응관계가 있음을 최초로 수학적으로 증명한 데 있다. 거기서 그녀는 보편적인 대칭성에는 보존되는 보편적인 양이 존재함을 증명해냄으로써 한층 더 중요한 연결성을 발견했다. 이 결론은 지금은 그녀의 이름을 따서 부르는 '뇌터 정리'에 요약되어 있다.

그 수학적 증명은 엄격하고 정교하지만, 그 결론은 다음과 같다. ─ '공간의 번역에 대한 불변성'(translational invariance of space)은 선형적인 움직임에서는 운동량의 보존으로 귀결되고, 회전하는 움직임에서는 각운동량의 보존으로 귀결된다. 그리고 '시간의 번역에 대한 불변성'은 에너지의 보존으로 귀결된다.

뇌터의 정리에서는 다루지 않았지만, 이것들의 대응성은 또한 파동-입자 상보성을 시사하는 가장 유명한 현상 중의 하나가 왜 일어나는지를 보여준다. ─ 하이젠베르크의 불확정성 원리 말이다. 앞서 살펴봤듯이, 이 원리는 서로 관련된 물리적 성질들을 측정하는 우리의 능력이 플랑크 규모의 차원에서 우리의 우주 자체가 가하는 한계에 의해 한정되는 이유를 설명한다. 한쪽을 더 정확하게 측정하면 다른 쪽의 측정은 덜 정확해지는 것이다.

뇌터는 하이젠베르크의 불확정성 원리의 속성들(에너지와 시간, 위치와 운동량 등)을 하나로 연결해주는 것은 '시공간의 번역에 대한 불변성과 그에 따른 에너지와 운동량의 보존'과 '대칭성' 사이의 근본적인 연결성임을 수학적으로 밝혀내는 데 성공했다. 그러니 한 물체의 운동량, 공간 속의 위치, 각운동량, 공간 속에서 회전하는 위치, 에너지와 그것을 측량하는 시간 등은 모두가 뇌터가 보여준 대로 물리적 현실의 가장 근원적 차원에서 연결되어 있는 것이다.

코스믹 홀로그램의 정보가 시공간의 에너지-물질로 표현될 수 있게 하는 것은 바로 이 원초적인 '관계'이다. 이를 통해 또한 이 원초적 관계는 미묘하고도 결정적인 방식으로, 정보가 그처럼 보존된 성질 속에 담길 때는 정보 자체도 보존되어야 한다는 사실을 보여준다.

뇌터의 작업은 '번역'이 끊임없이 계속 일어나는 가운데서도 대칭성이 유지되는, 소위 연속적 대칭성에 집중되었다. 그래서 예컨대 기술만 있다면 우리는 시간과 공간 속의 일련의 연속적인 움직임 속에서도 실험을 행할 수 있을 것이고, 그럼에도 뇌터가 밝혀낸 대칭성과 불변성과 보존성은 고스란히 남아 있을 것이다. 연속적 대칭성이 시공간을 통틀어 물리법칙의 불변성에 필수적인 것이긴 하지만, 우리의 우주는 물리계의 특정한 성질에서는 '이것 아니면 저것' 사이의 균형을 구현해주는, 제2형의 소위 불연속적 대칭성도 활용한다.

양 아니면 음일 수밖에 없는 전기부하와 같은 이런 성질들은 에너지와 물질, 그리고 그 행태와 상호작용의 핵심적인 요소다. 예컨대 이 같은 전기부하의 불연속적 대칭성이란, 낱낱의 모든 입자 상호작용과 에너지 작용에서 양과 음의 부하가 완벽한 균형 속에서 생성되고 소멸되어야만 함을 의미한다. 존재를 유지하기 위해서는 전기적으로 중성이어야만 하는 우리 우주에서는, 이것이 가장 미세한 규모로부터 전체 우주에 이르기까지 모든 규모에서 일어나고 있다.

우리의 우주는 속성들이 맞바꿔지거나 대칭되는 짝들이 서로를 거울처럼 정확히 반영해주는 이 불연속적 대칭성으로 꽉 차 있다. 실로 그것들은 켜기/끄기 거울 놀이를 하고 있어서, 온 우주를 채우고 있으면서 물리계를 현상화시키는 디지털 비트 정보가 그것의 가장 대표적인 상징이다. '비트'로 말하자면 그것은 전체로부터 구별되는 근본적 이원성을 표현하는 가장 단순한 수단이다. 그럼에도 '정보의 비트'로부터는 무한한 다양성이 생겨나와 표현된다.

입자물리학은 앞서 논했던 보편적(universal) ― 혹은 물리학 용어로 전역全域의(global) ― 대칭성에 더하여, 국소적(local) ― 혹은 범위 내의(gauge) ― 규모에 작용하는 한 발 더 나아간 대칭성을 밝혀냈다. 20세기에 걸쳐서 물리학은 점차 물리이론을 '영향력의 장'(fields of influence)의 관점에서 기술하는 쪽으로 발전해왔다. 전자기장과 중력장이라는 개념은 우리에게도 친숙하지만, 이제는 양자 현상과 상대성 현상도 전반적으로 모두 이런 장의 개념을 통해 기술된다.

이런 장이론의 한 중요한 측면은, 장 자체는 직접 측정할 수 없고 장의 에너지나 전기부하 등 오직 장의 관찰 가능한 특정 성질만을 측정할 수 있다는 것이다. 그러니 장은 이 같은 관찰 가능한 성질들을 통해서만 이해될 수 있다. 이 성질들의 상호작용은 국소적 대칭성, 곧 게이지gauge(범위 내) 대칭에 국한되어 있어서 시공간 속의 지점에 따라 변환(transformation)이 달라진다. 하지만 그 배후의 장은 보편적 대칭성을 지니고 있다.

게이지 대칭을 비유로 설명하자면 케이크를 굽는 조리법을 생각해보면 된다. 여기서 조리법은 배후의 장이고, 거기에 포함된 재료인 밀가루는 그것의 관찰 가능한 한 측면이다. 영국에서는 한 개의 케이크를 만드는 데 필요한 밀가루의 양을 온스 단위로 재는 데, 우리는 이것을 보편적인 측정단위라고 가정하기로 하자.(내가 편견에 치우쳐 있다는 걸 안다.) 그러나 독일에서는 동일한(보편적) 조리법을 따라 동일한 양의 밀가루를 그램 수로 잴 것이다. 그리고 미국에서는 밀가루를 컵 수로 잰다. 세 가지 측정법은 모두 동일한 보편적 조리법 속에서 동일한 양의 밀가루를 재는 데 사용된다. 하지만 게이지 차원에서는 독일과 미국의 측정법은 영국에서 사용되는 단위로 가정한 보편적 단위와는 환산율이 다르다.

어디서 재든 간에, 재어지는 밀가루의 양은 똑같다. 그것은 변하지 않는 것이어서 조리법 내의 보편적 대칭성을 나타낸다. 하지만 그 대칭성의 관찰 가능한 측면들은 보편적 차원에서 국소적 차원으로 내려올 때 환산율이 달라지는 단위 때문에 나라마다 다르다.

이런 게이지 대칭을 더 깊은 차원의 보편적 대칭성과 연결 짓는 것은 물리학의 근본적 힘들에 관한 더 깊은 진실을 캐내는 데 엄청나게 강력한 도구가 되어주었다. 예컨대 앞서 살펴보았듯이, 양자장이론은 이 힘들의 상호삭용을 보존(광자나 글루온 등)이라는 매개입자들을 통해 기술한다. 이제 우리는 이 입자들의 행태가, 입자들이 상호작용에서 취하는 국소적인 게이지 변환의 구체적 형태에 따라 달라진다는 것을 안다. 그 때문에 이 입자들은 흔히 게이지 보존gauge boson이라고도 불린다.

이 게이지 대칭에 대한 이해가 1940년대 후반에 와서는 특수상대성이론과 전자기를 ― 물리학자들의 전형적인 명명법에 의해 ― 양자전기역학(Quantum ElectroDynamics) 혹은 좀더 깔끔하게는 QED라 불리는 것으로 통합할 수 있게 했다. 우리 시절의 동료들이 원래 이것을 라틴어로 '증명 끝'이라는 뜻인 'quod erat demonstrandum'의 약자로 여겼던 사실을 감안하면, QED는 우리의 완벽한 우주의 조리법에 들어가는 그토록 중요한 재료를 밝혀낸 이론의 이름으로서 그리 나쁘지 않다.

미국의 이론물리학자 리처드 파인만Richard Feynman이 '물리학의 보석'이라 부른 이 양자전기역학의 발견 이래로, 그것은 오늘날까지 모든 후속 장이론들의 모델이 되었다. 그리고 깊은 차원의 단순한 대칭성을 바탕으로 하는 양자전기역학은 대칭성에 대한 탐색이 획기적인 발견들을 이끌어내는 견인차가 되게 했다.

대칭성 깨기

우리 우주의 근본적 대칭성은 그 전 생애 동안 불변하지만, 어떤 대칭성은 끊임없이 직접적으로 드러나는가 하면 또 어떤 것은 진화의 결과로 '깨지기도' 한다. 하지만 물리학자들이 점차 깨달아왔듯이, 외견상의 '깨진' 모습으로부터 그 배후의 대칭성을 이해하는 것이야말로 우주의 실상에 대한 더 깊은 통찰을 가져다준다.

강력, 약력, 전자기력 등 우리 우주의 세 가지 기본 힘들의 상호작용은 모두 게이지 대칭성을 갖추고 있지만 그 강도, 곧 결합상수가 달라서 저마다 매우 다른 행태를 보인다. 예로부터 물리학의 가장 중요한 탐구는 이것들을 대통일이론(GUT: grand unified theory) 속에 하나로 통합하는 것이었다. 이 탐구는 이 힘들이 저마다 지니고 있는 게이지 대칭성을 극도의 고에너지 차원에서 하나의 결합상수를 가진 더 큰 단일한 대칭성 속에서 하나로 통합시키려는 노력에 집중해왔다.

대통일이론을 찾으려는 탐구에서 하나의 큰 돌파는 1968년에 일어났다. 이론물리학자 셸던 글래쇼Sheldon Glashow와 압두스 살람Abdus Salam, 그리고 스티븐 와인버그Steven Weinberg가 전자기력과 약력이 '전자기약력'(electroweak force)이라는 조합된 하나의 힘의 각기 다른 측면임을 보여준 것이다. 이것은 10년 후에, 동떨어져 보이는 이 두 힘이 더 깊은 차원에서는 하나임을 드러내 보여주는 데 필요한 고에너지 상태에서의 실험을 통해 입증되었다.

하지만 행여나 전자기약력이 강력과 하나로 조합될 수 있으려면 이보다 극도로 더 높은 에너지를 필요로 한다. 이 같은 대통일 상태가 요구하는 만큼 에너지가 강력했던 유일한 시대는 시공간이 탄생했던 태초의 순간이었다. 그로부터 우리의 우주가 팽창하면서 온도가 떨어지는 동안, 대칭성이 깨지고 상태이 바뀌는 과정이 이 세 가지 다양한 상태를 출현시켰을 것이다. 마치 물의 기체분자들이 냉각되어 수증기가 되고, 그다음에 물이 되고, 또 그것이 냉각되어 얼음이 되듯이 말이다.

그러한 통합이 실제로 어떻게 일어나는지, 또 그러면 어떤 근본적 대칭성이 지배하게 될 것인지에 대한 과학계의 결론은 아직 내려지지 않았다. 현재 지구상의 실험 장비는 대통일이론을 지지해줄 직접적인 증거를 확보하거나 그 작용에 대한 통찰을 얻는 데 필요한 에너지를 만들어내기엔 한참 역부족이다. 그리고 분지해 나올 수도 있는 대통일이론의 한 지맥을 간접적으로 관찰하려는 시도도 실패했다.

'이보다 더 단순할 수는 없어야 한다'는 원칙을 지키는 데 또 다른 고민거리는, 이론적인 설명을 시도하다 보니 새로운 장과 입자들을 자꾸 추가시키게 되어서 복잡성을 줄이기는커녕 가중시키게 되는 경우이다. 현재의 선도적 이론 중 하나인 초대칭이론(supersymmetry), 줄여서 SUSY가 그 예이다. 이 접근법은 알려져 있는 모든 페르미온과 보존에 그보다 훨씬 더 큰 질량을 가진 초대칭적 짝 입자를 가정함으로써 소립자의 수를 배로 늘려놓는다. 만일 초대칭 입자들이 발견되어 표준모형에 추가된다면 세 가지 기본 힘은 대통일이론의 에너지들에서 동일한 강도를 가질 수 있고, 두 종류의 소립자들 사이의 결합방식이 드러날 것이며, 가장 가벼운 초대칭 입자로 가정된 입자는 암흑물질의 WIMP의 아주 강력한 후보가 될 수 있을 것이다.

그럼에도 초대칭이론은 가장 단순한 설명의 틀로 판명될 수도 있다. 그리고 이 같은 야망을 감안한다면 이 이론의 제안자들이 — 그 같은 초대칭 입자가 존재한다는 증거는 직접적으로도 간접적으로도 관찰되지 않았음에도 불구하고, 또 그를 위해 예측된 에너지들의 존재 가능성이 실험에 의해 갈수록 점점 닫혀가고 있음에도 불구하고 ― 포기하지 않고 버티고 있는 것은 그리 놀라운 일이 아니다.

또 다른 선도적인 이론은 소위 SO(10) GUT인데, 이름이 시사하듯이 이것은 특수한 종류의 수학적 그룹 대칭으로, 아직 관찰되지 않았지만 질량이 매우 큰 종류의 뉴트리노^{neutrino}(중성미자)가 존재하리라고 예언한다. 이것도 암흑물질 WIMP의 후보 중 하나다.

아무튼 두고 보자.

40년이 넘게 이어지고 있는, 확실한 대통일이론을 찾아내기 위한 끈질긴 모색과는 달리 또 다른 깊은 차원의 대칭성을 밝혀내려는 또 하나의 오랜 탐색은 최소한 부분적으로는 답을 찾아냈다. 앞서 말했듯이 2012년에 힘 입자인 힉스 보존의 발견과 함께 힉스 메커니즘이 최종적으로 확인되었을 때 말이다.

태초에 빅브레쓰의 순간 이후 시공간의 온도가 장의 최저 에너지 수준인 임계치 문턱까지 떨어졌을 때, 힉스장은 대칭이 저절로 붕괴되는 순간을 겪었다. 그리고 그것은 질량을 가진 기본입자를 만들어내는 메커니즘을 가동시켰다. 이 또한 물이 얼음으로 변하는 것과 같은 상전이에 비유할 수 있다.

시공간을 통틀어 모든 대칭붕괴의 사례를 지금껏 조사해본 결과, 그 모든 깃은 필요한 일임이 밝혀졌다. 그 어떤 것도 불필요하시 않고, 그 각각이 우리의 완벽한 우주가 존재할 뿐만 아니라 그 단순한 조리법으로부터 복잡다단하고 경이로운 모습을 드러낼 수 있게 하는 데 필요한 조건을 마련해준 것임을 확인할 수 있다.

다시 시간

이제는 당신도, 물리학의 모든 것은 대칭성에 관한 연구라고 해도 그리 지나친 말이 아니라고 했던 노벨상 수상자 필 앤더슨 Phil Anderson과 같은 결론에 도달했기를 바란다. 하지만 우리의 이해를 위한 탐사를 더 진행해가기 전에, 머릿속에 세워놓은 단순성과 대칭성이라는 표지판과 더불어 한 가지 더 생각해볼 것이 있다. ─ 이제는 시간에 대해 이야기해야 할 시간이다.

양자물리학은 시간에 대해 이야기하기를 좋아하지 않는다. 미시적 차원의 물리학 법칙은 시간에 관심이 없기 때문이다. 시간 속에서 진행되는 양자 규모의 현상은 (거의 언제나) 시간이 거꾸로 가는 것이나 마찬가지 행태를 보인다. 하지만 우리가 누구나 경험하고 알듯이, 거시적 규모에서는 시간의 흐름이란 한쪽으로만 날아가는 화살이다.

이 모순처럼 보이는 것을 이해하기 위해서는 또 다른 근본적 대칭성을 살펴보는 데서부터 시작해야 한다. 이 대칭성의 요소들이 일부 붕괴되어야만 어떤 중요한 물리적 현상이 일어나는 것이다. CPT 대칭으로 알려진 이것은 주요 양자장이론 중의 하나다. CPT 대칭은 불연속적으로 대칭되는 입자의 세 가지 속성 ─ C와 P와 T ─ 을 그 대칭되는 짝과 동시에 맞바꿔치기한 우주와, 우리의 실제 우주를 서로 구별할 수 없다고 말한다.

CPT에서 C(charge, 전하대칭)는 입자가 그 반입자에 의해 교체되는 것을 나타낸다. 여기서 유일한 차이란 ─ 음전하를 가진 전자와 양전하를 가진 반反전자(양전자)처럼 ─ 입자의 전기부하가 양이냐 음이냐 하는 것이다. 마찬가지로 CPT에서 *P*(parity, 반전대칭)는 사물이 거울에 비친 모습처럼 보이게 하는 스위치이다. 마지막으로 CPT의 *T*(time, 시간대칭)는 시간의 방향이 거꾸로 바뀌는 것을 나타낸다.

이 세 가지 대칭을 모두 — *C*와 *P*와, 가장 최근에는 T까지 — 위반하는 현상이 실험을 통해 관찰되었다. 실제로 약력이 개입된 과정에서 *C*와 *P*의 조합된 대칭이 깨질 때는 물질과 반물질 입자가 서로 다른 속도로 소멸하는, 미소하지만 결정적인 불균형 상태가 드러났다. 소멸 속도의 이 미세한 기울어짐이, 우리의 우주가 창조되는 탄생의 순간에 어떻게 물질이 미소한 우세를 보이면서 우리의 우주가 살아남을 수 있게 했는지를 말해주는 중요한 단서를 담고 있는지도 모른다.

하지만 시간인 *T*를 포함하여 *C*와 *P*와 *T*가 조합된 대칭을 위반하는 현상은 발견하지 못했다. 달리 말해서, 세 가지 대칭 속성을 동시에 맞바꿔서 한 입자를 그 반입자로 바꾸고 그 모습을 거울에 비추며 시간이 거꾸로 흐르게 하면 — 보라! 우리는 예컨대 시간을 따라 움직이는 전자와 시간을 거슬러 움직이는 양전자를 구별하지 못하게 될 것이다.

실제로, 우리 우주의 시공간을 통틀어 물리법칙이 불변하려면 CPT 대칭의 삼중 고정상태야말로 필수적인 것임은 수학적으로도 밝혀진다.

미시 차원과 거시 차원에서 시간에 무슨 일이 일어나고 있느지, 그리고 모순으로 보이는 그것을 우리가 해결할 수 있을지를 밝혀보자.

먼저 2012년 미국의 SLAC 국립 입자가속기에서 행해진 바바^{BaBar} 실험 ─ 실제로 로고가 코끼리이다. 코끼리 왕 바바는 동화 주인공이다. ─ 은 시간역전 시나리오 속의 입자들 간의 진동수 차이로부터 희귀한 T 대칭 위배현상을 직접 측정해냈다.(참조 1) 하지만 완벽한 대칭이 위배되었다는 것이 이런 미시적 차원에서는 시간의 역전을 뜻하지 않는다. 그것은 단지 이 특정한 과정이 시간을 따라가든 거슬러가든 다른 속도로 진행됨을 뜻할 뿐이다.

의미심장한 것은, 시간의 외견상의 방향과는 상관없이 에너지, 그리고 에너지로 표현된 정보가 모두 그 과정 동안 온전히 보존됨을 증명할 수 있다는 점이다. ─ 이것은 정보의 제1법칙의 한 예이다. 달리 말해서, 그 과정은 또한 정보적으로 엔트로피적이지 않다. 고로 특정 양자 과정의 진행속도가 때로 변하는 것은 미시적 차원에서 에너지-물질 보존과 CPT의 종합적 대칭성 보존을 위해서 필수적이다.

그렇다면 거시적인 시간의 화살은, 칼텍^{CalTech}의 이론물리학자 숀 캐롤$^{Sean Carroll}$이 말했듯이 미시 규모에서 적용되는 그런 물리법칙의 결과가 아니다. 그것은 빅브레쓰 최초의 순간에 관련된 매우 특별하고 특정한 '초기조건'의 결과이다. 정확히 말하자면, 우리 우주의 그 최초의 순간의 믿을 수 없을 정도로 낮은 정보 엔트로피 말이다.

그러니 그렇다면 거시 차원의 한쪽으로만 흐르는 시간의 방향을 지배하는 것은 정보의 제2법칙이다. 거시 차원에서 엔트로피, 그리고 그런 엔트로피 과정 속에 담긴 정보는 보존량이 아니라서 우리 우주의 전 생애 동안 불가피하게 계속 늘어난다. 존재하고 진화해가기 위해서는, 우리의 완벽한 우주에 의해 코딩된 정보는 시간의 미시적 대칭의 상보적인 속성과 시간이라는 화살의 거시적 비대칭, 양쪽을 다 필요로 한다.

미세조율

나의 어머니는 초콜릿 케이크를 정말 맛있게 구우셨다. 감사하게도 어머니는 케이크를 자주 구워주셨는데, 조리법에 나오는 재료의 양을 눈대중만으로도 잴 수 있어서 저울이 필요 없었다. 쿠키가 언제나 맛있게 구워졌던 걸로 보면 그 양의 오차는 10^{-2}, 그러니까 1퍼센트를 넘지 않았으리라고 생각된다.

우리의 완벽한 우주는 이보다 좀더 정밀하다. 얼마 전에 캐나다 온타리오 페리미터Perimeter 이론물리학 연구소의 현 멤버인 리 스몰린Lee Smolin이 계산해낸 바에 따르면, 태초에 우리 우주의 기본 힘들의 강도가 10^{-27}만큼만 — 거의 상상이 불가능한 만큼 미미하게 — 달랐어도 우리의 완벽한 우주는 존재할 수가 없었을 것이라고 한다.

물리 상수나 힘들 사이의 관계는 '정확히' 현재 있는 그대로이어야만 한다. 그렇지 않으면 우리의 우주는 에너지와 물질 간의 균형을 이뤄내야 하는 최초의 과제 앞에서, 아니면 최초의 별이 형성되기도 선에 촛불 꺼지듯이 꺼져버렸을 것이다.

총합 제로를 유지하는 에너지 보존의 법칙을 통해, 각 시대는 각기 다르게 미세조율된 가시적, 비가시적 에너지-물질의 속성들에 의해 지배된다. 우리 우주의 전 생애 중 빅브레쓰 동안에 유지되었던 이 강력한 힘들의 역동적이고도 정확한 균형이, 갈수록 고도화되는 복잡성과 자아의식을 지닌 지성을 진화시켜낸 것이다.

나는 《파동》(The Wave)이라는 책에서 여섯 가지의 근본적인 수치가 우리 우주의 이 특출한 조화를 빚어내는 데에 어떤 결정적인 역할을 하고 있는지를 설명한 바 있다. 이 여섯 가지 수치에 대한 논의는 영국의 우주론자인 마틴 리즈 경$^{Sir Martin Rees}$의 저서 《딱 여섯 가지 수치》(Just Six Numbers)의 주제이기도 하다.(참조 2)

이제 우리는 이 지극히 중요한 수치들을 살펴보면서 그것이 왜 지극히 정확해야만 하는지를 알아보도록 하겠다.

강력

그리스 알파벳인 ε(입실론)으로 표기되는 첫 번째 수치는 앞서 언급했던 강력의 수치로서, 강력은 양성자와 중성자를 원자핵 안에서 한데 묶어놓는다. 그러니 원자핵 상호작용의 효율을 좌우하는 ε은 또한 가장 가벼운 원소인 수소로부터 가장 무거운 원소인 캘리포늄^{californium}에 이르기까지 자연적으로 만들어지는 98개의 모든 원소를 융합해내는 연금술적 작용의 열쇠이기도 하다.

가장 가벼운 원소들 — 수소, 헬륨, 그리고 리튬 — 이 형성되고 있었던 빅브레쓰의 최초 몇 분간으로 돌아가보면, 우리는 ε이 얼마나 중요한지를 알 수 있다. 수소가 융합하여 헬륨이 될 때 수소 질량의 미세한 일부인 0.007의 질량이 에너지로 방출되는데, ε이 나타내는 것은 바로 이 에너지 방출의 정확한 효율이다. ε 덕분에 이 태초의 가벼운 원소들의 핵합성(nucleosynthesis) 과정에서 각 원소들에게 필요한 비율이 형성되었고, 나아가서 그것이 최초로 생성되는 별과 유아기 은하계들의 씨앗이 될 수 있게 했다.

그런 후 별들이 서로 병합하고 가열되어 수소가 헬륨으로 융합되기 시작하는 동안, ε으로 측정되는 그 과정의 진행효율이 융합 속도를 좌우하고, 따라서 그 별들의 수명이 정해지게 한다. 별들이 늙어서 수소연료가 소진되어갈 때도 ε 값이 융합의 속도를 제어하고, 그에 따라 행성계와 생물권을 형성시키는 데 필요한 모든 무거운 원소들의 합성도 제어된다.

그 수치가 0.006보다 작거나 0.008보다 크기만 했어도 우리의 태양과 지구와 우리 자신은 진화해 나오지 못했을 것이다.

전기력과 중력의 비

두 번째 수치 N은 광범위하고 약한 힘인 중력과 전기력 사이의 비율인데, 어마어마하게도 10^{36}에 이른다.

전기력은 원자와 분자들을 한데 뭉쳐 있게 하는 데 중요한 역할을 하고, 중력은 그보다 규모가 큰 세계를 지배한다. 그 이유는 원지와 분자의 음양 전기부하 중 거의 대부분은 서로 상쇄되기 때문으로, 우리도 알다시피 전체 우주는 전기적으로 중성이다. 예컨대 전류를 형성하는 전자의 강력한 방출로 전기력의 균형이 흐트러지면, 그 불균형은 대개 존재하는 전체 전기부하의 아주 작은 부분에서만 일어난다. 그에 비해 중력은 모든 에너지-물질에 늘 작용한다.

하지만 질량이 작은 원자와 분자들의 작은 규모에서는 중력의 영향은 무시해도 될 정도가 되어 전기력이 지배한다. N의 수치가 조금만 더 작거나 컸다면, 우리의 우주는 복잡하게 진화해오지 못했을 것이고 우리 또한 여기에 없었을 것이다.

우리가 우리의 완벽한 우주를, 그리고 궁극적으로는 인간이라는 존재의 의미를 탐사해가는 동안에도 N 수치는 우리로 하여금 우리의 형상을 빚어낸 우주의 힘들의 자비로운 균형 속에서 분자와 항성 사이의 적당한 크기에 머물러 있을 수 있도록 보장해준다.

차원들

세 번째 수치는 D로 표시되는 차원이다. 공간에 대한 보편적 경험은 정확히 3차원이라고 한다면, 그것은 너무나 당연한 말이라서 처음에는 '그야 뭐!' 하는 반응이 나올 수도 있다. 하지만 잠시만 참아 달라.

우리의 완벽한 우주의 존재를 위해서는 3차원이 선택되어야만 했을 뿐만 아니라, 이 또한 대칭성과 단순성의 원리에 부합하고, 또 그로 인해 홀로그램 정보로 이루어진 현실의 정체도 드러나고 있다. 지속적인 발견들을 통해 대두되고 있는 코스믹 홀로그램 모델은, 3차원 공간이 시간과 결합한 4차원 시공간을 1차원의 공간과 1차원의 시간으로 이뤄진 2차원 홀로그램 경계면의 심층 현실로부터 출현하는 것으로 간주한다. 시간을 한쪽에 젖혀두면,

1차원의 홀로그래피적 바탕(holographic basis)으로부터 3차원 공간이 출현하게 하는 것은 우리의 우주가 존재하게 하는 가장 단순한 방법이다.

2013년에 두 팀의 이론가들이 정보의 관점에서 3차원 공간의 문제에 접근했다. 그 첫 번째 팀은 캐나다 페리미터 연구소의 마커스 뮐러Markus Mueller와 영국 브리스틀 대학교의 루이스 머세인Lluis Masane으로, 양자상태 속에 코딩되어 있는 정보의 교환을 연구했다.(참조 3) 그들은 1차원의 시간과 특정 수의 공간 차원, 그리고 그 속을 정보가 흘러 지나갈 모종의 경로만을 가정하고 시작했다. 그다음 그들은 자연에서 발견되는 양자 확률과 양자 상관관계(quantum correlation)의 양을 입력했다.

그 출력으로서 튀어나온 — 사실은 갑자기 나온 것이 아니라 길고 복잡한 수학적 증명이 완성되면서 나온 — 것은, 양자장이론이야말로 실로 확률과 상관관계의 실질적인 균형을 제공해주는 유일한 이론이지만 본질적으로 그것은 공간이 3차원이어야만 그렇게 할 수 있다는 사실이었다.

뮐러는 이것이 양자이론의 확률도(level of probability)와 공간의 3차원성 사이의 떼놓을 수 없는 연결성을 드러내줄 뿐만 아니라, 시공간 속에서 정보가 교환되는 방식 속에 상대성이론과 양자이론이 모두 담겨 있다는 사실도 밝혀준다고 생각한다.

같은 해에 오스트리아 빈과 싱가포르의 대학교에서 연구하고 있는 보리보예 다킥Borivoje Dakic과 토마즈 파테렉Tomasz Paterek, 그리고 카슬라브 브루크너Caslav Brukner도 심층의 정보 차원으로부터 공간의 차원들을 들여다보았다.(참조 4) 그들은 우리의 우주처럼 양자들이 짝을 지어 상호작용하는 우주에서는 양자이론이 오직 3차원 공간에서만 적용될 수 있음을 보여주었다. 이 또한 우리의 완벽한 우주가 지닌 단순성의 원리를 드러내준다. 양자계의 상호작용이 복잡해질수록 어떤 형태로든 더 높은 차원의 우주의 존재가 이론적으로 허용되기 때문이다.

공간이 3차원이어야 하는 이유는 가장 단순하고 대칭적인 양자이론을 위한 요건 때문이기도 하지만, 아마도 3차원의 가장 중요한 존재 이유는 전자기장의 성질 때문일 것이다. 공간에 침투해 있는 전자기력이 그렇게 작용하기 위해서는 정확히 직교하는 세 개의 차원을 필요로 한다. 전자기장에서 전기와 자기는 서로 직각을 이루고, 따라서 방사되는 전자기는 전기와 자기 모두에 직각을 이룬다. 그 결과로 일어나는 무수한 현상들은 이 단순하고 대칭적인 기하 구조가 아니면 일어날 수가 없다. 2차원 면은 적절하지 않고 4차원 공간은 필요 이상으로 복잡하다.

마지막으로 D의 수가 지금처럼 3이어서 다행인 이유는, 그것이 우리로 하여금 지구상에서 인간의 경험을 이토록 완벽하게 누릴 수 있게 해주는 중력의 제곱근 법칙을 기하학적, 수학적으로 수호해주기 때문이다. 2차원 공간이나 4차원으로 확장된 공간에서는 선형적 법칙 아니면 역 세제곱의 법칙이 적용될 것이다. 그런 시나리오에서는 우리의 놀랍도록 안정된 행성계가 형성될 수 없었을 것이다.

공간의 매끄러움

Q로 표기되는 다음 수는 공간의 매끄러운 정도(smoothness)를 재는 수치이다. — 우주배경복사 속에 그 얼어붙은 흔적이 남아 있는 미세한 굴곡의 정도 말이다. 앞서 말했다시피 그것은 10만 분의 일도 안 된다.

하지만 이만한 크기의 가변성만으로도 가시적, 비가시적 물질의 원시 파문은 우리의 초기 우주에 퍼져나가면서 밀도가 더 높은 구역을 만들어낼 만큼 충분히 강했다. 이것은 중력의 영향 아래 별과 은하계와 은하단이 형성되게 하기에 딱 맞는 씨앗이 되어주었다. 우리의 우주가 팽창하는 동안 별과 은하계가 형성되는 데 필요한 안정된 조건을 무너뜨릴 교란은 일으키지 않으면서 말이다.

미래의 별이 태어날 수 있게 한 이 원시의 물결은 마치 유동체같이 떠다니던 양성자, 중성자, 광자 등의 엄청나게 뜨거운 플라스마로 이뤄진 우리 우주의 초창기 시대에 일어났다. 이것들의 안으로 끌어당기는 중력과 밖으로 방사되는 압력 사이의 밀고 당기는 알력은 일련의 배음倍音(harmonics)들의 진동을 만들어냈다.

우리의 완벽한 우주는 문자 그대로 '하나의 시구詩句'(a Universe)를 노래하면서 존재 속으로 발을 옮긴 것이다. 나에게는 이 또한 만유를 품고 있는 의식이 창조의 소리인 옴AUM을 통해 우리 우주 대초의 진동으로 현현했다고 가르치는 고대 인도의 전통과 절묘하게 일치하는 말로 들린다. 옴의 세 알파벳은 하나 속에 셋을 함장하고 있는, 우리가 경험하는 현실의 본성을 상징한다.

에너지–물질의 운명

우리의 완벽한 우주는 — 그 존재뿐만 아니라 장차의 운명도 — 본연의 밀도와 팽창속도에 관련된 다섯 번째와 여섯 번째 수치의 정확한 미세조정에 의해 좌우된다.

다섯 번째 수는 그리스 철자 Ω(오메가)인데, 가시적이든 비가시적이든 우리 우주 속의 모든 형태의 에너지-물질의 밀도를 가리키는 수로서, 실제의 밀도와 임계 밀도 사이의 비율이다.

최근 몇 해 동안 우주론자들은 오메가 값을 측정할 수 있었는데, 그 값은 정확히 1인 매우 특별한 경우임을 발견했다. 오메가 값이 1로 나오는 것이야말로 우리 우주의 평탄성(flatness)을 받아들이기 위한 열쇠다. 앞서 말했듯이, 이로 인해서 우주의 모든 에너지-물질의 끌어당기는 힘과 밀어내는 힘의 총합은 우주의 전 생애 동안 0으로 유지된다. 이 또한 대칭성과 단순성이 우리의 우주를 지배하고 있음을 보여준다.

우주상수

이로써 우리는 마지막인 여섯 번째 수에 이르렀다. 이 또한 그리스 철자인 λ(람다)로 표기되며 우주상수를 가리키는데, 이것이 바로 시공간의 팽창을 일으키며 자신을 드러내고 있는 암흑물질인 것으로 추정된다.

람다 값은 우리 우주의 미래를 결정한다. 전체 에너지-물질의 밀도를 결정하는 빼놓을 수 없는 한 요소이기 때문이다. 그리고 그것은 전체 밀도 비율인 오메가 값이 정확히 1이 될 수 있게 만들어주는 최적의 강도強度임이 발견됐다.

우리의 미래와 관련해서, 양수(positive)인 이 람다 값은 또한 정보 엔트로피의 유한한 최댓값을 암시하고 있음이 수학적으로 밝혀졌고, 따라서 정보의 제1법칙과 제2법칙의 상보성을 가정한다면 우리 우주의 생애는 유한함이 밝혀졌다. 이를 상쇄하는 힘인 중력과 더불어 본다면, 시공간이 팽창하는 동안 절묘하게 진화해 온 두 힘 사이의 균형이 복잡다단한 우주가 진화되어 나올 수 있도록 저만의 결정적인 역할을 해냈다는 점에서, 이 수치는 더욱더 놀랍다.

우주상수의 힘은 약 50억 년 전까지 중력 앞에서 물러섬으로써 은하계와 행성계가 형성될 수 있게 했다. 하지만 그다음 공간의 팽창력이 중력의 힘을 흩뜨리면서 우주상수가 지배력을 넘겨받았고, 그때까지 느려지고 있던 팽창이 가속되기 시작했다. — 1988년에 이 사실을 발견한 우주론자들에게는 큰 충격이었지만 말이다.

그러니 같은 시기에 일어난 우리 태양계의 탄생 이래 시공간의 가속적 팽창은 우리 우주의 정보 내용의 끝없는 증가가 폭주의 단계에 진입했음을 의미했다.

우리의 완벽한 우주를 만들어내는 조리법은, 대칭성과 단순성이 지극히 정교하게 조율되도록 둘을 잘 섞는 것이다. 그럼으로써 우주의 전 생애에 걸쳐 갈수록 더 고도화된 복잡성이 코딩되어 담길 수 있게 되었고, 앞으로도 계속 그러할 것이다.

설명서를 읽고 조건을 이해하고 재료를 모아서 조리법대로 섞었으니, 이제는 우리의 완벽한 우주를 구워내기에 아주 알맞은 그릇에 대해 생각해볼 차례다.

6장
그릇(Container)

컴퓨터 용어로는, 더 많은 (2세) 컴포넌트를 담을 수 있는
유저 인터페이스 컴포넌트…

"모든 물질은 오로지 어떤 힘 덕분에 생겨나고 존재한다. …
우리는 이 힘의 배후에 의식과 지성을 지닌 마음이 존재함을 가정해야 한다.
이 마음이야말로 모든 물질의 모태다."

— 막스 플랑크Max Planck

이제까지 우리는 우리의 안벽한 우주의 정보적인 구조를 살펴보았다. 하지만 과학의 많은 개처자들이 깨달았듯이, 우리는 어떤 현상을 그 안에서 그 자체로서만은 이해할 수가 없고 그것이 더 큰 맥락과 어떻게 관계를 맺고 있는지를 살펴봄으로써만 온전히 이해할 수 있다. 전체 '물리적' 세계의 경우, 우주론자와 수학자들은 그것을 온전히 기술하려면 역시 그 4차원 시공간적 겉모습 너머에 있는, 바로 거기서부터 물리적 세계가 발생하고 실현되는 어떤 것에 대한 이해가 요구됨을 오래전부터 깨닫고 있었다.

실재를 기술하기 위한 시도로서 물리적 영역과 초물리적 영역을 포함시키는 것을 총칭하여 흔히 '다차원적'이라고 말한다. 그러나 살펴보겠지만, 이 말은 물리학과 형이상학에서 서로 다르면서도 상보적인 의미를 지니고 있다. 나중에 우리는 그것을 다양한 수준의 의식(awareness)과 여타의 인식영역(realms of perception)을 나타내는 것으로 바라보는 형이상학적 이해에 이를 것이지만, 당분간은 물리학과 수학이 그런 영역들을 어떻게 바라보는지에 주목해보기로 하자.

우리는 먼저 코스믹 홀로그램에 대한 진전된 이해가 어떻게 우리의 우주를 담고 있는 '그릇'을 시공간 현실을 출현시키는 하나의 홀로그램 경계면으로 바라보는지를 좀더 깊이 살펴볼 것이다. 그럼으로써 우리는 홀로그램의 속성과 빛의 성질이야말로 물리적 현실의 공동창조에 기여하는 그것들의 역할에 안성맞춤이라는 사실을 깨닫게 될 것이다.

우리는 또 고대로부터 현자들이 기하학적인 관계가 물리적 현실 배후의 패턴을 형성하고 있다는 사실을 어떻게 깨달았는지, 그리고 컴퓨터의 출현 이래로 홀로그램과도 같은 성질을 지닌 프랙탈 기하학이 우리의 우주에 온통 스며들어서 우주를 지탱해주고 있다는 사실이 어떻게 밝혀지고 있는지를 살펴볼 것이다. 그러고 나서 우리 우주에 그 형태와 곡률을 부여하는 기하학적 메커니즘 전체가 어떻게 우리가 진화해오기에 완벽한 환경을 제공하는 데 결정적 역할을 했는지도 살펴볼 것이다.

지금까지 쌓아온 이해를 바탕으로, 이제 우리는 초물리적인 영역들 속으로 발을 내디딜 것이다. 우리는 현실의 더 깊은 차원들을 탐사할 것이다. 거기에는 초물리적 영역들이 물리적으로 실현되게끔 해주는 정보의 틀과 패턴들이 숨겨져 있다. 그 어떤 방정식도 (거의⋯) 보이지 않지만, 그럼에도 우리는 우주적 언어인 수학이 어떻게 모든 것을 파형과 (소위 상상 속의, 곧 비물리적인) 복소평면으로 변환될 수 있게 해주는지를 깨닫게 될 것이다. 이를 통해 우리는 4차원 시공간과 물리적 현실 경험에 관련된 모든 것을 홀로그램처럼 비추어내는 '그릇'을 이루고 있는 역동적인 정보의 틀이 드러남을 목격하게 될 것이다.

빛이 있으라

앞서 살펴봤듯이, 코스믹 홀로그램의 중요한 속성 중의 하나는 '모든' 에너지가 그 진동의 주파수 — 역으로는 파장波長 — 로 표현될 수 있다는 것이다. 에너지와 물질이 등가의 것이라면 이것은 입자에도 똑같이 적용된다. 사실 에너지를 본질적으로 진행파 (moving waves)로 볼 수 있다면 입자는 정상파(standing waves)의 형체로 생각할 수 있다.

주파수가 높을수록(역으로는 파장이 짧을수록) 그 파동이 가지고 있는 에너지도 크다. 예컨대 고주파 (단파장) 파동인 X선은 저주파

(장파장) 파동인 전파보다 더 큰 에너지를 지니고 있다.

궁극적으로, 물리적 세계는 파형 에너지의 국소적인 장과 편만한 장, 그리고 이 장들 사이의 상호작용을 통해서 그 모습을 드러낸다.

단순한 예로, 호수 수면의 여러 물결들이 일으키는 상호작용은 '간섭현상'으로 알려져 있다. '위상이 일치되었을' 때 골과 골, 마루와 마루가 만나는 두 물결의 에너지는 서로 더해지고, 이런 간섭현상을 '더하기 간섭'이라고 한다. 반면에 두 물결의 골과 마루가 서로 부딪칠 때는 에너지가 상쇄되고, 이것은 '빼기 간섭'이라 불린다.

더하기 간섭의 한 특별한 예는, 주파수가 같은 광파가 위상이 정확히 일치되어 만나는 경우이다. '동조'라 불리는 이 현상은 강력하게 집중된 레이저 광선이 만들어지는 배후의 원리다.

이렇게 동조되어 집중된 빛이 만들어내는 결과는 극적이다. 100와트의 일반 전구는 그 빛으로 방 안을 밝혀줄 수 있다. 전구의 백색광은 가시광선 스펙트럼상의 다양한 파장의 빛으로 이루어져 있다. 그리고 그 빛은 특정한 방향으로 집중되지 않고 그저 방 안을 가득 채운다. 그러나 특정 주파수의 동조된 빛을 이용하여 한 줄기로 집중시킨 레이저 광선은 동일한 전력으로 단단한 철판을 자를 수도 있다.

양자의 실체와 그 파동적인 성질이 발견되기 한 세기도 더 전인 19세기 후반에, 한 가지 심오한 통찰이 모든 물리적 현상을 포괄적으로 기술할 수 있는 길을 열었다.

프랑스 혁명의 소용돌이와 그 후유증 속에서, 프랑스의 수학자이자 물리학자였던 장 밥티스트 푸리에Jean-Baptiste Fourier는 아무리 복잡한 물체나 에너지 신호도 분해하여 단순한 파형들의 조합으로 재해석해낼 수 있는 수학적 변환식을 고안해냈다. 그리고 이 공식을 사용하면 '그 어떤' 단순한 파형들의 조합도 원래의 물체나 신호로 재조립해낼 수 있다.

빛이 지니고 있는 간섭과 동조의 성질과, 패턴을 해체하고 재조립할 수 있는 푸리에 변환식의 능력이 바로 홀로그래피의 원리를 밝혀내고 최초의 홀로그램을 제작할 수 있게 한 열쇠였다. 헝가리 출신의 전기공학자 데니스 가보르가 이러한 속성을 이용하여 홀로그래피의 원리를 일찍이 발견했지만, 1964년에 레이저 광선이 발명된 이후에야 최초의 홀로그램이 제작될 수 있었다.

홀로그램은 동일한 주파수의 동조된 빛으로 이루어진 한 줄기의 레이저 광선을 두 줄기로 나누어서, 한 줄기는 감광필름에 바로 비추고 다른 한 줄기는 예컨대 사과 등의 피사체에 반사되어 나온 후 필름에 비춰지게 하여 만든다. 그러면 두 빛이 서로 겹치면서 간섭 패턴을 만들어내고, 사과의 3차원 형상이 만들어낸 그 간섭정보가 필름에 기록되는 것이다. 이 감광된 필름에 다시 처음의 레이저 빔을 비추면 피사체인 사과의 3차원 홀로그램 이미지가 허공 속에 투사된다.

의미심장하게도 파형과 빛의 행태에 관한 푸리에의 언어에 내재되어 있는 한 특성은, 홀로그램을 아무리 잘게 잘라도 그 모든 조각으로부터 원래의 피사체의 온전한 모습을 재생해낼 수 있다는 것이다. 그러니 홀로그램을 한계까지 작게 화소화해도 그 모든 조각은 전체상에 관한 정보를 담고 있는 것이다.

3차원 피사체 전체에 관한 정보를 포착해 담고 있는 홀로그램은 어느 각도에서 보더라도 피사체의 입체적인 모습을 모두 재생해낸다.

가보르는 고해상도의 홀로그램 제작을 위해서는 피사체의 가시적 형상에 관한 최대한의 정보를 담을 수 있어야 한다는 것을 깨달았지만, 당시의 기술로는 그것을 제대로 해낼 수가 없었다. 하지만 그 이후로 홀로그래피 기술은 큰 발전을 이루어냈다. 최근에는 텔아비브 대학교 박사과정 학생들로 이루어진 한 연구팀이 광파들 사이의 위상관계를 역동적으로 변화시킴으로써 입체동영상을 만들어내는 발상을 떠올렸다. 그들은 2014년에 10^{-12}미터라는 나노 수준의 영역에서 그와 같은 위상지도를 탐지해내는 기본형 안테나를 제작했다.(참조 1) 이것은 어떤 방향으로든지 투사할 수 있는 고해상도 홀로그램을 최초로 만들어낼 수 있게 할 것이다. 그러면 정말 역동적인 홀로그램 입체동영상을 만들어낼 수 있게 된다.

세계 각지의 다른 연구팀들도 이들과 경쟁하고 있다. 2015년 초에는 싱가포르의 데이터 스토리지 연구소에서 쉐우 수Xuewu Xu와 그의 동료들이 더 큰 진전을 이뤄냈다.(참조 2) 그들은 광파를 변조해서 3차원 입체상을 만들어내는 여러 대의 공간 광변조기(SLM: spatial light modulator)를 설치함으로써, 화소의 크기를 줄이고 전체 정보 픽셀의 수를 늘여서 홀로그램 입체동영상의 해상도를 향상시킬 수 있었다. 하지만 더 큰 규모의 홀로그램 동영상을 구현하려면 그보다 더 작은 픽셀을 만들어내어 해상도를 향상시키고 프레임 전환속도를 높여주는 성능 좋은 변조기가 필요하다.

2014년 말에는 영국 브리스틀 대학의 스리람 수브라마니안 Sriram Subramanian이 이끄는 연구팀이 마침내 최초의 촉각 홀로그램을 개발해냈다.(참조 3) 이 기술은 홀로그램 입체상과 함께 촉감을 일으킬 정도로 강한 초음파를 투사하여 사용자가 입체상을 보면서 만지는 느낌을 느낄 수 있게 해준다.

SF 드라마 <스타 트랙>에 나오는 홀로덱holo-deck처럼 움직이고 걸어다니면서 상호작용할 수 있는 홀로그램 시나리오가 머지 않은 미래에 구현될 수 있겠지만, 코스믹 홀로그램이 우리의 완벽한 우주를 만들어내는 그 놀랍도록 단순하고도 심오하고 세련된 메커니즘은 우리로서는 아직도 흘끗 일별해볼 수만 있을 뿐이다. 왜냐하면 플랑크 규모에서 정보를 화소화하여 담는 시공간 경계면 홀로그램의 그것에 비하면, 우리의 광학 홀로그램의 나노 수준의 해상도조차도 100조의 1조 배나 조악하기 때문이다.

하지만 우리는 홀로그래피 기술을 통해 놀랍도록 특별한 빛의 성질을 계속 발견해가고 있다. 우리는 앞에서 보존인 광자들은 쿼크나 전자 같은 페르미온 입자와는 달리 동시에 동일한 양자상내를 취힐 수 있음을 알았다. 이것은 빛의 형태 속에 담기는 정보의 양을 효과적으로 최대화할 수 있게 만든다. 이것은 스펙트럼상의 모든 전자기파가 지닌 세 가지 성질 — 주파수, 유속流束(flux), 초점(focus) — 과 결합함으로써 가장 단순하고도 효과적인 방법으로 엄청난 양의 정보를 흘려보내고 저장하고 처리할 수 있게 해준다.

우리는 주파수가 높을수록 에너지가 높아지고, 더 본질적으로는 더 많은 정보를 담을 수 있다는 사실을 이미 알고 있다. 이것은 또한 유속도 키워준다. 유속의 증대는 유량, 즉 에너지/정보의 전송 밀도와, 그것을 특정한 방향으로 집중시키는 초점화와도 관련된다. 이 세 가지 요소를 어떻게 최적화하느냐가 인간이 만드는 광학 홀로그램의 품질을 좌우한다. 그리고 빛의 이런 보편적 성질들은 코스믹 홀로그램에 찍힌 인증 마크가 진짜임을 확인해준다.

많은 물리학자들이, 우리 우주 최초의 순간부터 대칭성이 깨지기 이전까지는 전자기력과 원자핵의 약력을 결합시켜주는 전자기약력의 상호작용이 강력과도 결합되어 있었음이 입증될 때 비로소 대통일이론이 완성되리라고 믿는다. 그렇게 통합된 이론은 궁극적으로는 코스믹 홀로그램이 이 물리적 현실을 온통 빛으로 투사해내고 있음을 밝혀낼 것이 거의 틀림없다.

많은 과학 분야로부터 갈수록 강력한 증거들이 쏟아져 나와 코스믹 홀로그램의 존재를 암시하고 있지만, 시공간의 홀로그램 화소에 담긴 너무나 미세한 크기의 인증 마크를 우리는 과연 어떻게 읽어낼 수 있을까? 우리가 직접 측량할 수 있는 능력에 비해 그것은 너무나 작아서, 과학자들이 이 극미한 플랑크 차원의 시공간을 탐색할 방법을 고안해내기 위해서는 엄청난 창조력을 발휘해야만 할 것이다.

그런데 2011년에 와서는 우리 우주의 가장 강력한 폭발인 초신성의 소위 감마선 폭발(GRB: gamma ray burst)로부터 방사된 초고에너지 광자의 분석을 통해 그처럼 극미한 화소화의 부담을 덜 수 있는 가능성이 얼핏 엿보였다. 그 분석은 그릇된 전제를 깔고 있었지만 (최소한 과학계 안에서는) 너무나 널리 알려져버려서 그 실상을 밝혀둘 필요가 있다.

광자가 공간 속을 여행할 때는 움직이는 방향에 대한 편광화도 영향을 받아서, 여행해온 거리와 담고 있는 에너지가 클수록 편광화도 심해진다. GRB를 분석한 실험자가 전개한 논리는, 만약 시공간이 매끄럽다면 광자는 특정 방향으로만 편광되지 않을 테지만, 홀로그래피 가설이 주장하듯이 만일 시공간이 거칠다면(즉 화소화되어 있다면) 특정 방향으로만 편광되어야 한다는 것이었다. 그리고 실제로 특정한 방향으로 편광된 광자는 발견되지 않았으므로, 그들은 시공간이 화소화되어 있다는 증거는 없다고 결론을 내렸다.

반대로, 만약 그들이 특정 방향으로 편광된 광자를 사상 최초로 발견해낼 수 있었다면 소위 로렌츠 위배(Lorentz violation)의 증거가 발견되었을 것이다. 앞서 살펴봤듯이 로렌츠 방정식은 질량을 가진 입자가 광속에 접근할 때 ─ 결코 광속에 도달하지는 못하지만 ─ 어떤 행태를 보이는지를 정확히 기술한다. 하지만 질량이 없는 광자는 언제나 광속으로 여행하므로 로렌츠 위배를 보이지 않아야 한다. 그러니 로렌츠 위배가 관찰되었다면 우리는 특수상대성이론과, 본질적으로는 시공간의 성질에 관해 알고 있었던 모든 지식과 작별을 고해야만 했을 것이다.

문제의 핵심은, 이 연구자들이 시공간의 홀로그램식 화소화의 근거를 오해했다는 점에 있다. 그것은 '위치'에 근거해 있지 어떤 단일한, 혹은 선호된 방향에 근거해 있지 않다. 하지만 그들은 그것을 특정한 방향의 경로를 따라 잘못 측정하려고 하고 있었던 것이다.

그러니 이제는 홀로미터holometer, 곧 홀로그램 레이저 간섭계를 이용하여 코스믹 홀로그램만이 지니고 있는 원초의 인증 마크를 읽어내려는 다양한 접근법들에 눈을 돌려보자. 광학 홀로그램에서는 3차원 입체상이 흐릿하면 화소의 크기를 더 작게 하여 해상도를 높임으로써 더 또렷해지게 할 수 있다.

일리노이 주 페르미 연구소(Fermilab)의 천체물리학자 크레이그 호건Craig Hogan의 말에 따르면, 그것보다는 엄청나게 더 작지만 시공간의 화소도 마찬가지로 미세하게 흐린 상태를 보여줄 것이 틀림없다고 한다. 공간상의 위치가 '적확하게' 정의되지 않고 플랑크 규모의 유한한 값으로 표현되기 때문이다. 호건의 말에 의하면, 동시에 두 방향으로 한 물체의 위치를 지극히 정확하게 측정하면 그것은 이 근본 화소의 미세하게 흐린 상태를 보여줘야만 한다는 것이다. 홀로미터가 탐지해내려는 것이 바로 이것이다.

호건과 물리학자 아론 초우Aaron Chou가 이끄는 일리노이 주 페르미 연구소의 한 연구팀이 행한 실험에서는 두 개의 L자형 레이저 간섭계를 사용했다. 이 간섭계에는 직각을 이룬 40미터 길이의 두 팔의 끝에 각각 탐지기가 달려 있다. 만일 플랑크 규모의 화소가 일으키는 지터jitter(전압의 요동에 의한 순간적인 파형 난조)가 존재한다면 (하나의 광원으로부터 분지한) 두 개의 레이저 빔을 팔을 따라 방사시킬 때 각 빔의 광자는 정확히 동시에 두 개의 탐지기에 부딪히지는 않을 것이다.

이런 지터를 분석해보면 그것은 홀로그램 '잡음'의 형태를 띠고 있어서, 실험장비는 그것의 주파수를 낮추어 귀에 들리는 신호로 만든다. 초우는 유튜브 동영상에서 그것을 '우주의 노랫소리'가 들리는 것으로 묘사한다.

연구팀은 2009년에 시작품을 만들기 시작했고 2014년 8월부터 1년 동안 데이터 수집을 위해 그것을 가동시켰다. 그리고 그들의 첫 발견 내용은 2015년 12월에 보고됐다.(참조 5) 하지만 그들은 플랑크 규모까지 감지하는 전대미문의 섬세한 장비를 동원했음에도 불구하고 홀로그램 잡음으로 추정되는 그 어떤 지터도 탐지해낼 수가 없었다고 보고했다.

이에 대해 호건은 만일 지터가 존재하고 그것이 시공간의 화소화를 탐지하는 수단으로서 유효하다면, 그것은 플랑크 규모보다 훨씬 더 작은 규모이거나(내 소견에 이것은 개연성이 매우 적지만) 아니면 우주공간의 스핀을 상정하지 않은 현재의 실험방식은 잘못 설계되었을지도 모른다는 사실을 인정했다.

이것이 실제로 일어난 일이었을지도 모른다. 우리 우주의 형상에 대한 하나의 가설은 회전 스핀을 가진 역동적인 원환체圓環體(torus)이다. 그러니 이것을 플랑크 규모에서 탐지할 수 있도록 간섭계를 재설계하는 것이 가장 개연성 있는 다음 단계처럼 보인다.

다른 연구자들도 이 믿을 수 없이 미세한 차원에서 시공간의 성질을 시험할 혁신적인 방법을 연구하기 시작하고 있다. 바야흐로 탐색작업이 벌어지기 시작하고 있는 것이다.

현실의 패턴

2,000년도 더 전에 밀레투스Miletus(고대 그리스의 도시, 역주)의 탈레스, 피타고라스, 플라톤, 아르키메데스, 유클리드 같은 성현들은 자신의 제자들에게 철학과 수비학과 기하학을 가르침으로써 우주의 조화로운 본성을 맛보게 했다.

이런 입문자들을 '마테마티코이mathematikoi'라 불렀는데, 그들은 단순하기 짝이 없는 도구만을 가지고 현실의 본질을 들여다보고 그 외견상의 다양성 아래에 감춰져 있는 원형적, 기하학적 패턴들을 밝혀냈다.

소크라테스에게서 사사받고 자신은 아리스토텔레스를 지도했던 플라톤은 서기전 4세기에 물질계의 아래에는 비물리적이고 추상적인 형체, 곧 초월적 원형이 숨겨져 있다고 가르쳤다. 그런 이상화된 틀들은 그의 이름을 딴 다섯 가지의 3차원 입체를 통해 물리적 표현경로를 찾는 것으로 여겨졌다.

플라톤의 철학과 그의 가르침을 이어가는 아카데미는 그의 사후에도 수백 년 동안 계속 발전해갔다. 그의 영향력은 오랜 세월이 지나도록 남아 있을 뿐만 아니라 오늘날에는 새로운 언어를 찾아서 그 목소리를 되찾고 있다.

플라톤의 다섯 가지 입체 — 정4면체, 정6면체, 정8면체, 정12면체, 정20면체 — 는 각 변과 면과 내각이 모두 같은, 존재할 수 있는 유일한 3차원 입체들이다. 예컨대 정4면체의 네 면은 네 개의 동일한 크기의 등변삼각형으로 이루어져 있고, 정6면체의 여섯 면은 여섯 개의 동일한 크기의 정사각형으로 이루어져 있는 식이다.

다섯 가지 입체는 모두가 서로의 안에 포개어 들어갈 수 있고, 그 꼭짓점들은 모두가 입체를 감싸는 하나의 구면에 접한다. 이 입체상들을 다양한 각도로 회전시켜서 다른 각도로부터 바라보면 더욱 풍부한 변형이 일어나면서 이 본원적인 형체들 사이의 조화로운 관계가 한껏 드러난다. 실로 완벽한 형상이다.

하지만 그리스 기하학자들의 엄밀한 분위기의 교실 너머 구름이나 강이나 산맥이나 해안선 같은 '현실' 세계를 살펴보면, 거기서는 그처럼 완벽하고 매끄럽고 획일적인 형상이 널려 있는 모습을 찾아볼 수가 없다. 물리적 대상이나 현상에서는 그와 같은 본연의 규칙성이 눈에 띄지 않는다.

아니, 찾아볼 수 있을까? 실제로 플라톤이 그랬던 것처럼, 다양한 형상들 너머를 응시할 수 있다면 우리는 겉보기엔 거친 질감의 현실 속에서도 규칙성과 질서를 찾아낼 수 있을까? 우리가 이미 발견했듯이, 1990년 말부터 대두되고 있는 코스믹 홀로그램에 대한 이해는 우리가 거주하고 있는 것처럼 보이는 3차원 공간에 대한 우리의 생각을 바꿔놓기 시작하고 있다.

하지만 수학자들은 100년도 더 전부터 이미 차원의 개념을 해제하기 시작했다.   그들이 '현실' 세계와는 거의 상관없다고 생각한 바탕 위에서이기는 했지만 말이다. 20세기 초에 형상을 연구하는 현대학문인 위상수학의 창시자 중 하나인 펠릭스 하우스

도르프^{Felix Haussdorf}는 복잡한 형상의 물체들이 주변공간을 어떻게 채우는지를 연구했다. 이를 통해 그는 외견상 3차원으로 보이는 공간에 대한 우리의 경험을 확장시키기 시작한 깨달음에 도달하여, 물체를 그것이 차지하는 소위 프랙탈 차원의 공간 개념을 통해 측정했다. 하우스도르프는 1차원의 선이나 2차원의 면적, 혹은 3차원의 부피 대신 그 사이의 중간 차원을 발견한 것이다.

폴란드 태생의 수학자 브누아 망델브로^{Benoit Mandelbrot}가 이 선배 학자가 발견한 프랙탈 차원을 물리적 세계에 실제로 적용할 수 있는지를 살펴보기로 마음먹었을 때까지, 하우스도르프의 연구는 하나의 이론으로만 남아 있었다. 이것이 무슨 말인지는 구글 지도에서 작은 섬(세계의 어떤 섬이든 상관없다)을 찾아서 종이 위에다 그 해안선을 따라 그려보면 알 수 있다. 지도를 확대해 들어가면 해안선은 가까이 다가갈수록 더 복잡하게 구불구불해진다. 그 윤곽선을 점점 더 확대해가면서 그린다면 우리는 갈수록 더 복잡한 모양을 그리게 될 것이다. 결국, 윤곽선은 하나의 선이지만 점점 더 복잡해지는 확대된 지도의 윤곽선은 하나의 직선이 차지하는 공간보다 갈수록 더 많은 공간을 차지하게 된다.

여느 수학자들과는 달리, 망델브로는 사물의 기하학적 형상을 인식하는 비범한 능력과 그 배후에 숨어 있는 질서와 패턴을 감지하는 강력한 감각을 통해 그와 같은 실제 세계의 형상에 매혹되어 들어갔다. 그는 1960년대와 70년대에 엄청난 양의 데이터를 분석할 수 있게 해준 1세대 컴퓨터의 힘을 동원하여, 겉으로는 그저 복잡한 혼돈처럼 보이는 계의 배후에 숨어 있는 것을 찾아 최초로 탐사해 들어갔다. 해안선의 모양과 주가변동 그래프처럼 겉보기에는 서로 다른 현상들에 대한 10여 년에 걸친 연구 끝에, 그는 여태껏 아무도 발견하지 못했던 것을 식별해낼 수 있었다.

선은 1차원이고 삼각형의 면은 2차원이라고 한다면 그 중간의 모든 거친 형상의 윤곽은 1차원과 2차원 사이의 어딘가에 속하는, 그 복잡성에 따라 차원도 높아지는 프랙탈 차원을 가지고 있다.

망델브로가 한 일은 자연 현상의 형상을 측량하는 것으로서, 그는 영국의 해안선은 1.26가량의 프랙탈 차원을, 그리고 구름의 윤곽은 그보다 좀더 복잡한 1.35가량의 차원을 지니고 있다는 사실을 발견했다. 그는 또 그처럼 복잡한 대상의 겉모습 배후에는 제닮음꼴의 단순한 기하 패턴이 더 작은 규모와 더 큰 규모에서 대수對數적으로 자기복제를 거듭한다는 것을 발견했다. 1975년에 그는 자신이 밝혀낸 이런 현실의 패턴들에다 '프랙탈'이라는 이름을 붙였다.

프랙탈 기하학은 고전적 형상들을 포용하면서 그 너머로 멀리 확장해 나아갔다. 하지만 망델브로의 획기적인 연구는, 고대의 현자들이 직관한 것처럼 복잡계의 외견상의 혼돈상과 다양성 배후에는 보편적이고도 깊은 조화와 질서가 존재함을 보여주었다.

더욱 강력해진 컴퓨터의 분석능력은 이런 배후의 프랙탈이 모든 규모에서 우리의 우주에 속속들이 스며들어 있으며, 결정적으로는, '자연' 현상에만이 아니라 인간이 만든 계에도 자신의 존재를 속속들이 심어놓고 있다는 놀라운 사실을 밝혀내고 있다. 프랙탈의 제닮음 성질과 대수적 비율로 상위규모와 하위규모에서 반복되는 성질은 또한 홀로그래피 본연의 특성이어서, 그것은 코스믹 홀로그램의 존재를 인증하는 또 하나의 마크이다.

우주의 기하학

공간의 곡률, 우주의 전반적 위상수학 등의 관점에서 보면 우리 우주의 기하학적 형태도 우리에게 완벽한 환경을 제공하는 데 결정적인 역할을 한다.

천문학 측정에 의하면 우리의 우주는 공간이 평평하거나 그에 지극히 가깝다는 것이 밝혀졌다. 플랑크 위성의 임무로부터 측정되어 2015년 2월에 보고된 바에 의하면, 우리 우주는 오차 0.5퍼센트 이하의 정확도로 평평하다.(참조 6)

2003년에 행해진 CMB에 대한 WMAP의 분석은 CMB 내의 미세한 변이에는 일정한 파장의 한도가 있음을 보여줬다. 이것은 우리의 우주도 유한하리라는 추측에 주요한 단서를 제공해준다. 우주가 무한하다면 모든 크기의 파장을 다 포함할 것이기 때문이다. 평탄성과 유한성이라는 두 변수를 감안한다면, 이 두 요구에도 맞는 우주의 모습을 상상할 수 있게 해줄 증거는 무엇이 있을까?

1984년에 모스크바 란도우Landau 연구소의 알렉시 스타로빈스키Alexi Starobinski와 야코브 젤도비치Yakov Zeldovitch는 평탄성과 유한성을 겸비한 모양인 원환체 형상 — 먹을 수 있는 달콤한 비유물을 좋아한다면 도넛 모양 — 의 우주의 모습을 최초로 제시했다.(참조 7) 의미심장하게도 원환체는 말려 있는 평탄한 면으로 간주될 수 있다. 원환체는 말려 있기 때문에 넓이가 유한하나 평면은 무한히 확장된다는 중요한 차이가 있지만, 아인슈타인의 상대성 방정식은 양쪽에 다 동일하게 적용된다.

1989년에 캘리포니아-버클리 대학교의 우주론자들은 나사의 우주배경복사 탐색(COBE: Cosmic Background Explorer) 위성이 측정한 결과를 다중연결 우주(multiply-connected Universe)로 알려진 것의 최초의 사례로 간주했다. 말하자면 다중연결 우주에서 빛은 많은 경로를 택하여 우주를 지나갈 수 있다. 공간의 평탄성을 허용하면서 이 같은 시나리오를 가능케 하는 가장 단순한 기하 형태는 3차원 원환체다.

2003년에 COBE의 후속 임무를 수행하는 WMAP 위성이 보내온 데이터를 더 깊이 분석한 연구에서, 우주론자 막스 테그마크[Max Tegmark]와 안젤리카 드 올리베라 코스타[Angelica de Oliveira Costa]와 앤드류 해밀턴[Andrew Hamilton]은 놀랍게도 다른 면에 비해 한쪽 방향의 면을 따라 에너지가 더 많이 집중되어 있음을 발견했다.(참조 8) 우스개로 '악의 축'이라 불리게 된 이 정렬상태 또한 우리의 우주가 탱글탱글한 도넛 형태로 생겼을지도 모른다는 것을 시사해준다.

우리 우주가 도넛 형태로 생겼을 가능성을 뒷받침해주는 또 다른 최근의 이론은 2013년에 영국 사우샘프턴[Southampton] 대학교와 케임브리지 대학교와 스웨덴 노르딕 이론물리학 연구소의 학자들, 그리고 코스타스 스켄데리스[Kostas Skenderis]의 팀이 발표한 논문에서 나왔다.(참조 9) 연구는 아직도 진행 중이지만, 이 논문은 홀로그래피 가설과 평평한 시공간, 그리고 우리 우주의 원환체 형상

코스믹 홀로그램

사이의 이론적 연관성을 드러내주고 있다.

빛이 우주를 많은 경로를 통해 지나갈 수 있다는 사실에서 야기되는 원환체 형상의 우주에 대한 우주론의 예측 중의 하나는, 그렇다면 먼 하늘에 있는 물체의 모습은 (거울의 방에서 보이는 것처럼) 여러 겹으로 보여야 한다는 것이다. 하지만 여러 차례 탐색을 해 봐도 아직 그런 여러 겹의 모습은 발견되지 않았다.

하지만 2008년에 독일 울름Ulm 대학교의 물리학자 프랑크 슈타이너Frank Steiner와 그의 동료들은 세 가지의 분석방법을 사용하여 CMB 내의 온도 요동이 무한한 우주와 상응할지 유한한 원환체 우주와 상응할지를 비교해보았는데, 결국 도넛 모양이 가장 잘 상응한다는 결론을 내렸다.(참조 10)

사실, 계속 팽창하는 공간의 전체 규모를 감안할 때 다양한 경로로 여행하는 빛이 아직은 그런 여러 겹의 상을 만들어내지 않았든가, 아니면 시공간의 근본적으로 홀로그램과 같은 성질이 어떤 식으로든 그런 이미지가 생겨나는 것을 막는 것일지도 모른다.

더 많은 증거가 확보될 때까지 마지막으로 해볼 수 있는 추측은, 우리의 우주가 실제로 그와 같은 기하 형태를 띠고 있다면 도넛 형상은 사실 우주의 홀로그램 경계면의 모양이리라는 것이다. 이처럼 그 경계면은 다중으로 연결되어 있을지라도, 3차원 공간의 홀로그램 '입체상 속에서는' 빛이 단순히 연결된 경로만을 택함으로써 빛을 방사한 물체의 겹친 이미지가 생기지 않게 하는 것일지도 모른다.

우리 우주의 기학학적 형태가 역동적으로 진화해가는 원환체 모양일 가능성을 지지하는 증거는 쌓여가고 있지만, 배심원들은 아직도 법정에 들어오지 않고 있다. 또한 우리의 우주가 무한해 보인다는 점을 감안한다면 우주가 그 생애의 순환주기를 언제 어떻게 마칠지, 그리고 그것이 원환체일 수 있는 우주의 기하학적 형상 속에 어떻게 통합될 수 있을지에 대한 이론적 모델을 구축하는 일도 하나의 주관식 문제다. 마지막으로, 우리의 완벽한 우주가 그토록 놀랍도록 특별한 방식으로 시작된 점을 감안하면 우주가 어떻게 존재하게 되었고, 그 탄생이 어떻게 그 이전 생들의 삶과 죽음과 연결되는가 하는 문제는 답은커녕 이제야 비로소 던져지기 시작한 의문일 뿐이다.

아직도 해야 할 일이 많다는 사실만이 분명하다!

왜 'i'인가?

앞에서 우리는 양자이론의 배후에 있는 소위 복소평면을 지나는 일에 대해 언급을 했었다. 이제는 정말로 이 비물리적 영역을 대면하여 시공간 너머로 가는 여행을 시작할 때가 됐다. 우리는 먼저 영국의 수학자이자 철학자인 로저 펜로즈가 '마법의 숫자 i'라 부르는 것부터 만나보자.

어릴 적에 나는 수의 제곱과 제곱근이라는 개념에 매혹됐다. 특히나 그것이 차원을 직각(90도)으로 전환시키는 것을 의미한다는 것을 배웠을 때 말이다. 우리가 학교에서 배우는 연산규칙은 실수가 양수이든 음수이든 상관없이 그 제곱은 언제나 양수라고 말한다. 달리 말해서, 두 음수가 곱해지면 언제나 양수가 되는 것이다.

하지만 $x^2+1=0$라는 단순한 방정식을 생각해보면 문제가 발생한다. 여기서는 $x^2=-1$이고, 고로 $x=\sqrt{-1}$이다. 하지만 음수가 어떻게 제곱근을 가질 수가 있는가? 그리고 이게 대체 무엇을 의미한단 말인가?

지금 i로 알려져 있는 것이 바로 이 방정식의 해답인 $\sqrt{-1}$, 곧 -1의 제곱근이다. i는 imagery(상상)의 머리글자이지만 그것은 상상이 아니다. 펜로즈가 '실로 마법과 같다'고 말했듯이, 오히려 그것은 사실 현실의 본질을 뒤에서 받쳐주고 있는 심층의 현실을 드러내준다.

i를 실수에 붙여서 쓰면 $a+ib$와 같은 '복소수'(complex number)를 만들 수 있다. 여기서 a와 b는 임의의 실수다. 이런 복소수에서 a와 ib는 각각 복소수의 '실수부'와 '허수부'로 정의된다.

i의 인식을 향한 최초의 시험적 단계는 거의 2,000년 전 그리스 알렉산드리아의 수학자 헤로^{Hero}까지 거슬러 올라가는 것으로 여겨진다. 하지만 그것을 최초로 제대로 발견한 것은 1545년에 와서 이탈리아의 박식가 제롤라모 카르다노$^{Gerolamo\ Cardano}$가 <아르스 마그나$^{Ars\ Magna}$(위대한 비법)>라는 논문을 발표했을 때였다.

1685년에 영국의 수학자 존 월리스$^{John\ Wallis}$는 0점을 중심으로 한 모눈좌표를 만들어 i와 복소수를 좌표상의 그래프 형태로 나타냄으로써, 복소수 개념에 대한 생각을 크게 진전시키는 데 기여했다. 복소수의 '실수부'는 수평축을 따라 0점을 중심으로 왼쪽에는 음수, 오른쪽에는 양수가 배열된다. '허수부'는 수직축을 따라 0점 아래에는 음의 i가, 위에는 양의 i가 배열된다. 이로써 양이나 음의 그 어떤 '실수부'와 '허수부' 조합을 가진 복소수도 소위 복소평면 위에서 하나의 점으로 표시될 수 있다. 그러면 복소수의 덧셈과 곱셈과 같은 다양한 수학적 연산이 복소평면상의 평행이동과 회전이동의 기하학적 변환을 통해 이루어질 수 있다.

i의 활용은 19세기 중반에 스위스의 선구적인 수학자 레온하르트 오일러Leonhard Euler가 그의 이름이 붙여진 방정식 $e^{i\pi}+1=0$를 고안했을 때까지도 그저 하나의 쓸 만한 수학적 기법에 지나지 않는 것으로 여겨졌다. <수학 스파이(Mathematical Intelligencer)>지의 독자들에 의해 역사상 가장 아름다운 수식으로 뽑힌 이 식은 오일러의 수이자 자연계에 널리 편만해 있는 자연대수의 기수基數(log)인 e를 i와 π, 곧 원의 둘레와 지름 사이의 비율인 파이, 그리고 실수 전체의 가장 앞머리 수인 0과 1과 놀랍게 조합하고 있다.

오일러의 방정식은 다시 쓰면 그 제곱근을 $\sqrt{e^{i\pi}}=i$로 표시할 수 있다. 이것은 놀랍다!

우리는 앞서 우리의 우주에서 한 계의 정보량은 대수對數(log)의 형태로 엔트로피적으로 표현되며(정보의 제2법칙), 가장 근본적인 기하 형태는 원이라는 사실을 살펴보았다. 그러므로 그와 같은 표현방식 속에 들어 있는 i는 수학적인 우아미 따위와는 다른 차원의, 곧 비물리적인 복소평면으로 가는 길을 가리키는 손가락과도 같다.

20세기 초 과학혁명의 결과로 i와 복소평면의 심오한 의미에 대한 우리의 이해는 한층 고조되었다. 새롭게 등장한 양자이론은 복소수를 단지 유용한 도구로만 사용하는 것이 아니라, 현실의 더 깊은 본질에 대한 이해를 도모하기 위해 그런 수를 좌표 위에 표현해주는 비물리적 복소평면의 존재를 실제로 '요구한다.'

복소평면은 파동-입자의 행태를 기술하는 슈뢰딩거 방정식에 내포되어 있을 뿐만 아니라 그 존재 자체가 양자장이론 전체에 침투해 있다. 그리고 복소수는 실로 물리학과 공학 전반의 밑바탕을 이루고 있다.

다방면에 응용되고, 홀로그래피를 작동시키는 열쇠이며, 코스믹 홀로그램을 깊이 통찰할 수 있게 해주는 도구인 푸리에 변환식도 복소평면이 있어야만 연산이 가능하다. 우리는 존재의 이처럼 '비물리적인 바닥'(nonphysical plane)이 현실의 본질에 대한 우리의 모든 개념을 뒷받침해주고 있는 이 현실을 벗어날 수 없다. 이것은 '상상의(imaginary)' 세계가 아니라 현실 세계를 '그려내는(image)' 세계다. 그뿐 아니다. 그보다 더 많은 것들이 기다리고 있다.

프랙탈 끌개

망델브로가 태어나기 몇 해 전에, 두 사람의 프랑스 수학자 가스통 쥘리아Gaston Julia와 삐에르 파투Pierre Fatou는 점진적 변화를 기술하는 수학적 과정인 점화식 되먹임 연산이 얻어내는 값을 복소평면상에 그림으로 나타내는 작업에 몰두했다.

혼란과 비극의 제1차 세계대전 동안, 이 프랑스인들은 자신들의 분석을 통해 깊은 차원에서 질서를 일궈내는 끌개(attractor) — 복소평면상에서 자연스럽게 발생하는 점으로서, 주변의 점들을 자신에게로 끌어오는 점 — 를 발견했다. 그리고 반대로 밀개(repeller)로 작용하는 다른 점들도 발견했다. 끌개가 점들을 끌어모으는 구역 주변의 경계는 밀개 점들로 이뤄져 있는데, 그 구조는 극도로 복잡정묘해서 수십 년 후 컴퓨터가 출현하여 그 절묘한 세부적 모습을 드러내 보여줄 수 있게 되기 전까지는 두 사람도, 지금은 '쥘리아 집합'으로 알려진 끌개와 밀개의 작용이 펼쳐 보여주는 놀랍도록 아름다운 프랙탈 기하도형을 목격할 수가 없었다. 하지만 그들이 발견해낸 것은 그 같은 프랙탈 끌개가 복잡한 카오스계처럼 보이는 것에 어떤 식으로 작용하는지를 보여줄 망델브로의 후속연구에 멋진 도구가 되어줄 터였다.

망델브로의 발견에 결정적인 기여를 한 또 다른 사람은 역시 되먹임 연산의 성질을 연구하던 미국의 이론물리학자 미첼 파이겐바움Mitchell Feigenbaum이었다. 그는 특히 어떤 계 내부의 변수들이 특정 임계치를 넘을 때 전체 계가 어떻게 분기 내지 분지를 겪는지를 밝혀내려고 애썼다.

특정한 변수에 대해 한 계가 민감할수록 그 반응은 커져서, 분지된 각각의 가지가 다시 또 분지를 일으키게 만든다. 어떻게든 그것을 중지시키지 않으면 연이어 일어나는 분지의 비율은 '파이겐바움 점'으로 알려진 특이점에 도달하여, 거기서 계는 카오스 상태로 진입한다. 하지만 결정적인 사실은, 카오스계 내부에조차 새로운 안정상태가 출현하게 할 프랙탈의 씨앗이 될 수 있는 질서정연한 구역이 존재한다는 것이다.

파이겐바움은 반복되는 분지 사이의 비율이 어떤 계를 조사하든지 '상관없이' 4.669206…이라는 특정 수치에 수렴한다는 사실을 발견했다. 원주율 파이처럼 같은 수열을 결코 반복하지 않으면서 끝없이 이어지는 파이겐바움의 상수는 우리 우주의 진정한 보편상수 중의 하나이다.

그러나 그의 발견은 실수만 다루고 실수만을 측정하는 연구로부터 나왔다. 망델브로가 컴퓨터 분석의 힘을 동원하여 끌개와 쥘리아 조합에 대한 이해와 파이겐바움의 확장된 통찰을 복소평면상에서 결합시키자 그보다 훨씬 더 광대하고 심오한 그림이 출현했다.

망델브로는 쥘리아와 파투가 두 가지 형태의 프랙탈 쥘리아 집합을 발견해낸 사실을 알고 있었다. 그 하나는 완전히 분리된 군群들로 이뤄져 있고, 다른 하나는 완전히 연결된 군들로 이뤄져 있었는데, 그는 그 두 형태를 만들어내는 심층의 패턴을 알아내고 싶었다. 그는 이를 위해 복소수를 계속 만들어내는 매우 단순한 점화식을 되먹임 연산하여 그것을 복소평면상에 나타내는 방법을 썼다.

1980년에 그는 연결된 쥘리아 집합이 일어나게 하는 점은 색깔을 띠게 하고 분리된 집합을 만들어내는 점은 표시하지 않는 식으로 복소평면상에 그림을 그려보기로 마음먹었다. 이 방법은 '연결된 쥘리아 집합'과 '분리된 쥘리아 집합' 모두가 지금은 '망델브로 집합'이라 불리는 하나의 더 큰 집합 속에 포함되게 했다. 그리하여 컴퓨터가 그려낸 그것은, 전혀 기대하지 못했던 놀랍도록 멋진 그림이었다.

기하적으로 표현된 망델브로 집합의 내부와 외부 사이, 곧 모든 '연속적 쥘리아 집합'(내부)과 모든 '불연속적 쥘리아 집합'(외부) 사이에는 경계가 있었다. 그런데 실로 기이한 것은, 내포된 쥘리아 집합을 연속된 것과 불연속된 것 사이의 첨단 지점에 정확히 표시해주는 망델브로 집합의 경계이다. 바로 이 경계를 점점 더 작은 규모로 줌인하여 들여다볼수록 그 안에 박혀 있는 더욱더 작은 쥘리아 집합들이 드러난다. 문자 그대로 망델브로는 조화로운 창조의 프랙탈을 발견해낸 것이다.

망델브로가 열어젖힌 문은 모든 복잡한 물리적 카오스계가 그 배후의 비물리적인 복소평면상의 끌개와 프랙탈 패턴으로부터 일어나 펼쳐진다는 사실을 보여주었고, '현실' 세계의 복잡다단한 모습이 시공간 너머의 한 영역 속의 단순한 규칙과 원리와 관계와 기하적 패턴의 지시와 본연의 질서로부터 일어나는 메커니즘을 보여주었다. 코스믹 홀로그램의 속성을 지닌 조화로운 창조의 메커니즘이 존재의 모든 규모에서 우리의 우주 전체를 받치고 있는 것이다.

모든 현상이 확률적이기는 하나 궁극적으로 임의적이지는 않다는 전제에 대한 더 깊은 통찰을 얻을 수 있는 것은 이 같은 끌개의 정보적 내용에 대한 이해를 통해서이다.

우주를 통틀어 무수한 차원에서 펼쳐지는 홀로그래피적 작용 속에서, 낱낱의 확률은 쌓여서 집단적 결정론을 형성한다. 예컨대 각 개인의 신장은 다 다르지만 그것은 '임의적인' 것이 아니라 확률적이다. 인간의 생체 장의 형판型版에는 갓난아이의 신장에 서부터 세계에서 가장 키 큰 사람의 신장에 이르는 통계적 범위를 만들어내는 정보가 담겨 있다. 집단적으로 보면 그 범위는 결정론적이다. 그래서 살아 있는 모든 사람의 신장을 신장별 사람의 숫자인 빈도별로 그래프에 표시해보면 그 전체 분포도는 종 모양을 이루고 그 꼭대기는 전체 평균에 해당할 것이다. 신장의 경우와 마찬가지로, 가우스 곡선이라 불리는 이 분포도는 사람들이 지닌 다양한 다른 성질들이 분포되어 있는 양상을 보여준다.

실제로, 일단의 안정된 프랙탈 끌개로부터 발생하는 가우스 곡선의 분포도는 또한 어떤 인구에 대해서든 분석 대상인 특정 성질의 주어진 평균값과 변화범위에 대한 정보 엔트로피의 '최대치'를 보여준다는 사실이 밝혀지고 있다.

더 깊은 차원들

복소평면의 더 심오한 성질 ― 정보를 담는 능력과 그 너머에 잠재해 있을지도 모르는 것 ― 에 대한 연구는 과학의 최첨단을 달리고 있다. 한갓 수학적 도구에 지나지 않았던 복소평면이 20세기 초에 들어서면서 비물리적 실재에 대한 더 깊은 깨달음을 가져다주었던 것과 마찬가지로, 지금까지 수학적인 개념으로만 간주되어온 위상 공간이나 운동량 공간과 같은 여타의 비물리적 공간에 대한 21세기의 탐구도 실재의 더 심층적인 본질에 대한 혁명적인 발견과 확대된 전망을 제공해줄지 모른다.

여기에는 더 높은 차원계의 존재에 대한 발견 ― M이론이

제안하는 작게 말려들어 있는 차원계든지, 아니면 어쩌면 빛의 아직 알려지지 않은 성질을 품은 거시적 차원계든지 간에 — 도 얼마든지 포함될 수 있다.

물리적 실재의 정보적인 본성을 감안하면, 정보로 잠재되어 있던 것이 어떻게 그처럼 더 높은 차원에서 발현되는지, 그리고 그것이 '뜻으로 화하여' 현실로 나타날 수 있는지를 이해하는 것이 매우 중요해진다. 모든 가능성의 '상상의' 장으로부터 '진짜' 세계가 출현하는 것에 대한 그러한 이해는, 나의 동료 디팍 초프라 Deepak Chopra의 말을 빌리자면, 모든 과학적 탐구 그리고 무엇보다도 영적 탐구에서 궁극적으로 가장 중요한 것이다.

그것은 우주에 대한 우리의 시야를 넓혀줄 뿐 아니라 '나는 누구인가', '나는 왜 여기에 있는가', '나는 어디로 가고 있는가' 하는 인간의 본질적 의문에 대한 답을 찾아가는 변성의 과정을 제시해줄 수 있기 때문이다.

✳ 7장 ✳
완벽한 결과

필요하거나 바람직한 모든 요소, 성질, 혹은 성격을
가능한 최고 수준으로 갖춤…

"산다는 것은 변화하는 것이다. 그리고 완벽한 것은 자주 변화한 것이다."

— 존 헨리 뉴먼John Henry Newman, 신학자이자 학술가

21세기에 등장한 코스믹 홀로그램이라는 과학적 패러다임
은, 시간과 공간의 상대성을 인식하여 그것을 불변의 시공간으로
통합시키고 에너지와 물질을 양자화하고 양쪽의 등가성(가역성)을
밝혀낸 20세기의 과학혁명을 통합하여 그 영역을 급진적으로 확
장시켜줄 수 있는 변신의 잠재력을 지니고 있다.

시공간에 대한 기하학적, 상대론적 이해의 선구자인 독일의

수학자 헤르만 민코프스키Hermann Minkowski의 말을 패러디하여 선구적 발견의 시대인 우리 시대에 대한 그의 통찰을 업데이트하자면, 이제부터 시공간과 에너지-물질은 그 자체가 한갓 그림자 속으로 바래져서 사라질 운명이다. 그리고 그 둘의 일종의 통일만이 하나의 독자적 현실의 존재를 보전시켜줄 것이다.

그리고 그 통일성을 제공해주는 것은 (우리가 물리적 현실이라 칭하는 모든 것 속에 스며들어 그것을 지탱해주고 있는) '정보'라는 깨달음이 갈수록 늘어나 쌓이고 있다. 홀로그램 경계면에 새겨진 역동적인 정보의 패턴, 그 심층의 비물질적 영역으로부터 우리 인간의 경험을 포함한 온 우주의 존재와 진화가 일어나 펼쳐진다는 깨달음 말이다.

이제 우리는 지금까지 탐사해온 발견들을 통합하여, 코스믹 홀로그램에 관한 이 발전도상의 이해가 우리의 우주를 만들어낼 완벽한 결과물이 공동창조된 경위를 어떻게 밝혀주고 있는지를 정리해볼 준비가 됐다.

형상화하는 정보(in-formation)

1장에서 논했듯이, 정보는 우리가 물리적 현실이라 부르는 모든 것을 형상으로 만들어낸다. 그리하여 코스믹 홀로그램을 이루고 있는 설명서, 조건, 재료, 조리법, 그리고 그 정보를 담고 있는 그릇으로부터 점점 더 선명한 자아의식과 복잡성이 진화해 나오도록 돌봐주는 그런 우주가 만들어져 나올 수 있게 해준다. ― 우리에게 안성맞춤인 완벽한 우주 말이다.

물질의 본성은 비물질적인 것임이, 그리고 정보는 물질적인 것임이 갈수록 드러나면서 이 둘이 서로 조화를 이루면서 하나가 되어가는 양상을 지켜보고 있노라면, 실재(reality)의 본질적 전일성을 이해하려면 물리학의 원리와 법칙을 정보의 관점에서 다시 서술해야만 함을 점점 더 깊이 깨닫게 된다.

실제로 가장 미세한 규모로부터 전체 규모에 이르기까지, 우리 우주의 실체는 정보의 관점에서 다시 서술되고 있다. 그리하여 우리의 우주는 자신이 시공간과 에너지-물질보다 더 근본적인 것인, 홀로그램으로 표현된 정보로 이루어져 있음을 스스로 밝히고 있다. 시공간의 한계를 초월하는 양자의 정보적 행태와 비국소적 연결성은 양자 규모에만 국한되어 일어나는 것이 아니다. 실험에 의해서는 작은 다이아몬드 같은 큰 물체도 비국소성을 보임이 입증됐고, 이론적으로는 우리 우주의 가장 근본적인 힘들에도 비국소성이 내재해 있다.

양자 규모와 거시적 규모에는 본질적인 차이가 없다. 단지 큰 물체를 주변 환경으로부터 정보적으로 분리시키는 것이 어렵기 때문에 두 경우가 다른 것처럼 보일 뿐이다. 이것은 우리의 우주가 원래부터 통일성을 내포하고 있는 비국소적인 단일체임을 보여준다. 여기서는 모든 것이 근본적으로 서로 연결되어 있고 본질적으로 정보적이다.

시공간이 가장 작은 플랑크 규모에서 화소화되어 있다는 증거가 쌓이고 있다. 플랑크 규모는 정보적이고 홀로그램 같은 실재가 딛고 서야 할 밑바탕이다. 이론적으로도, 천체관찰을 통해서도,

우리의 우주(universe)는 시간적으로도 공간적으로도 유한하여, 무한하고 영원한 우주공간(cosmic plenum, 충만한 허공) 속에서 탄생하여 살아가다가 마침내는 죽는다는 증거가 갈수록 강력하게 쌓여가고 있다.

하지만 유한한 우주는 한정된 정보밖에 구현할 수 없다. 그래서 본질적으로 한계 없고 연속적이고 비물리적인 양자 퍼텐셜(quantum potential)의 파동함수가 유한하게 현실화되려면 그것을 그렇게 만들어줄 메커니즘이 필요하다. 불연속적으로 이산離散된 성질을 지닌 양자화(quantization)가 바로 그런 메커니즘이다.

그렇다면 홀로그램 경계면에 의해 플랭크 규모의 영역에 각각 한 비트씩 디지털화하여 표현된 정보야말로 그 소통과 처리를 위해 가장 단순하고도 가장 효율적인 방법이다.

설명서

2장에서 살펴보았듯이 우리의 우주는 138억 년 전에 소위 대폭발(bigbang)을 통해 태어났다. 실제로는 크지도(big) 않았고, 폭발(bang)도 아니었지만 말이다. 그 대신 시공간의 최초의 미세한 순간에 우주는 티 없이 순수한 질서를 구현하고 있었고, 폭발이 아니라 믿을 수 없을 정도로 정확히 조율된 치밀성을 통해 팽창했다. 이름 붙이자면 빅브레쓰big breath, 큰 숨 말이다.

탄생의 순간부터 우주에는 완벽한 정보와 명령어 알고리즘이 프로그래밍되어 있어서, 에너지-물질의 행태에 관련된 모든 물리 법칙과 양자이론이 기술하는 모든 법칙이 온 우주를 지배하여 우주가 하나의 통일체로서 존재할 수 있게끔 했다. 그와 같은 프로그래밍과 일관된 통일성은 또한 소립자의 창조와, 별과 은하계가 탄생하여 점점 더 복잡하고 다양한 천체들로 진화되어 가게 하는 근본적인 상호작용과 과정들이 일어날 수 있는 추진력을 제공했다.

천문학의 관측은 또한 공간이 기하학적으로 평평하다는 것을 발견했다. 이것은 시간과 공간이 상대적인 성질을 지니려면, 그리고 그것이 불변의 시공간으로 통합되려면 양쪽에 다 필수적인, 매우 특수한 조건이다. 우리 우주가 유한하고 공간이 평평하고 팽창한다는 사실은 또한 가시적 에너지-물질과 암흑의 에너지-물질로 표현된 정보가 양쪽 모두 우주의 전 생애에 걸쳐 보존되고 정확히 균형을 이루어 제로에 수렴함을 뜻한다.

에너지-물질로 표현되는 정보의 그 같은 보편적 보존성은 정보의 제1법칙을 천명해준다. 그러니까 '정보의 제1법칙은 본질적으로 양자이론의 일반화된 표현이기도 하다.'

게다가 비범하게 질서정연한 상태였던 우리 우주의 태초는 최소 정보 엔트로피를 구현하고 있었고, 그 이래로 그것은 가차없이 계속 증가하여 시간이 화살처럼 흐르게 함으로써 시공간 속의 인과의 법칙을 범할 수 없는 것으로 만들었다.

우리 우주의 생애 마지막 순간에 최대치로 올라가는, 시공간 속에서 끊임없이 증가해가는 정보 엔트로피의 흐름은 갈수록 높아지는 의식의 수준과 자아의식이 표현되고 체화되고 경험될 수 있게 했다. 시간과 공간이 시공간으로 통합되는 과정에서 시간과 공간 양쪽 모두에서 정보가 최소치에서 최대치로 엔트로피적으로 증가해가는 이런 과정은 정보의 제2법칙의 천명이다.

시간 자체의 본성조차도 과거로부터 현재를 통해 미래로 끝없이 증가해가는 정보 엔트로피의 흐름이 축적되어가는 것이라고 볼 수 있다. 사실이지, '정보의 제1법칙이 양자이론의 일반화된 표현인 것과 마찬가지로, 정보의 제2법칙은 상대성이론의 일반화된 표현이다.'

물리적 현실의 본질에 대한 더 깊은 이해를 제공하기 위해 19세기의 열역학 법칙을 21세기의 정보 — 혹은 정보역학(infodynamics) — 법칙으로 재언명하여 확장시키다 보면, 그 자체가 또한 여태껏 화해하지 못하고 있는 20세기 과학의 두 기둥인 양자이론과 상대성이론의 상보성에 대한 인식을 가져다주어서, 앞서 말했듯이 두 이론의 통합 가능성을 열어준다.

정보의 두 가지 법칙은 지난 80여 년 동안 시도되어왔듯이 양자이론과 상대성이론을 억지로 한데 욱여넣어 합치려는 노력이 불필요함을 보여준다. 그 대신 두 법칙을 정보적인 물리적 현실의 상보적인 속성들로 이해해야 한다. 제1법칙을 우주적으로 보존되는 에너지-물질을 기술하는 것으로, 제2법칙을 엔트로피적인 시공간을 기술하는 것으로 말이다.

'정보의 제1법칙은 우리의 우주가 존재할 수 있게 한다. 제2법칙은 우주가 진화해갈 수 있게 한다.'

또한 일반상대성이론과 블랙홀의 정보 엔트로피 연구는, 플랑크 규모에 화소화된 그들의 최대정보량은 그들이 차지하고 있는 공간의 3차원적 부피에 비례하는 것이 아니라 그들의 2차원적 표면적에 비례한다는 것을 보여주었다.

이것은 4차원 시공간인 것으로 보이는 우리 우주에 구현된 모든 정보로 확장시킬 수 있다. 그러니까 그것은 4차원 시공간이 아니라 2차원의 홀로그램 경계면상에 부호화되어 있는 것으로 볼 수 있다. 경험과 의식의 복잡성이 끝없이 증가해가는 진화상을 뒷받침하기 위해 갈수록 더 많은 정보가 우리의 우주 속에서 표현될 수 있게 하려면, 그 2차원 경계면의 총면적은 '반드시' 팽창해야만 한다. ─ 지속되고 있는 우주의 빅브레스를 통해 공간은 지금까지 팽창해왔고, 지금도 계속 팽창하고 있지만 말이다. 그러니 시간과 공간은 둘 다 정보인 코스믹 홀로그램이 드러내주고 있는 현상이고, 시공간의 본질은 제2법칙에 의해 정보의 관점에서 엔트로피로 표현된다.

우리의 우주가 펼쳐내고 있는 정보 엔트로피 과정의 논리적 결론은, 우주의 종말은 최대 엔트로피 상태와 절대 0도, 혹은 그에 아주 가까운 열평형 상태일 것임을 암시한다. 아직 알려진 메커니즘은 없지만, 이 종말의 시간은 영원 무한한 우주공간 속으로 그동안 축적한 정보와 지식과 지혜를 방출하는 현상을 야기할지도 모른다.

조건

3장에서 말했듯이, 단순성, 불변성, 그리고 인과성이 우리의 완벽한 우주의 세 가지 기본조건이다.

우주적 단순성은 복잡성이 진화되어 나타나도록 뒷받침하는 한편으로 이보다 더 단순할 수 없을 만큼 본질적으로 단순한 온갖 현상들과 물리법칙들의 심층적 합성을 통해서 드러난다.

우주적 불변성은, 시간과 공간은 각각 관찰자의 위치에 따라 상대적이고 광속의 일정한 한계에 의해 서로 엮이지만 둘이 통합된 4차원 시공간은 불변함을 보여준다. 그러므로 시공간 속의 동일한 사건에 대한 모든 측정은 위치와 상관없이 모든 관찰자에게 동일한 답을 줄 것이다.

광속은 정보가 시공간 '안에서' 그와 같은 최고속도로 전달되게 하여 온 우주에서 인과율이 지켜지게 한다. 하지만 우주적 비국소성은 우리의 우주가 온통 동시에 상호연결되어 있어서 하나의 일관된 통일체로서 진화해감을 밝혀주는 또 다른 계시다.

재료

4장에서 논했듯이, 우리의 완벽한 우주를 만드는 데는 오직 한 가지 재료밖에 들지 않는다. — 온갖 호환적 형태의 에너지-물질로 표현되고 보존되며 엔트로피 현상에 의해 가차 없이 늘어나고 있는 '정보' 말이다.

물질이 질량을 지니지 않으면 시공간 속의 모든 것은 질량이 없는 광자가 그리듯이 광속으로 여행할 것이고, 시간의 움직임은 멈추어버릴 것이다. 그러나 힉스장의 침투에 의해 소립자들이 질량을 얻으면 속도가 느려지면서 정보의 엔트로피적 흐름과 시간 경험 자체가 가능해진다.

모든 소립자의 다양한 속성들은 우리의 완벽한 우주가 존재하고 진화해가는 데에 필수적이며, 이제는 소립자들의 행태가 보여주는 하모닉스(倍音)와 같은 성질, 공명성, 간섭성 등이 밝혀지고 있는바, 이것은 모두가 코스믹 홀로그램의 존재를 시사하는 징표다. 세 가지의 기본적 상호작용인 전자기와 강력, 약력은 우리 우주 탄생 직후의 극단적인 조건에서는 — 필시 빛의 성격을 띠고 — 통일된 하나의 큰 힘으로 통합되어 있었을 것이다. 공간이 팽창하면서 에너지가 특정 수치 이하로 떨어졌을 때, 그 힘들은 일종의 위상전이를 겪고 세 가지의 상호작용으로 분리되었다.

양자이론과 상대성이론은 각각 미시 규모와 거시 규모에서 에너지-물질의 행태를 기술한다. 전에는 이 두 이론을 화해시켜 통합하려고 시도한 이론들은 극단적인 에너지 상태에서 중력을 양자화하려고 애썼다. 하지만 우리도 봤다시피, 정보의 제1법칙, 제2법칙은 이 두 이론이 보존되는 에너지-물질과 엔트로피적인 시공간을 서로 상보적으로 기술해주고 있음을 보여준다.

그렇다면 중력을 정보 엔트로피적인 시공간의 성질이 초래하는 하나의 결과로, 그리고 결정적으로는 그것이 질량들 사이에서 일으키는 '가속도'로 바라본다면, 코스믹 홀로그램 패러다임 속에 중력을 통합시킬 수 있는 더 효과적인 방법이 발견될지도 모른다.

그 같은 통합으로 다가가는 모든 접근법은 또한 공간 차원의 수를 줄일 것을 요구하는 듯하다. 우리에게 익숙한 3차원은 1차원으로 줄어들고 시간과 결합하여 2차원의 시공간이 된다. — 이것은 이 물리적 현실이 홀로그램을 바탕으로 하고 있음을 시사하는 또 다른 징표이다.

조리법

우리 우주의 정보적 구성요소들을 결합시키는 '정확한' 조리법은 5장에서 논했듯이, 우리 우주가 지금까지 그래온 것처럼 존재하고 진화해오기 위해서 절대적으로 필요하다.

우리의 우주는 완벽하게 균형 잡힌 상태에 이르렀지만 본래는 불안정한 것처럼 보인다. 초기의 일부 대칭성이 유지되고 있는 것이 물리법칙이 변하지 않고 에너지-물질과 같은 특정 근본성질이 보편적으로 보존되게 한 비결이다. 하지만 다른 대칭들의 불안정한 성질이 물질과 반물질의 대칭 같은 것을 이내 깨지게 만들었다. 그 결과 가장 에너지 효율적이고 안정된 비대칭이 생겨났다. 이러한 비대칭적 과정들 또한 우주의 존재와 진화에 필수적이다.

공간이 평평하다는 지극히 특별한 성질에 더하여, 에너지-물질의 형태와 균형, 그리고 그 둘 사이의 상호작용은 우리 우주 최초의 순간부터 믿기지 않을 정도로 정교하게 조율되어 있었다.

그릇

6장에서 논했듯이, 코스믹 홀로그램은 우리 우주의 '그릇 (container)'이 플랑크 규모로 정보적으로 화소화된 홀로그램 경계면으로 이루어져 있고, 그로부터 시공간의 존재가 출현한다고 설명한다. 이 '그릇'의 존재를 입증하기 위한 탐색은 지금도 진행 중이다.

홀로그래피 메커니즘의 정보적, 에너지적 속성과 빛의 성질은 최대량의 정보가 가장 효과적이고 간단하게 현실로 구현될 수 있게 해주므로 물리적 현실의 공동창조에 안성맞춤이다. 모든 형태의 에너지-물질이 지니고 있는 진동하는 성질은, 어떤 물체든 홀로그래피 메커니즘의 바탕을 이루는 수학인 푸리에 변환법을 통해 단순한 파형들의 조합으로 재정의했다가 원래의 물체로 재생해낼 수 있게 해준다.

브누아 망델브로의 선구적인 작업을 뒤이은 컴퓨터 분석은, 제닮음꼴인 프랙탈 기하 패턴의 프랙탈 차원들이 '자연' 현상뿐만 아니라 인공의 세계에도 자신을 코딩하여 모든 규모의 우주에 속속들이 스며듦으로써 우리 우주의 존재를 홀로그램과 같은 방식으로 받쳐주고 있음을 밝혀냈다. 기하적 형체들 사이의 이런 본연의 상호관계야말로 모든 현실을 기술하고 있는 수학이라는 우주적 언어의 근본적 측면이다.

대답되지 않은 의문들이 남아 있지만, 앞서 살펴봤듯이 입증된 사실(공간이 평평하다)과 쌓이고 있는 증거(공간이 유한하다)에 비추어보면 우리의 전체 우주의 홀로그램 경계면의 형상으로 가장 적합한 것은 원환체, 곧 도넛 모양의 기하 형태로 여겨진다.

우리의 완벽한 우주는 4차원 시공간처럼 보이는 외견상의 모습 그 너머에 있는 좀더 근원적인 실재로부터 화현하는 것으로밖에는 이해할 수가 없다. 허수 i(-1의 제곱근), 복소수, 그리고 소위 복소평면이라는 개념은 한갓 수학적 도구의 지위를 훌쩍 뛰어넘어서 실로 물리적 현실의 출현을 뒷받침해주는, 없어서는 안 될 초물리적 밑바탕이다.

물리적 현실의 본질을 기술하는 양자이론, 푸리에 변환식, 그리고 기타 이론과 과정들은 실제로 시공간 너머에 복소평면이 존재할 것을 '요구하고' 있다. 고대의 현자들이 직관했듯이, 심층 우주의 조화로운 질서가 존재함을 보여주는 더 많은 증거를 제공하는 프랙탈 끝개의 초물리적 패턴이 외견상의 카오스와 복잡한 물리계의 변화무쌍한 모습 아래에 숨어 있는 곳도 바로 이곳이다.

이처럼 비물리적인 존재의 평면은 물리적으로 드러난 현실의 본질에 대한 우리의 모든 생각들 아래에 감춰져 있다. 한갓 수학적 도구였던 복소평면은 20세기 초로 들어오면서 비물리적이면서 본래적으로 정보적인 심층현실의 존재를 깨닫게 해주는 도구로 변신했다. 21세기 초에는 지금까지 수학적인 공간으로만 간주해온 여타의 비물리적 '공간'들에 대한 탐구가 이보다 더 심오하고 혁명적인 발견들을 가져다줄지도 모른다.

완벽한 요리 즐기기

정보와 설명서와 조건과 재료와 조리법과 그릇을 써서 우리의 우주를 '만들어냈으니', 이제는 그 완벽한 결과물을 즐길 차례다. 보편적으로는 보존되는 에너지-물질로 표현되고, 엔트로피적으로는 시공간으로 표현되는 정보 속에는 우리 우주의 '물리적 실재'인 코스믹 홀로그램의 모든 기본속성이 내재해 있다.

이 같은 정보는 절묘한 질서에 맞추어 미세조율된 설명시,

경이롭도록 단순하고 우아한 초기조건, 그 유일한 재료의 구성요소인 에너지-물질의 놀라운 변화무쌍함, 그 모든 상호작용과 과정을 적시해놓은 믿기지 않을 정도로 정확한 조리법, 홀로그래피의 방식으로 화소화된 이상적인 성질의 그릇을 갖추어낸다. 코스믹 홀로그램은 그 비물리적 바탕으로부터 시공간 속 존재의 모든 규모에서 실현되는, 그리고 진화의 형틀을 주물러 진화과정을 역동적으로 안내하는, 무한가능성의 정보 프랙탈 패턴을 코딩한다.

아마도 우리 자신을 위해서 가장 중요한 것은, 우리의 우주가 최초의 순간부터 최후의 순간까지 비국소적으로 일관된 통일체로서 존재하고 진화해갈 수 있게 해주는, 그리하여 그 생애 기간에 걸쳐 갈수록 복잡성을 더해가고, 우리처럼 자아의식을 갖춘 지성체가 출현하게끔 추동해주는 그것의 핵심적인 본질일 것이다.

이 완벽한 결과물은 물론 맛이 좋으니, 맛있게 드시라!

2부

정보로부터 형성된
홀로그램 우주

8장

우주에 가득한 패턴

지적으로 이해할 수 있는,

제닮음꼴의 질서정연한 형체로서 화현한 세상의 모든 것…

"아름다움이란 진실이 완벽한 거울 속에 비친

제 얼굴을 바라보며 떠올리는 미소이다."

— 라빈드라나트 타고르Rabindranath Tagore

 광범위한 학문 분야로부터 쏟아지는 엄청난 양의 데이터를 다 분석할 수 있을 만큼 컴퓨터의 성능이 기하급수적으로 향상되고 있는 덕분에, 과학자들은 양자 차원으로부터 은하단 너머까지 존재의 모든 규모에서 우리의 우주에 정보의 프랙탈 패턴이 속속들이 숨겨져 있다는 사실을 갈수록 여실히 깨닫고 있다.

이 장과 다음 장에서 우리는 그 프랙탈 패턴들과, 상보적으로 작용하는 우주적 연결망이 어떻게 우리 우주의 단순하고도 전일적인 본성을 드러내 보여주고 있는지를 살펴볼 것이다. 그리고 특히 그런 패턴들이 '자연' 현상과 '인공적인' 현상 양쪽 모두에서 두루 발견되고 있는 양상을 살펴볼 것이다.

우리는 또 어떻게 비물리적 차원의 프랙탈 끌개가 물리계의 모든 복잡한 현상들을 배후에서 뒷받침하고 있는지를 살펴보고, 광범위한 현상들 속 핵심적 변수들 사이의 범우주적으로 조율된 정연한 관계들에 숨어 있는, 홀로그램과 같은 프랙탈 구조를 띤 관계와 작용과정들이 코스믹 홀로그램의 존재 징후를 드러내 보여주고 있는 현장도 들여다볼 것이다.

프랙탈

일반적 의미의 프랙탈과, 그것의 자신을 닮은 성질과 홀로그램과 같은 성질을 소개했으니, 이제는 실제로 이 배후의 패턴이 어떻게 모든 것 속에 침투하여 숨어 있는지를 살펴볼 차례다. 이 패턴이 어떻게 생태계와 우리 인간의 선택과 행태 전반에 숨어들어 있는지에 대해서는 나중에 돌아와서 자세히 살펴보겠지만, 우선은 그것이 '자연의' 현상들 속에 얼마나 속속들이 숨어들어 있는지를 밝혀내고 있는 광범위한 과학연구에 주목해보자.

하지만 그 전에 프랙탈의 자신을 닮은 성질을 좀더 부여해서 설명할 필요가 있다. 프랙탈은 실제로 많은 경우에 제닮음꼴(self-similarity)을 나타내지만, 정확히 말하자면 그 기본 패턴으로부터 규모를 '정확히 일정 비율로' 확대 혹은 축소해야만 한다. 이에 비해 각 차원을 서로 다른 비율로 확대 혹은 축소하는 경우에, 그것은 좀더 일반적으로 제어울림꼴(self-affinity)로 정의한다. 제어울림꼴이란 더 융통성 있는 방식으로 한 계의 부분들이 전체를 닮아 있는 양상을 가리키는 말이다. 그러니까 제닮음꼴은, 좀더 일반적이면서도 홀로그램처럼 '규모와 무관한' 제어울림꼴의 특별한 부분집합이다.[*]

예컨대 지구의 지형을 연구해본 결과 지표면의 모양은 제닮음꼴의 패턴을 보이는 특징을 지니고 있고, 수직단면의 지형은 제어울림꼴 구조여서 제닮음꼴과 제어울림꼴 프랙탈을 모두 보여주고 있다.

제어울림꼴 프랙탈이 널리 나타나는 예는 주식시장의 변동 양상인데, 이 시스템에 자주 일어나는 요동에 대해서는 프랙탈 패턴화 작업을 더 심층화하여 반복해볼 필요가 있다. 주식시장의 변덕스러운 양상을 잘 추적하여 변화를 예측하기 위해서는 하나 이상의 제어울림 프랙탈을 찾아내야 한다. 브누아 망델브로는 주가 모델에 관한 선구적인 연구를 행하다가 이처럼 복잡한 변덕을 예측하는 데 필요한 복수의 패턴을 다중프랙탈(multifractal)이라 명명했다.

다음에 이어질 '자연'계의 현상이나, 나중에 살펴볼 생태계

---

[*] 규모와 무관한 성질(scale invariance): 어떤 계나 함수나 통계의 규모가 바뀌어도 그 성질이나 모양은 변하지 않는 성질. 프랙탈이 그 가장 잘 알려진 본보기로서, 코흐[Koch]의 눈송이 프랙탈 도형은 아무리 줌인하여 규모를 확대해도 모양이 동일하다. 역주

와 '인공적' 현상들을 살펴볼 때, 이것들은 대부분 이런 제어울림 꼴과 다중프랙탈 등의 폭넓은 맥락을 통해 보아야만 가장 잘 이해될 수 있는 변이의 수준들을 지니고 있음을 유념해야 한다.

지질학과 지구물리학은 변덕스러운 카오스적 행태를 보이는, '규모와 무관한' 작용과 현상들로 가득 차 있어서 그 변화무쌍한 성질이 역시나 프랙탈 구조를 띤 배후의 질서를 가려서 감추고 있다. 그래서 지구과학에서는 프랙탈 모델링이 광물매장량 분석으로부터 구조판 균열 분석에 이르기까지 많은 분야에 걸쳐 적용된다. 다양한 프랙탈 구조를 통해, 그랜드캐니언의 지형이나 아이다호의 지하 저반처럼 서로 사뭇 달라 보이는 현상들 사이의 서로 닮은 양상이 밝혀지고 있다. 1991년, 당시 코넬 대학교의 지구물리학자 도널드 터코트Donald Turcotte는 그랜드캐니언과 아이다호가 동일한 프랙탈 차원을 공유하고 있음을 보여줬다.(참조 1)

앞서 해안선이 프랙탈 구조를 띠고 있다고 말했지만, 하천의 유역과 산맥 속의 봉우리 크기도 프랙탈 구조이고 심지어는 산불조차 프랙탈 구조의 경계선을 따라 번진다.

기상학에서는 구름뿐만 아니라 번개와 눈송이의 반복 패턴도 프랙탈 구조이지만, 그보다 훨씬 더 복잡한 전반적 날씨 패턴도 배후의 프랙탈 끌개로부터 생겨난다는 사실을 나중에 살펴볼 것이다.

모든 화학작용에는 에너지가 개입된다. 따라서 본래 프랙탈 구조인 정보의 흐름도 개입된다. 화학과 물질과학을 프랙탈의 관점에서 접근하는 경향은 갈수록 일반화되어가고 있다. 예컨대 금속의 부식 현상에서 관찰되는 프랙탈 패턴은 금속 표면의 구조를 더 깊이 이해할 수 있게 해준다.

물리학 전반에서도 도처에 존재하는 프랙탈이 모든 규모에서 발견되고 있다. 2010년, 당시 프린스턴 대학교의 알리 야즈다니Ali Yazdani와 그의 동료들은 고체 속의 단일원자 규모에서 프랙탈 패턴을 발견했다.(참조 2) 이 연구팀은 물질이 금속처럼 행동하다가 돌연 절연체처럼 작용하는 것과 같이, 물질의 성질이 갑자기 바뀌는 변이점에서 전자가 프랙탈 구조로 무리를 짓는 현상을 STM(Scanning Tunneling Microscope) 현미경을 통해 원자 규모에서 직접 관찰했다.

2013년에는 또 다른 최초의 돌파가 있었는데, 물리학자들은 양자물리학 이론이 예언한 최초의 프랙탈 패턴 중 하나가 실제로 존재한다는 실험적 증거를 보고했다.(참조 3) 그것은 그것을 이론적으로 발견한 더글러스 호프스태터Douglas Hofstadter의 이름을 따서 '호프스태터 나비'로 알려져 있는바, 그는 극한조건의 자기장 안에서 전자가 움직이는 행태를 기술하기 위해 이 프랙탈 구조를 제시했다. 그는 자기장이 강해지면 결정체의 격자 속에 갇힌 전자의 양자-에너지 수준이 계속 분열되어서, 그것을 그래프상에 표시하면 나비의 날개 모양을 닮은 프랙탈 패턴이 나타날 것이라고 예언했다.

1970년대에 이것을 통찰한 당시, 호프스태터는 젊은 대학원생이었고 그의 박사논문 지도교수는 물리학회 연보에서 ─ 드물지 않은 광경이지만 ─ 그의 제안에 시큰둥한 반응을 보였다. 40년이 지나도 그의 생각은 실험적으로 입증하기가 매우 힘들었다. 그러다가 마침내 그래핀graphene(벌집 구조의 탄소동소체)을 대리 모델로 이용한 실험을 통해 호프스태터가 예언한 전자의 행태가 간접적으로나마 밝혀졌다. 연구팀의 일원인 파블로 자릴로-헤레로Pablo Jarillo-Herrero는 "우리는 고치를 발견했다"고 말했다. 그리고 그는 이렇게 덧붙였다. "그리고 그 안에는 나비가 들어 있음을 아무도 의심치 않는다."

배후의 프랙탈 구조에 대한 또 다른 발견은 전기저항이 사라진 상태인 초전도현상과 관련된다. 초전도상태는 많은 전류를 에너지 소실 없이 보낼 수 있어서 매우 유용하다. 2010년에 이탈리아 로마 사피엔자Sapienza 대학교의 안토니오 비앙코니Antonio Bianconi와 그의 동료들은, 초전도성 결정체의 성질을 연구하던 중 전혀 뜻밖에도 결정구조는 프랙탈 구조일 뿐만 아니라 프랙탈 패턴이 유지되는 규모의 길이가 길수록 초전도성이 유지되는 온도가 높아진다는 사실을 발견했다.(참조 4) 그러므로 그런 결정체의 프랙탈 구조가 최대화되게 하면 더 높은 온도에서도 초전도성을 띠는 물질을 만들어낼 수 있는 것이다.

이보다 훨씬 더 거시적인 규모에서는 천문학자와 우주론자들도 우리의 우주가 프랙탈 패턴으로 가득하다는 사실을 발견하고 있다. 예컨대 2014년에 영국 워릭Warwick 대학교의 샌드라 채프민Sandra Chapman과 그의 동료들은, 우리의 태양계 안에서 태양으로부터 끊임없이 불어오는 대전帶電입자들의 혼란스러운 흐름인 태양풍도 프랙탈 구조를 띠고 있음을 발견했다.(참조 5) 토성의 고리

도 프랙탈 패턴을 보여주고 있다.(참조 6)

더 나아가서, 천문학계에 선물을 계속 쏟아주고 있는 CMB(우주배경복사) 연구는 은하계들이 무리를 짓는 양상도 프랙탈 패턴을 띠고 있음을 보여주었다. 2012년에, 그와 같은 거대규모 은하 무리의 가장 큰 3차원 지도 제작에 착수한 호주 퍼스Perth 웨스턴 대학교의 모래그 스크림저Morag Scrimgeour와 그녀의 연구팀은 위글Z 암흑에너지 탐사에서 나온 데이터를 분석했다.(참조 7) 연구팀은 뉴 사우스 웨일즈에 있는 앵글로-오스트레일리안 망원경의 관측자료를 이용하여 한 면의 길이가 30만 광년인 직육면체 부피에 해당하는 엄청나게 광활한 공간에 흩어진 약 22만 개의 은하계들을 천체도에 그려넣었다. 그들은 3억 3,000만 광년에 걸친 규모의 은하계 무리에서 프랙탈 구조를 발견했다. 하지만 그 너머로 나가면 은하계들은 고르게 흩어져 있는 것으로 보였다. 이것은 우리가 탐사해온 코스믹 홀로그램 모델의 구조와도 부합한다. 프랙탈 구조, 규모가 바뀌어도 변하지 않는 성질, 그리고 홀로그램의 여타 성질들을 띠고 있는 것이 시공간이 보여주는 특징이기는 하지만, 우리 우주의 전체 모습 자체가 프랙탈 구조여야만 할 필요는 없기 때문이다.

정말로 그랬다면 시공간을 연구하는 데는 엄청난 문제가 따랐을 것이다. 특히나 시공간에 대한 우리의 생각 자체와, 지금까지 마주쳤던 모든 시험을 통과하여 입증된 일반상대성이론의 시공간 모델이 무효화되어 폐기되거나 아니면 최소한 대거 수정되어야만 했을 테니까 말이다.

스크림저의 연구팀이 발견한 사상 최대 규모의 프랙탈 패턴은, 우리 우주의 138억 년에 걸친 '빅브레쓰' 동안 중력이 물질을 조직화하여 만들어내리라고 기대할 수 있는 최대 크기와 일치한다. 하지만 최소 규모로부터 최대 규모에 이르기까지 반복적으로 나타나는 프랙탈 패턴이 우리에게 알려주는 것은, 우리 우주의 배후에 숨겨진 정보의 패턴은 그 속에 모든 규모에서 최대로 다양하고 복잡한 것이 발현하여 진화해 나올 수 있게 하는 최소한의 정보와 최대로 단순한 설명서를 담고 있다는 사실이다.

또한 프랙탈 패턴이 온 우주에 숨어 들어 있다는 사실의 발견은 우리의 우주가 본연의 조화로운 질서를 갖추고 있음을 밝혀준다. 하지만 우리의 더 폭넓은 이해를 위해 이것이 무엇을 뜻하는지를 계속 알아가기 위해서는 먼저 내가 말하는 이 조화로운 질서라는 것과, 그것의 단순한 법칙이 어떻게 복잡다단한 방식으로 펼쳐지는지를 알아볼 필요가 있다.

조화로운 질서

휴대용 전자계산기가 발명되기 훨씬 전, 내가 학생이었을 때 나는 수학시간에 두 개의 필수적인 도구 — 로그표(대수표)와 계산자 — 를 사용하는 방법을 배웠다. 전자계산기와 컴퓨터가 이 도구를 오래전에 쓸모없게 만들어버리긴 했지만 그것이 작동하는 이치와 이유는 타당하고, 코스믹 홀로그램과 현실의 조화로운 성질에 대한 이해를 갖춘다면 그것은 더욱더 타당해진다. 그 이유를 설명하겠다.

로그표와 계산자는 곱셈, 나눗셈, 그리고 제곱근을 구하는 것과 같은, 달리는 복잡해질 계산을 극적으로 단순화시켜주었다. 그것은 곱셈을 그보다 훨씬 쉬운 더하기로, 나눗셈을 빼기로 변환시키는 알고리즘을 이용함으로써 그렇게 했다.

아마 당신은 내가 그 알고리즘을 기술적으로 더 파고들지 않는 것을 다행으로 여기고 있으리라. 하지만 여기서 우리에게 열쇠가 되는 부분은, 이 도구는 본질적으로 조화로운 성질을 지니고 있기 때문에 그렇게 작동할 수 있다는 사실을 이해하는 것이다. 이것은 대수對數(log)란 요구되는 수에 이르기 위해 기수基數('밑', 예컨대 10)를 제곱해야 하는 횟수를 나타내는 지수指數이기 때문에 그렇게 된다.

이것을 수로 설명하자면 약간의 수학을 동원해야 한다. 임의의 수 x(예컨대 100)의 로그란 x와 같아지기 위해 기수(이 경우 10)를 거듭제곱해야 하는 횟수이다. 이 경우에는 100=10×10이므로 2이다. 그러므로 기수가 10일 때 100의 로그는 2, 곧 $\log_{10}(100)=2$이다.

이것은 숫자를 그것과 등가의 대수(로그)로, 또는 그 반대로 변환할 수 있게 해준다. 그러면 로그표의 조화로운 수학적 성질을 이용하여 복잡한 계산을 단순화할 수 있다. 사용의 편이를 위해 기수가 10인 로그(상용로그)는 일반과학과 공학에 사용되고, 기수가 2인 로그(2진로그)는 컴퓨터과학에 사용된다. 기수가 오일러의 수 e인 로그(자연로그)는 수학에서 매우 많이 쓰이는데, e와 복소평면 사이의 깊은 관련성 때문에 특히 중요하다.

로그표의 조화로운 성질이 가져다주는 중요한 결과는, 로그는 제닮음꼴이고 기수를 인수個數로 크기가 커지고 작아진다는 면에서 기하학적 프랙탈과 유사하다는 사실이다. 우주의 다양한 상관관계 속에서도 로그가 발견된다. 로그 나선은 무수한 진화 현상의 중요한 특징이다. 심지어 우리는 세계를 로그 방식으로 보고 듣기까지 한다. 우리의 눈은 가시광선의 밝기에 대해 로그 방식으로 반응하고, 귀도 가청주파수의 데시벨 값에 로그 방식으로 반응하기 때문이다. 우리의 감각기관은 이처럼 '로그적'인 감각인식 방식으로 인해 넓은 범위의 시각 및 청각적 자극을 압도되지 않고 보고 들을 수 있다.

자연로그는 홀로그래피 원리의 바탕인 푸리에 변환식에서도 빼놓을 수가 없다. 아마 그중에서도 가장 의미심장한 것은 정보 엔트로피의 기본공식이 로그로 마무리된다는 사실이다. 이로써 로그는 그 본연의 '조화롭고', 프랙탈과 유사하며 홀로그램과 같은 성질을 통해 다시금 현실의 본질을 밝혀준다.

앞서 우리는 궁극적으로는 세상의 어떤 것도 제멋대로가 아니어서, 일단의 사람들의 신장과 같은 데이터의 일반적인 분포는 대체로 소위 가우스 분포곡선을 따라 종 모양을 형성하며 그룹의 평균치는 종 모양의 꼭대기 지점과 일치한다는 사실을 살펴보았다.

하지만 이런 특징을 보이지 않는 현상도 많이 있다. 어떤 중요한 현상들은 그 대신 로그의 상관관계에 따른 분포를 보인다. 이것은 멱법칙(power law)*이라 불리는데, 현상이 일어나는 횟수와

---

* 한 수가 다른 수의 거듭제곱으로 표현되는 두 수의 함수관계. 예컨대 규모가 2인 현상이 규모가 1인 현상보다 일어나는 빈도가 4분의 1로 줄어든다면, 이 현상은 멱법칙을 따르는 것이다. 역주

규모 사이의 상관관계가 로그 관계이다. 결정적으로, 이런 현상들은 일어나는 모든 규모에서 홀로그램과 같은 제닮음꼴을 지니고 있기 때문에 여기에는 평균치나 전형적 사건 같은 것은 존재하지 않는다.

1989년 린제이 맥클러랜드Lidsay McClerlland와 그의 동료들은 이것의 한 예를 발견했다. 그들은 200년 전과 1975년에서 85년 사이의 10년, 이 두 기간에 일어난 지구상의 화산폭발에서 폭발 횟수와 규모 사이의 상관관계를 연구한 결과, 아주 넓은 범위에 걸쳐 규모와 무관한 어떤 성질을 발견해냈다.(참조 8)

그런 현상이 또 나타나는 곳은 지진이다. 지진은 규모가 구텐베르그-리히터의 멱법칙을 따르는데, 특정한 지진의 대수(로그)로 측정되는 규모와 그 횟수 사이에서 멱법칙의 관계가 발견됐다.

화산폭발로 분출되는 에너지를 측정하는 데에는 기수가 10인 상용로그가 사용된다. 규모가 0.2 증가한다는 것은 에너지가 두 배가 됨을 뜻한다. 그러니 2011년 3월 11일에 일본에서 일어난 것과 같은 진도 9.0의 강력한 폭발은(나는 그것을 도쿄에서 직접 겪었다. 그것은 일본 역사상 가장 큰 지진이었다) 2015년 4월 25일에 네팔에서 일어났던 진도 7.8 규모의 끔찍한 지진보다 64배나 큰 에너지를 풀어놓았다.

이 멱법칙이 보여주는 것은, 어떤 규모든 언제 어디서 일어나든 '모든' 지진에 적용되는 단순하지만 결정적인 관계이다. 즉, 규모가 두 배 큰 폭발은 네 배 덜 자주 일어난다.

이처럼 멱법칙을 따르는 현상의 규모와 횟수 사이의 '규모와 무관한' 관계는 중요한 두 가지 통찰을 더 밝혀준다. 첫째, '각 각의' 지진의 '에너지'에 그 '횟수'를 곱한 값은 '일정하다'는 것이다. 둘째, 작은 폭발보다 큰 폭발은 드물지만 특정한 폭발이 일어날 시간과 장소를 예측할 방법은 없다는 것이다.

희망할 수 있는 최선의 조치는 취약한 지층에 누적되는 압력을 측정할 수 있는 조기경보체계를 갖추는 것이다. 그렇다고 하더라도 지진이란 비선형적 현상이어서 압력의 크기가 반드시 일어날 지진의 규모를 말해주는 것은 아니다.

사실 우리는 그런 조기경보체계를 이미 갖추고 있는지도 모른다. 영국의 생물학자 루퍼트 셸드레이크Rupert Sheldrake가 주장했듯이, 널리 퍼져 있는 일화들의 증언에 좀더 마음을 열고 면밀히 조사해보면 예민한 감각을 타고난 동물이나 새들이 환경의 미묘한 변화를 감지하여 그런 사건을 예고해줄 수 있는 능력을 밝혀내게 될지도 모른다.

셸드레이크는 사람들이 키우는 동물들의 이상한 행동을 보고할 수 있는 핫라인이나 웹사이트를 만들 것을 제안한다. 컴퓨터 분석을 이용하여 여진과 관련하여 다른 요인으로 돌릴 수 없는 모든 데이터군을 탐지해내고, 그것을 다른 지진 측정계들의 데이터와 연계하여 읽어낼 수만 있다면 민간의 그런 솔선 행동은 예측능력을 향상시켜 적절한 대응조치를 취하는 데에 도움을 줄 수 있을 것이다.

가장 아름다운 비율

조화로운 질서의 또 다른 멋진 본보기는 플라톤이 물리적 세계에서 '가장 아름다운 비율'로 여겼던 것이다. 즉, 하나의 선분을 둘로 나눴을 때 짧은 선분과 긴 선분의 비율이 긴 선분과 전체 선분의 비율과 같아지게 만들어주는 비율이다.

이 보편적 관계는 황금분할, 곧 파이(그리스 문자 ø로 표시)로 알려져 있다. 이 수의 성질은 경이롭고, 그것이 자연계 속에 널리 표현되어 있는 양상은 의미심장하여 15세기 이탈리아의 수학자 프라 루카 파치올리Fra Luca Pacioli는 이것을 '신성한 비율'이라 불렀다. 실제로 프라 루카는 같은 제목으로 책을 썼는데, 책 속의 아름다운 기하학적 삽화들은 다름 아니라 그의 친구였던 레오나르도 다빈치가 그렸다. 이 비율의 심미적 아름다움은 무수한 화가와 건축가들의 작품 속에 반영되었고, 현대에 와서는 신용카드의 모양에서도 이 비율을 발견할 수 있다. 2차 세계대전 당시 영국의 암호해독가로 활약했고 컴퓨터과학을 창시한 앨런 튜링Alan Turing을 비롯하여 많은 사상가들도 진화계의 곳곳에 숨겨져 있는 이 비율의 속성에 매료되었다.

수학적으로 파이phi는 원주율 파이pi나 파이겐바움Feigenbaum 상수와 마찬가지로 무리수이다. 파이phi 값인 0.61803…의 소수점 이하의 수는 반복 없이 영원히 이어지기 때문이다. 특이하게도 1을 파이로 나누면 파이에 1을 더한 값인 1.61803…이 되고, 이 값도 파이phi라 불린다.

13세기 이탈리아의 수학자였고 피보나치Fibinacci라는 이름으로 더 잘 알려진 피사의 레오나르도^{Leonardo}는, 자신의 이름으로 불리게 된 피보나치 수열을 통해 파이의 의미심장한 성질을 보여주었다. 이 수열은 0으로부터 시작하여 그다음엔 1, 그리고 그다음에 오는 수열은 앞의 두 수의 합이다. 0, 1, 1, 2, 3, 5, 8, 13, 21, 34, 55, 89, 144… 이렇게 끝없이 펼쳐지는 수열 말이다.

이 수열에서 0/1, 1/1, 1/2, 2/3, 3/5, 5/8, 8/13 등등 앞의 수를 뒤의 수로 나누면 파이가 모습을 드러낸다. 이 비율을 차례로 그래프에 그려보면 점차 파이값인 0.61803…을 향해 접근해가면서 진동하는 하나의 파동이 나타남을 발견하게 된다.

거꾸로, 파이는 1/0, 1/1, 2/1, 3/2, 5/3, 8/5, 13/8 등등 수열의 각 숫자를 그 앞의 숫자로 나누어도 나타난다. 흥미롭게도 여기서 첫 번째 비율은 무한대이지만 그다음의 모든 비율은 유한한 값에 다가가서, 이번에는 파이의 다른 값인 1.61803…에 수렴한다. ─ 이번에는 수렴 양상을 앞의 것과 아주 살짝 달리해서 말이다.

2015년에 하와이 대학교의 천문학자 윌리엄 디토$^{William\ Ditto}$와 그의 연구팀은 밝기가 율동적으로 변하는 변광성을 분석하다가 파이의 조화로운 성질의 아주 멋진 본보기를 발견했다. 그 별들의 '노래'의 두 주요 주파수가 가끔씩 파이의 비율을 보일 뿐만 아니라, 그런 '황금(golden)' 별들의 율동 전체가 하나의 프랙탈 패턴을 보인다는 사실을 발견한 것이다.(참조 9)

피보나치 수열이 진행되면 그 숫자들은 그래프 상에서 특별한 형태의 로그 나선을 형성한다. 이 나선은 앵무조개 껍데기와 소용돌이로부터 식물의 성장 형태, 동물의 태아 발달과정, 거대규모의 나선 은하계에 이르기까지 자연계 전반에 걸쳐서 발견된다.

이것은 진화계와 생물권에 속속들이 숨어들어 있어서 우리 자신도 손가락과 손, 발가락과 발 사이의 비율, 손과 팔, 발과 다리 사이의 비율, 그리고 몸 전체로 이어지는 비율에서 대략 파이와 비슷한 값을 보인다. 심지어는 DNA조차도 파이의 비율을 지니고 있어서, 이중나선 분자구조 한 주기의 폭과 길이는 각각 21과 34 옹스트롬^{angstrom}으로, 둘 다 피보나치 수열의 숫자다.

파이의 우주적인 보편성과 조화로운 성질은 단지 피보나치 수열의 정수들의 특징만이 아니다. 앞의 두 수를 더한 값이 다음 수로 오는 (2, 1, 3, 4…로 시작하는 루카스 수열과 같은) '모든' 수열은 맨 앞의 두 수가 어떤 수이든 상관없이 앞뒤 수의 비율이 파이값에 수렴한다.

상당수의 기하학자들은 이것이 실재의 심층구조에 관해 심오하고도 난해한 뭔가를 암시해주고 있다고 느낀다. 최근의 몇 해 동안에 피보나치의 수학과 루카스의 함수는 평평한 시공간을 기술하는 소위 쌍곡기하학(hyperbolic geometry)과 결합했다. 이에 대한 이해의 선구자일 뿐만 아니라 아인슈타인의 스승이기도 했던 헤르만 민코프스키의 이름을 따서 명명된 민코프스키 기하학은, 시공간 속에서 사건들과 그 인과를 추적할 수 있게 해주어서 아인슈타인의 특수상대성이론을 공식화할 때 가장 자주 사용된다.

피보나치와 루카스의 쌍곡선 함수의 현실적 의미가 무엇인지는 의문으로 남아 있다. 나는 그것이 우리 우주의 태초와 지금도 진행 중인 팽창과 중요한 관련이 있음이 발견되지 않을까 생각한다.

이 시공간을 주시해보라….

영향력: 모양, 크기, 그리고 점성

이처럼 너무나 다채로운 현상들이 공통적으로 지니고 있는 두 가지 중요한 — 아마도 연구자들을 가장 놀라게 했을 — 성질은 첫째로 다양한 외양의 배후에 은밀한 패턴과 관계들이 너무나 널리 퍼져 있다는 점과, 둘째로 복잡해 보이는 현실세계의 구조와 시스템도 단순한 규칙을 사용하면 쉽고 정확하게 컴퓨터 모델화할 수 있다는 점이었을 것이다.

이 같은 뜻밖의 결과는 둘 다 1960년대 후반부터 발견되기 시작했다. 1970년대에 이르러 물리학자 레오 카다노프Leo Kadanoff는, 예컨대 수증기가 냉각되거나 압력이 높아짐으로써 응축하여 물이 될 때처럼 카오스와 질서의 경계선에서 위상 전환을 위해 임계점이 움직이는 양상에 대한 연구를 통해 그 추측되는 행태에 대한 통찰을 보고했다.(참조 10)

1980년대 말에는 뉴욕 롱아일랜드 브룩헤이븐Brookhaven 국립연구소의 물리학자 퍼 배크Per Bak와 그의 동료 차오 탕Chao Tang과 쿠르트 비젠펠트Kurt Wiesenfeld가 모래더미를 가지고 놀다가 놀라운 연구에 착수하게 되었다. 그들이 한 번에 모래 한 알씩을 올려서 모래더미의 높이를 높여가던 중, 한 시점에서는 단지 한 알의 모래만 더 얹었는데도 모래더미가 무너져버린 것이다. — 비유하자면,

한 오라기의 짚이 낙타의 등을 부러뜨렸다. 이 임계점에서 그들은 그것이 어떻게 모래 몇 알만 흘러내리는 작은 붕괴에 그치거나 아니면 사태를 일으킬 수 있는지를 측정했다. 모래더미를 무수히 쌓고 또 쌓으면서, 그들은 계속해서 크고 작은 여러 종류의 붕괴를 시도해보았다.(참조 11)

카다노프의 연구와 배크 팀의 연구, 그리고 다른 재료를 써서 실제로 실험하거나 컴퓨터 시뮬레이션을 이용하여 행한 다른 연구자들의 연구들이 보여준 것은, 질서와 무질서 사이에서 작용하는 역학의 양상은 — 천차만별인 겉모습과는 완전히 무관하게 — 원칙적으로 정확히 동일하다는 사실이었다. 그것은 '오로지' 그 계의 한 지점에 질서를 가져다주거나 무질서를 가져다주는 정보의 영향력이 인접한 다른 지점에도 질서나 무질서를 가져다주는 것이 얼마나 쉬운지 아니면 어려운지에 달려 있었다.

그리고 '오로지' 그 계를 이루는 기본요소의 기본 형태와 물리적 크기만이 이 영향력의 형태와 규모를 좌우했다. 달리 말해서, 그 계를 본질적으로 이해하고 모델화하는 데 고려해야 할 유일한 요소는 재료의 기본 모양과 크기와 점성粘性이었다.

이러한 보편성이 우리에게 말해주는 또 한 가지는, 공통의 단순한 표준을 가진 모든 현상은 그 겉모습이 아무리 달라도 상관없이 비슷한 행태를 보이리라는 것이다. 그 같은 다양한 계들은 말하자면 '우주 반'(universal class)의 학생과 같아서, 그 반의 한 학생의 성격만 이해하면 같은 반의 다른 모든 학생들도 같은 방식으로 대할 수 있는 것이다.

그리고 그 계의 상태는 오로지 기본요소의 모양과 크기와 점성에만 좌우되는 것으로 보이므로, 그 행동을 정확히 모델화하려면 그 계의 겉모습을 이루는 다른 모든 시시콜콜한 사항들은 아무리 복잡하더라도 간단히 무시해버릴 수 있다.

복잡성

프랙탈 패턴의 '규모와 무관한' 성질과 조화로운 질서, 멱법칙, 그리고 계의 영향력이 파급되는 양상 등은 지진이나 지형 등 앞서 살펴봤던 현상들과 같은 소위 복잡계의 특성이기도 하다. 이제 우리는 이 특성과, 다른 몇 가지 특성들을 합쳐서 그와 같은 계의 일반적 행태를 기술해보고 그것을 어떻게 정보의 관점에서 이해할 수 있을지를 살펴볼 것이다.

그리고 다음 두 장에서는 그것을 좀더 구체적으로, 우선은 진화생물학과 생태학의 관점에서, 그리고 그다음엔 우리가 나날의 삶에서 경험하고 있는 사회경제 시스템의 관점에서 살펴볼 것이다.

우선 그런 계들의 복잡성은 대개 단계적으로, 비선형적인 과정을 통해 발달해간다. 그러니까 사소한 사건이 작은 혼란을 유발하거나 큰 변란을 일으키기도 한다. 그리고 그것은 그 계를 평형상태에서 한참 멀어진 위험상태로 데려가서 질서와 혼돈의 경계 지점에 놓여 있게 한다.

질서와 무질서를 좌우하는 그런 비선형적 영향력의 파급이 이런 계들의 행태를 결정짓는다. 하지만 그런 영향력들은 효과를 발휘하려면 시간이 걸릴 뿐만 아니라 많은 경우 일방적인 작용도 아니다. 거기에는 정正과 부負의 피드백 루프가 개입하여 최초의 영향력을 증폭시킬 수도, 감소시킬 수도 있다.

복잡성에 관한 연구는 카오스계에 대한 초기의 연구로부터 나왔다. 카오스계의 현상은 상대적으로 적은 수의 비선형적 상호 작용의 산물이어서, 그 행태는 문턱 지점 — 특정 온도나 교란 수준 같은 — 을 통과하여 카오스 속으로 빠져들기 전까지는 과거의 영향을 덜 받는다. 하지만 복잡계는 무수한 상호작용을 담고 있어서 이런 계들에는 과거의 이력이 분명한 영향을 미친다. 과거의 모든 사건이 축적되어 현재를 형성한다. 그리고 현재의 모든 사건은 계의 미래에 되돌려놓을 수 없는 영향을 미친다.

카오스와는 대조적으로, 복잡성의 연구란 사실 단순한 행동 패턴이 어떻게 자신을 조직화하여 종종 복잡하고 역동적인 관계를 — 카오스의 낭떠러지 끝에 있으면서도 지속가능한 토대 위에 존재할 수 있는 관계를 — 무수히 끌어낼 수 있는지를 밝혀내려는 노력이다. 이 행동 패턴들은 프랙탈 끌개에 의해 정보적으로 지탱되기 때문에 그렇게 할 수 있다. 프랙탈 끌개의 변수 범위 내에서는, 요인들의 활발한 변이성에도 불구하고 일정 한계 안에서나마 계가 계속 유지될 수 있기 때문이다.

그런 복잡계 중의 하나는 날씨로서, 그 배후의 끌개는 기상학자 에드워드 로렌츠Edward Lorenz의 이름을 따서 명명되었다. 이 끌개를 복소평면에 그려보면 나비의 형상을 한 아름다운 상징적 모습을 드러낸다. 로렌츠가 최초로 컴퓨터 모델화한 결과는 카오스 같은 행동을 보였지만, 장기적인 날씨 패턴이 안정적임을 알았던 그는 다시금 복잡성을 찾아보기로 마음먹었다. 그러다가 그는 계산을 단순화함으로써 복잡하고 역동적이면서도 생래적으로 활발한 하나의 계를 출현시키는 세 개의 짤막한 비선형 방정식을 도출해냈다.

임의의 순간에 계의 구체적인 상태는 끌개라는 울타리 안의 '어떤 상태도' 될 수 있다. 그리고 계가 변화해가는 동안에 정확히 같은 상태가 반복되어 나타나는 경우는 결코 없다. 이것은 그로 하여금 1972년에 <예측의 가능성: 브라질에서 나비가 날갯짓을 하면 텍사스에 토네이도가 일어날까?>라는 제목의 독창적인 논문에서 '나비 효과'라는 말을 만들어내게 했다. 초기조건이 아주 미세하게만 달라져도 그 결과는 매우 크게 달라질 수 있음을 깨달았기 때문이다.(참조 12) 이 때문에 1970년대 이래로 엄청나게 강력해지고 있는 컴퓨터의 처리능력에도 불구하고, 날씨는 아직도 겨우 며칠 후까지밖에 예측을 할 수 없는 것이다.

당신은 날씨를 예측할 수 없다면 기후 변화는 어떻게 예측할 수 있느냐고 물을지도 모른다. 초기조건에 따라 미래의 결과가 매우 민감하게 달라지기 때문에 날씨 변화를 단기적으로 '정확히' 예측할 순 없지만, 이 결과의 통계치를 평균하면 훨씬 더 예측 가능한 장기적 동향을 읽어낼 수 있다. 하지만 그 같은 장기적 예측에는 방 안의 코끼리처럼 외면할 수 없는 불편한 진실이 하나 있다. 그리고 곧 알게 되겠지만, 그것은 나비의 생존과 양립하지 못한다.

하지만 그것을 알아보기 이전에 중요한 질문을 하나 던져볼 필요가 있다. ― 복잡계는 '어떻게' 그것이 지니고 있는 확고한 수준의 '지속가능성'을 진화시켜낼 수 있는가 하는 것이다. 초기의 통찰은 역시 1980년대 말에 행해진 배크와 탕과 비젠펠트의 모래 더미 연구(그리고 이어진 다른 연구자들의 쌀알 더미 연구)로부터 나왔다. 쌓인 더미 위에 모래알을 계속 얹어 올리면 크고 작은 붕괴가 계속 일어난다. 그런데 모래알을 계속 얹어도 평균적으로 같은 숫자의 모래알만이 무너져 내려와서 모래더미의 모래알 수는 일정하게 남게 되는 그런 단계가 나타났다.

이 획기적인 연구 이전의 다른 연구자들은, 예컨대 수증기가 물로 변하게 하려면 온도를 내리든가 압력을 높이든가 해야 하는 것처럼 계를 임계점에 이르게 하는 조건을 '맞춰줘야' ― 수동적으로 바꿔줘야 ― 하는 성질을 지닌 계에 대해 연구했었다. 배크와 그의 동료들을 놀라게 한 것은, 모래더미는 눈에 띄는 외부적 조정이 없이도 이런 임계점에 도달한다는 점이었다. 그래서 그들은 그 계가 스스로 '자기조직한 임계성'(self-organized criticality)을 발전시킨 것으로 설명했다. 1987년에 발표된 획기적인 논문에서 그들은 또 그런 임계성이 계가 정확한 상세조건을 갖췄을 때 나타난 것이 아니라, 그런 것과는 무관하여 유연하고 유동성 있는 경로를 통해 임계상태에 도달할 수 있었다는 점을 강조했다.

그것을 보여주는 과정의 그런 복잡한 행태와 성질에 대한 의미심장한 통찰을 제공한 이들과, 그런 계를 이해하려고 애쓰고 있는 실로 많은 연구자들은 스스로 '자기조직하는' 그것이 무엇인지, 그것을 어떻게 해내는지, 다른 비복잡계들과는 다른 어떤 일이 거기서 일어나고 있는지를 알아내기 위해 아직도 열심히 노력하고 있다.

이 근본적 의문의 답에 다가가려면 우리는 에너지와 엔트로피, 그리고 가장 중요한 것으로 정보가 어떻게 이 구조들을 관통하여 흐르는지를 이해해야 한다. 1960년대의 물리학자 에드윈 제인즈Edwin Jaynes의 연구, 1970년대의 물리화학자 일리야 프리고진Ilya Prigogine에 의한 선구적 연구, 그리고 다른 많은 과학자들의 연구를 통해 아래와 같은 전반적인 통찰이 제시되었지만, 왕성한 연구가 이어지고 있는 가운데 이들의 통찰은 아직도 뜨거운 논쟁의 대상으로 남아 있다.

이 같은 복잡성의 핵심적인 속성은 다음과 같다. 첫째, 이런 계는 항상 역동적이며 느리고 지속적인 에너지 흐름이 지나갈 수 있도록 열려 있다. 그리고 평형상태로부터 거리가 멀어도 에너지를 안정된 상태로 유지할 수 있어서 어느 정도 일정한 상태(a semi-steady state)로 존재할 수 있다.

둘째, 이런 계는 인과율이 지배하기 때문에 과거의 이력이 중요하게 작용해서, 과거의 사건들이 운전사가 되어 이 계의 장차의 행태를 좌우한다. 달리 말하면, 이런 계는 번식이 가능하여 진화해갈 수 있다.

셋째, 이런 계들은 상호연결성을 최대화헤주는 장거리 상호작용 기능을 갖추고 있다.

넷째, 이 계의 발달단계에 적용되는 것으로 보이는 신택의 원칙은 — 외부로부터 가해지는 모든 압박에 의해 — 정보 엔트로피의 흐름이 최대화되는 쪽을 택하는 것이다. 또한 이 원칙의 작용은 이런 계 본연의 조화로운 질서가 — 그리고 따라서 계의 일관성과 공명의 수준이 — 극대화되도록 조직화해가는 경향을 보인다. 그리고 그다음에는 어느 정도 안정적(semi-stable)인 조직으로서 정보의 흐름이 점차 줄어들어서 최소화되고 결국은 불변상태, 정체, 혹은 죽음에 이르게 된다.

마지막으로, 이런 계는 에너지로 표현되어 널리 분포되어 있는 정보를 — 또한 널리 분포되어 있는 — 지성을 통해 최대한 활용하여 계를 튼튼하게 만들고, 어떤 종류의 손상을 입어도 복구할 수 있게 한다.

붕괴냐 돌파냐

계가 아무리 튼튼하더라도, 반응하여 적응하는 능력이 심하게 손상되는 일이 생겨서 '임계점 전이'라 불리는 것을 겪어야만 하게 될 수도 있다. 자기조직적인 복잡계는 확고한 '지속가능성'을 지니고 있음에도 불구하고 임계상태, 곧 질서와 카오스의 요동 사이의 낭떠러지 위에 존재한다. 하지만 이런 계는 그 본연의 속성으로 인해 종종 프랙탈 끌개의 울타리 안에서 꽤 오랫동안 안정적으로 남아 있을 수 있다.

이런 많은 — 아니, 어쩌면 모든 — 계들은 그것을 넘으면 계가 갑작스럽고 불가피하게 한 상태에서 다른 상태로 전이되기 쉬운 하나의, 혹은 복수의 임계 문턱을 가지고 있을 가능성이 쌓이는 증거와 함께 점점 더 확실해지고 있다.

이런 계에 내재된 인과작용의 비선형성 때문에, 이런 임계점 전이를 예측하는 것은 지극히 어렵다. 임계점에 도달하기 전에는 그 조직에 변화가 거의 보이지 않을 수도 있기 때문에 더욱 그렇다. 마치 낭떠러지를 향해 제리를 뒤쫓던 톰처럼, 도달한 다음에는 돌아올 길이 없지만 말이다.

하지만 그런 복잡구조가 금융시장과 사회구조로부터 생태계와 지구기후에 이르기까지 모든 것을 지배하고 있다는 사실을 감안하면, 상황이 갑작스럽게 뒤집혀 붕괴해버리기 이전에 스트레스와 조기경보 신호를 감지하는 것은 우리의 집단적 행복을 위해 지극히 중요한 일이 된다. 왜냐하면, 비유하자면 이것이 바로 '멈출 수 없는 파국적 기후 변화'라는 코끼리가 방 안으로 난입하여 나비를 밟아 뭉개버릴지도 모르는 바로 그 지점이기 때문이다.

그러나 아주 단순한 복잡계의 컴퓨터 모델링과 실험에서는 계가 붕괴를 향해 다가가는 것을 알려주는 몇 가지 특징적인 징조가 존재하는 것처럼 보인다. 첫째는 임계점 탄력감퇴(CSD: critical slowing down)로 알려진 현상이다. 이 동안에는 계에 작은 동요만 일어나도 회복되는 속도가 갈수록 점점 더 느려진다. 면역계가 손상되면 건강에 작은 문제만 생겨도 갈수록 회복하기가 점점 더 어려워지는 것처럼 말이다.

건강상태의 경우에는 이러한 임계점 탄력감퇴 현상이, 그 순간을 지나면 계의 임계점 전이가 불가피해지는 시점보다 꽤 오래 전부터 시작되는 경향이 있다. 하지만 그것이 계속되면 자기상관

(autocorrelation)이라 불리는 다른 유형의 현상을 수반하는 변화로 이어진다. 이 변화는 계의 행태가 동요하는 동안에 어떤 패턴이 반복적으로 나타나는 것과 연관되는데, 임계점이 다가오면 패턴이 반복되는 빈도는 정상적인 수준을 벗어난다.

세 번째 징조는 계에 존재하는 프랙탈 끌개도 어찌하지 못하는 한계점에서의 불안정 상태로부터 일어나는데, 그것은 계가 점점 더 유동적으로 변해서 그 행태의 가변성이 갈수록 커지는 것이다.

매우 불안정해진 계는 '깜빡거림'이라는 현상도 보일 수 있는데, 그것은 몇 가지 다른 상태 중 한 상태로 갑작스런 전이를 겪기 전에 그 상태들 사이를 왔다 갔다 하는 것이다.

이런 현상들의 중요성이 알려지자 이런 조기경보 신호를 포착하고 파악하는 데에 많은 연구가 집중되고 있다. 하지만 이런 현상들은 매우 미묘하고 불확실한데다 실제 사례를 조사하기가 힘들어서 연구에 엄청난 어려움이 있다.

하지만 기후변화 문제 앞에서 보이고 있는 정치인들의 무능은, 목하 감지되고 있는 장기적 위협을 효과적으로 막을 수 있는 범지구적 대응책 수립을 훼방할 뿐만 아니라 우리로 하여금 이 같은 파국적 붕괴의 가능성 앞에서 무력감을 느끼게 만들고 있다.

창발

종합하자면 복잡성의 이 모든 특징이 보여주고 있는 것은, 그보다 더 단순할 수 없는 설명서 — 보편적 원리의 기하학과 규모, 그리고 에너지를 공급받은 정보의 적시적량適時適量의 흐름이

명시된 — 의 정보로부터 그런 복잡한 구조가 출현할 수 있다는 사실이다. 그러니 다음 장에서 그쪽으로 눈을 돌려볼 테지만, 다름 아닌 생물과 생태계와 우리의 사회경제 시스템 속에서도 너무나 왕성하게 자기조직하는 복잡성이 발견된다는 사실도 전혀 놀랍지 않은 일이다.

왜냐하면 '창발創發(emergence)'*로 알려진 진화 현상을 가장 확연하게 체화하고 있는 것은 이 우주에서 우리가 알고 있는 것 중에서도 가장 진화된 — 점점 더 복잡해지는 조직 속에 소위 전일구조적(holarchy)** 관계를 품고 있는 — 이런 구조물들이기 때문이다. 그런 복잡계의 한 수준을 설명하는 성질과 원리는 다른 더 높은 수준을 반드시 설명해주진 못한다. 그 둘이 아무리 생래적으로 긴밀히 연결되어 있다고 하더라도 말이다. 예컨대 원자의 성질을 알더라도 그로부터 창발하는 분자의 구조와 행태를 예측할 수는 없다. 분자 자체도 그로부터 창발된 세포의 행동을 예측할 수 있게 해주지는 못하고, 세포의 활동은 조직이나 생명체 전체의 활동을 설명해주지 못한다. 전체가 부분들의 단순총합보다 크고 전체의 진화된 상태가 부분들의 총합보다 더 고도로 조직화되는 창발에 대한 이해는, 이제 곧 보게 되겠지만, 목하 진행 중인 실로 이견이 분분한 흥미로운 탐구 분야이다.

---

* 예컨대 산소와 수소가 결합하여 물이 출현하는 것처럼 하위 계층, 곧 구성요소에는 없는 특성이나 행태가 상위 계층, 곧 전체 구조 속에 돌연히 출현하는 현상. 역주
** 절대적인 정점과 바닥(위-아래)이 존재하는 위계구조(hierarchy)와는 대조적으로, 전체이자 동시에 부분인 홀론holon으로 이뤄져 있어서 위-아래가 좌-우나 안-밖의 의미와 다르지 않은 구조. 역주

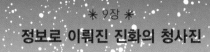

✳ 9장 ✳
정보로 이뤄진 진화의 청사진

현실화될 때 어떤 구체적 목표

— 이 경우엔 진화 — 를 이루게 되는 설계명세…

"DNA는 컴퓨터 프로그램과도 같다.

— 지금까지 만들어진 그 어떤 소프트웨어보다도 까마득히 더 진보된."

— 빌 게이츠Bill Gates

우리가 여태껏 발견한 만큼의 우주에는, 생명체의 진화만큼
우주의 배후에 정보가 존재함을 강력하게 웅변하고 있는 것이 달
리 없다. 그런데 갈수록 복잡성을 점점 더해가는, 이 같은 창발을
지배하는 원리가 대체 어디서 생겨난 것인지에 대해서는 아직도
양극화된 관점이 대립하고 있다.

종교의 옹호자들은 지적인 설계를 논하고, 과학자들은 자기 조직화를 논한다. 소위 '물리적 현실'의 모든 것의 진화를, 정보가 그 배후여서 정보로 점철되어 있을 뿐만 아니라 실로 그것으로 만들어져 있는 것으로 바라본다면, 우리가 육안으로 보고 있는 자기 조직화와 창발의 배후에는 더 깊은 바탕이 숨겨져 있음을 깨닫게 될 것이다.

그러니 곧 보게 될 테지만, 우리는 지적 설계론이나 자기조직화 이론 대신 '정보로 이뤄진 진화의 청사진'(in-formed design for evolution)이라는 확장된 관점 속에 두 개의 대치된 관점을 통합시킬 수 있다.

정보에 의한 창발

우리의 우주는 오늘날에 이르기까지 138억 년의 전 생애 동안, 그 구조와 그 속의 존재들이 갈수록 복잡성의 수준을 더해가며 변화하는 — 결정적으로는, 이전의 존재들에게는 없었던 성질들을 출현시키는 — 진화의 과정을 겪어왔다.

지난 약 40억 년 동안 우리의 고향인 태양계 안의 지구도 갈수록 복잡해지는, 자아의식을 지닌 생명체들의 창발과 진화를 북돋아냈다.

19세기 중반에 찰스 다윈과 알프레드 월리스Alfred Wallace는 각기 독자직으로 자연도태라는 개념이 그러한 생물학적 발달의 근간이라는 생각을 품게 되었다. 그러나 다윈이《종의 기원》에서 생명체가 그 주변 환경에 대한 적응력을 극대화하는 것을 진화적 진보를 정의하는 개념으로 도입하고 종의 '내부에서' 그 풍부한 사례를 찾아 보여주는 동안, 그가 설명하지 못했던 한 가지는 한 종이 실제로 어디서 기원했는가 하는 것, 곧 창발이라는 현상이었다. 지금까지 다른 누구도 설명하지 못했지만 말이다.

우리는 벽돌과, 그것들 사이의 상호연결성이 조합하는 단순한 이치로부터 어떻게 복잡성이 생겨나서 실로 정보적으로 자기 조직을 할 수 있는지를 살펴보았지만, 많은 과학자들은 외견상의 간극을 뛰어넘어 언제 어디서든지 일어날 수 있는 창발의 특징에서조차 더 깊은 신비를 발견하지 못한다. 이어지는 단계마다 복잡성이 더해질 뿐만 아니라 새로운 성질이나 현상과 행동원리가 출현할 때도, 그들의 태도는 '여긴 볼 만한 게 없으니 그냥 넘어가자' 하는 식이다. 나는 여기에 동의하지 않는다.

창발의 중요한 측면 중 하나는, 한 계가 외견상 저절로 더 높은 수준의 질서를 갖추게 되는 것이다. 거기서 그 계는 더 조직화된 전일적인 존재로만이 아니라 흔히 새로운 룰을 따르는 존재, 그리고 언제나 훨씬 더 복잡한 행태와 상관관계와 일관성을 갖춘 존재로 변신해간다.

여태까지는 이런 일이 어떻게 일어나는지에 대한 이해가 거의 없었다. 하지만 정보와 엔트로피에 대한 최근의 연구들이 중요한 단서를 제공하기 시작하고 있다. 여태껏 발견되었던 것보다 더 큰 차원의 배후의 질서, 계를 관통하여 흐르는 더 많은 정보, 그리고 정보가 이끄는 엔트로피 과정 등이 밝혀지고 있다.

2003년에 이론물리학자 제임스 크러치필드James Crutchfield와 데이빗 펠드만^{David Feldman}이 일견 단순해 보이는 의문 — 한 과정이 어떤 '내부적' 상태에 있는지를 관찰자는 어떻게 알게 되는가? — 을 던졌을 때, 하나의 큰 통찰이 일어났다.

그들은 관찰자와 관찰되는 과정 사이의 관계를 정보적으로 모델링하여, 그것을 소통 혹은 측정의 통로라는 개념으로 기술함으로써 창발을 이해하기 위한 탐구에 요긴한 세 가지 통찰을 캐냈다.

그 첫 번째 핵심적인 발견은, 외견상의 불확실성에만 주목하면 심층의 질서에 대한 자신의 무지를 깨닫지 못하게 된다는 것이었다. 말 그대로, 복잡성을 발견하지 못하면 그것은 완전히 제멋대로인 듯 보인다. 두 번째 발견은, 그런 감춰진 질서 속에는 기억이 속속들이 저장되어 있다는 것이었다. 그리고 세 번째 발견으로, 2008년에 동료 칼 맥타그^{Carl McTague}와 함께 보고한 것처럼, 그들은 창발의 임계점이 다가오는 동안 소위 잉여 엔트로피가 증가하면서 일정 값으로 수렴한다는 사실이 이 교차점에는 일시적으로 추가적인 정보가 더 존재함을 시사하고 있음을 깨달았다.(참조 2) 이같은 특수하고 단기적인 정보가 계의 각 부분들 사이, 그리고 계와 그 주변 환경 사이의 데이터 소통과 공유를 통해 전이 과정을 이끄는 것으로 보인다.

이것을 더 일찍 시사한 것은 게임 이론의 확장된 맥락에서 소위 칩톡^{cheap talk} 현상을 연구하던 과학철학자 브라이언 스컴즈^{Brian Skyrms}가 2002년에 발표한 논문이다. 칩톡은 게임 자체에는 아무런 영향을 가져오지 않는 것처럼 보이는, 게임 개시 전의 일종의 시그널(신호)에 속한다. 그것은 사실상 무시할 수 있는, 게임 시작 전의 영양가 없는 잡담이기 때문이다.

하지만 그런 시그널을 진화적인 환경에 적용했을 때 스컴즈는 사뭇 다른 무언가를 발견하고, 칩톡 같은 것도 분명히 중요한 작용을 한다는 결론을 내렸다.(참조 3) 일시적인 정보를 담고 있는 그런 형성기의 시그널은, 프랙탈 끌개를 수용하는 배후영역의 상대적 크기에 큰 변동을 가져와서 특정한 결과가 일어나도록 부추긴다. 그 결과 그런 시그널을 가진 진화 게임은 시그널을 가지지 않은 동일한 게임과는 전혀 다른 역학과 행태를 발달시킨다.

창발 이전의 존재와 그 주변 환경 사이에 정보 공유가 일어나면, 그것은 주변 환경에 대한 적응력을 높여주는 방향으로의 진화를 선택할 수 있게 하는 하나의 수단을 제공해준다. 그것은 또, 한 존재와 그 주변 환경은 본질적으로 공동창조하는 진화의 동업자임을 뜻한다. 실제로도 이 사실을 입증하는 증거들이 날로 쌓여가고 있다.

시스템이론 학자인 존 존슨John Johnson과 안드레 토크Andreas Tolk와 안드레 소사-포자Andres Sousa-Poza가 2013년에 발표한 논문은, 창발의 과정을 배후에서 조종하는 정보 엔트로피의 결정적인 역할을 더 자세히 입증해 보여준다.(참조 4) 그들은 다양한 하부 계들이 복잡하게 상호작용하고 일련의 다중 프랙탈 끌개에 의해 유지되는 '계들의 계'(SoS: systems of systems)를 연구하다가, SoS가 임계점에 다가가고 있을 때는 그 계에 온갖 종류의 미시상태와 거시상태들이 증가해서 결국은 창발을 일으킨다는 사실을 발견했다. 이 역시 복잡성의 이 같은 도약을 이끄는 일시적이고 특수한 정보의 존재를 뒷받침해주고, 또한 여태껏 일반적으로 생각되어왔던 것보다 훨씬 더 다양한 수준에서 공동창조가 작용하고 있다는 사실을 뒷받침해준다.

온 우주의 배후에 정보가 내재되어 존재하며, 그 정보가 더 많은 존재들을 창발시켜 복잡성을 더해가면서 진화해가도록 역동적으로 이끌어갈 수 있다는 사실에 대한 우리의 이해는 아직도 유아기 단계에 있지만, 발전해가고 있는 코스믹 홀로그램 패러다임은 우리에게 생명과 의식의 본질에 대한 그 어느 때보다도 더 깊은 통찰을 제공해주고 있다. 자, 이제 눈을 돌려 이 높아진 인식이 우리의 이야기를 어떻게 고쳐 쓰고 있는지를 살펴보자.

최초의 100억 년쯤

우리는 에너지-물질과 공간-시간 출현의 배후에 있는 설명서와, 그 정보의 믿기지 않는 정밀성과 상관성이 어떻게 별들과 은하계들이 형성되게 했는지를 이미 살펴보았다. 하지만 그처럼 절묘한 균형과 정확성은 거기서 그치지 않았다. 우리 우주의 살아 있는 지성은 이어서 ― 앞서 살펴본 ― 더 복잡한 구조의 자기조직과, 그 실현의 배후에서 창조의 정보를 공급하는 프랙탈 패턴을 준비했다. 하지만 이처럼 정보가 이끄는 진화가 생명체의 탄생으로 이어지려면 특수한 건축재료가 더 필요했고, 지금도 필요하다.

그것도 정확한 양이 알맞은 환경에서 적시적소에 주어져야만 한다.

그러니 이제부터 우리는 이 점에 초점을 맞춰서 우리 우주의 이야기를 이어갈 것이다.

우리의 몸은 주로 네 가지 원소로 이뤄져 있다. — 수소, 탄소, 질소, 산소가 그것이다. 아주 미량으로도 중요한 기능을 수행하는 원소를 비롯해 다른 원소들도 많지만, 이 네 가지 주 원소가 전체의 약 96퍼센트를 차지한다.

네 원소 중 가장 가벼운 수소는 빅브레쓰가 시작된 후 최초의 몇 분 만에 — 그보다 훨씬 더 적은 양의 헬륨과 미량의 리튬과 베릴륨과 함께 — 형성됐다. 하지만 나머지 세 원소와 더 무거운 모든 원소들은, 별들이 나이를 먹어가는 동안 초신성 폭발이라는 대격변이나 우주선(cosmic ray)들 간의 극도의 고에너지 충돌이 일어날 때 별의 내부에서 일어나는 핵융합이라는 과정에서 만들어졌다.

별들은 우리와 마찬가지로 태어나서 살다가 늙어서 죽는다. 고온고압인 별의 내부에서 별의 초기 질량의 대부분을 구성하는 수소 원자의 핵은 서서히 융합하여 헬륨을 형성하면서 에너지를 풀어놓아 별이 빛을 발할 수 있게 한다. 별이 늙으면 별의 수소연료는 결국 고갈되고 다른 과정이 자리를 차지한다. 그리하여 탄소, 질소, 산소를 포함한 더 무거운 원소들이 합성되어 별의 외각층을 형성한다. 우리의 태양과 같이 작거나 중간인 크기의 별들은 종종 말년에 이 외각층을 외계로 방출하여 풍부한 성간물질을 만들어낸다.

더 큰 별들의 경우에는 개입된 엄청난 힘들이 핵융합을 계속하여 더 무거운 원소들을 형성시킨다. 그 에너지가 폭발의 지점까지 쌓이면 별의 대부분의 질량은 어마어마한 초신성 폭발에 의해 먼 우주공간 속으로 날려간다.

은하계 암흑물질의 하부구조, 회전 스핀(특히 나선 은하계의 경우), 그리고 전자기장 등 은하계를 형성하는 힘들과 그 역학관계는 별이 그처럼 뿌려놓은 물질들이 성간 가스와 먼지의 구름 속에서 덩어리를 짓게 만든다. 그러면 그 속에서 다음 세대의 별들이 잉태되고, 그 별들의 행성계가 형성된다. 이런 식으로 설명하면 비교적 단순해 보이지만, 몇 가지 사항만 더 고려하면 우리 우주의 이 신층적 질서가 얼마나 놀랍도록 특별한 것인지가 드러날 것이다.

우선 성간 구름이 모여서 별의 핵을 이루는 과정이 왜 그런 식으로 일어나는지부터 생각해보자. 우리의 우주가 탄생한 지 단 몇 억 년 후에, 우주가 팽창하면서 식어가는 동안에 원시 가스의 중력수축으로부터 최초의 은하계들이 형성되기 시작했다. 그러는 동안 지점마다 흘러드는 속도가 달라지게 만드는, 작은 밀도 변동으로 인해 은하계가 회전을 시작했다. 회전 에너지로 변한 이 밀도 차이는 이제는 우리의 눈에 익숙한 나선형의 팔을 따라 가스가 모여들게 하여 우리의 은하수를 형성시켰다. 가시 에너지-물질의 이러한 조직은 암흑물질의 보이지 않는 기층基層 표면에 거품을 형성했다. 암흑물질의 기층 자체도 끌어당기는 중력의 미소한 차이에 영향을 받았다.

그리하여 1세대 별의 형태로 물질이 더 모여들게 하기 위한 무대준비가 끝났다. 풍부한 수소와 서로 간의 근접성으로 인해 이 최초의 별들의 무리는 질량이 매우 컸다. 그들은 맹렬하게 살다가 아마도 동시에 일어난 초신성 폭발들을 통해 풍부한 성간물질로 된 별의 씨앗을 뿌리면서 젊은 나이에 죽어갔다. 그다음 한두 세대의 별들도 계속해서 더 풍부한 원소들을 후손들에게 유산으로 제공하여, 성간의 가스와 먼지구름은 커지고 번져가서 새로운 별들이, 그리고 장차 행성계들도 태어날 수 있는 환상적인 보금자리가 되어주었다. 허블 망원경이 찍은 가장 대표적인 사진들 중의 하나는 실제로 그와 같은 '별들의 인큐베이터'를 보여준다. 1995년에 이 망원경은 공교롭게도 지구에서 6,500광년 떨어진 별들의 신생아실인 독수리 성운의 '둥지' 속에서 발견되어 '알'(EGGS: evaporating gas globules)로 명명된 태아기의 소구체 별들의 절묘한 모습을 사진에 담아냈다.(참조 5)

　여기에는 두 가지의 부가적인 요인이 조합되어 그와 같은 조산 활동을 위한 최적의 조건을 확보해주는 역할을 한다. 우리의 은하계에서는 100년마다 평균 세 번의 초신성 폭발이 일어나고 이 폭발들은 엄청난 충격파를 내보내는데, 그 특정 주파수와 힘이 결정적 역할을 하는 것이다. 성간운은 그 교차지점들에서 가장 효과적으로 만들어질 뿐만 아니라 후속 충격파는 물질을 쓸어모아서 새로운 별들의 형성도 촉발시키는 것으로 보인다. 여기서도 우리는 이 충격파들의 주파수와 힘의 완벽한 조합을 목격한다. 주파수가 조금이라도 높거나 힘이 더 크기만 해도 성간운은 요동이 너무 심해서 미래의 별을 탄생시킬 수가 없을 것이다. 주파수가 너무 낮거나 힘이 적어도 성간운을 이루는 물질은 별이 형성되기 전에 흩어져버릴 것이다.[*]

두 번째 중요한 측면은 2009년에 당시 하버드-스미스소니언 천체물리학 센터의 천문학자 후아바이 리$^{Hua-bai\ Li}$와 그의 연구팀이 발견한, 그와 같은 가스 구름 속과 구름들 사이에 존재하는 강력한 자기장이었다.(참조 6) 소규모와 대규모 양쪽에 걸쳐 정렬되어 있는 이 자기장은 중력이 멀리까지 작용하지 못하게 하는 방해물 작용을 하여 별들과 그 행성계의 크기, 그리고 탄생시간에 영향을 미친다. 이로 인해서 별의 수명은 행성계에서 생물이 복잡하게 진화해가기에 충분할 만큼 길어지고, 은하계들의 전체 활동 기간도 더 학장된다.

태양계를 탄생시키는 놀랍도록 균형 잡힌 조건들을 애기했지만, 그에 못지않게 별들을 탄생시키는 성간물질의 구름도 생명을 창발시키기에 완벽한 조합으로 구성되어 있다. 지난 몇 년 동안에 천문학자들은 성간운 속에서 광범위한 형태의 유기분자를 갈수록 더 많이 발견해내고 있다. 2014년에 막스 플랑크 방사선 천문학 연구소의 아르노드 벨로시$^{Arnaud\ Belloche}$가 대표로 쓴 논문에서, 조사팀은 여태껏 관찰된 것 중 가장 복잡한 분자(시안화 이소프로필)를 발견했다고 보고했다.(참조 7) 의미심장하게도 이 분자에서 분지된 탄소화합물은 단백질의 염기인 아미노산에서도 나타난다. 그러니 이것이 탐지되었다는 사실은 생명의 기원이 되는 이런 벽돌들이 우주공간에 널려 있음을 시사한다. 우리 은하계 중심부 근

＊ 이 대목은 언스트 클라드니$^{Ernst\ Chladni}$가 발견한 소리꼴을 연상시킨다. 소리꼴은 음파가 일정한 주파수(하모닉스 주파수)에 이를 때만 형성되고 그 밖의 주파수에서는 요동에 의해 흩어진다(유튜브에 다양한 실험 영상이 올라와 있다.) 역주

처에 있는 거대한 가스 구름 속에는 비닐 알코올과 에틸 포름산염 분자도 들어 있음이 밝혀졌다. 이것은 라즈베리의 맛과 럼주의 향기를 내는 화학물질이어서, 전혀 뜻밖의 장소에서 술꾼들의 디저트를 발견하게 될 가능성을 암시한다.

생명의 또 다른 구성요소이자 필수조건은 물인데, 천문학자들은 성간운 속에서 엄청난 양의 얼음도 발견했다. 그것은 절대온도 0도보다 10도밖에 높지 않은 온도에서 형성된다. 2014년에 영국 엑시터Exeter 대학교의 팀 해리스Tim Harries와 그의 연구팀은 지구상의 물의 성분을 분석하여 그것을 성간운 속의 물의 성분과 비교해보았다. 그 결과 그들은 놀랍게도 지구상의 물의 절반은 우리의 태양이 탄생하기 이전에 형성된 것이라고 보고했다.(참조 8) 우리는 태고의 우주먼지로 만들어졌을 뿐만 아니라 그것을 마시고 있기도 한 것이다!

그러니, 성간운 속에는 생명의 구성요소들이 존재한다. 하지만 그렇다면 무엇이 그것들로 하여금 스스로 자기조직하여 이 성간운들 속에서 관찰된 탄소기반 유기분자들, 곧 생명체의 기반을 형성하도록 에너지를 공급하는 것일까? 그것은 빛, 특히 자외선 주파수의 빛이다. 낮은 레벨의 자외선이 성간운 속에 꽉 차 있는 화합물이 든 얼음 알갱이들을 비출 때, 그것은 — 2002년에 타니아 마하잔Tania Mahajan, 제이미 엘실라Jamie Elsila, 데이비드 드리머David Dreamer, 그리고 리처드 제어Richard Zare 등의 우주생물학자들이 최초로 보고한 것처럼 — 그러한 창발의 한 경로가 되는 탄소결합물의 형성을 촉발하기에 이상적이고도 필수적인 에너지를 공급해준다.(참조 9)

우리의 태양과 같은 3~4세대 별의 탄생기에 이르자, 목성과 토성같이 가벼운 가스로 된 큰 행성만이 아니라 우리 지구와 같이 무거운 암석으로 이뤄진 행성도 포함된 태양계가 형성될 수 있는 만반의 준비가 갖춰졌다. 생명체의 창발과 진화를 위한 완벽한 천국이 되어줄 가능성을 갖춘 무대는 바야흐로 우리 인간에 이르는 여정인 다음 막을 올리려 하고 있었다.

거의 50억 년 전에, 중심에 있는 엄청난 질량의 블랙홀로부터 반경의 3분의 2쯤 떨어진 지점, 우리 은하계의 한 나선 팔 속에 박힌 가스와 먼지구름 속의 한 작은 구역이 중력붕괴를 시작했다. 그 후 200만 년이나 그 전에 ― 아마도 근처의 초신성 폭발에 의해 촉발되었을 테지만 ― 중심부의 물질이 붕괴하면서 뜨거워져서 우리의 태양이 형성됐다. 그 주변을 원시행성 물질의 회전원반이 둘러싸고 있었고, 그 안에서는 최근의 증거에 의하면 더 복잡한 물질이 계속 나타나고 있었던 것으로 보인다.

2011년에 NASA의 운석 연구에서 나온 한 보고서는 DNA의 전신인 RNA가 외계에서 형성되었을 수도 있음을 시사했다.(참조 10) 그리고 2012년에는 천문학자들이 원시항성계 속에서 RNA 형성에 필요한 당糖분자인 글리콜-알데하이드의 존재를 탐지했다.(참조 11)

그다음 수백만 년 동안 회전원반 속에서는 중력에 의한 합체가 진행되어 미행성체微行星體가 형성되었고, 그것이 그다음엔 소행성으로 커졌다가 마침내는 행성과 달이 형성됐다. 암석으로 이뤄진 무거운 행성들은 태양계 안쪽에 형성되었고, 목성이나 토성처럼 가스로 이뤄진 가볍고 거대한 행성들은 외곽에 형성되었다. 실제로 토성은 너무나 가벼워서 충분히 큰 대양만 있다면 그 위에 뜰 것이다.

지난 30여 년 사이에 행성 과학이 비약적으로 발전한 가운데, 우리의 태양계가 어떻게 생겨나서 진화해왔는지에 대한 이전의 생각들은 폐기되었다. 점점 더 일목요연해지는 전체상 속에서 새로운 개념들이 발전하여 통합되고, 이전에 불신받았던 일부 생각들은 실제로 복권되고 있다. 하지만 중요한 것은, 행성천문학자 레누 맬호트라Renu Malhotra가 말했듯이 '태양계가 보여주는 역학은 불안정성과 장기적 안정성, 양쪽의 원인이 될 수 있는 궤도공명(orbital resonance) 현상이 만들어내는 이야기'임이 갈수록 분명해지고 있다는 점이다.(참조 12)

좀더 근대의 다른 천문학자들과 마찬가지로, 오래전인 18세기의 천문학자 요한 티티우스Johann Titius와 요한 보드Johann Bode는 수성에서 토성에 이르기까지 당시에 알려져 있던 행성들의 궤도의 상대적 크기가 실제로 서로 밀접히 공명한다는 것을 깨달았다. 훗날 티티우스-보드의 법칙으로 알려진 이 법칙은 소행성대와 천왕성의 존재와 궤도 반지름을 정확히 예측해냈다. 하지만 나중에 발견된 해왕성과 명왕성의 궤도는 이 법칙을 따르지 않아서 그 전제는 인기를 잃어버렸다. 그러나 최근에 와서는 우리 태양계의 초기 행성궤도가 이동했음이 밝혀졌다. 명왕성처럼 아주 먼 곳에 있는 행성들은 다양한 요인으로 인해 태양에서 더 가까운 궤도로 옮겨 갔든가 아니면 더 먼 궤도로 옮겨가서, 결국은 오늘날 우리가 보는 장기적으로 안정된 공명궤도에 정착한 것이다.

티티우스와 보드의 통찰은 다시금 인정받고 있어서, 미묘하게 다른 여타 공명궤도들도 발견해내고 있다. 예컨대 행성들이 서로 소위 공명-각칭동(resonant-angle libration)*을 하고 있는 데서 발견되는데, 공명-각칭동은 행성들이 궤도를 따라 도는 동안 각 분리도가 공명주기 내의 특정 경계점 사이를 천칭처럼 오갈 때 일어난다. 우리 태양계 외곽 행성들 사이의 이 같은 공명관계의 몇 가지 예로서, 목성과 토성의 궤도 크기는 1퍼센트 오차 내에서 5 대 2 공명관계를 유지하고, 토성과 천왕성의 궤도 크기는 5퍼센트 오차 내에서 3 대 1 공명관계를, 그리고 천왕성과 해왕성의 궤도 크기는 2퍼센트 오차 내에서 2 대 1 공명관계를 유지한다.

유독 티티우스-보드 법칙을 위반하여 이 법칙의 인기가 떨어지게 했던 해왕성과 명왕성의 궤도도 공명관계에 있는 것으로 밝혀졌다. 이 공명관계는 공전주기 2 대 3의 비율이 주된 요소로 작용하면서 다른 영향력들과 함께 진화하여 자신들의 공전경로를 형성하게 된 것이다.

더 나아가서 특히 목성과 토성의 핵심적인 역할에 대한 통찰도 이 두 거대행성이 우리 태양계 가족의 일원이라는 사실에 우리가 얼마나 감사해야 하는지를 밝혀주었다. 다행스럽게도 목성의 중력이 태양계 안쪽을 깨끗이 청소해주어서 우리의 행성 지구가 우주공간의 위험한 파편들로부터 비교적(전적으로는 아니지만) 안

---

* 칭동 秤動(libration): 천체들이 서로 이루는 위치각이 공전, 자전 등의 운동으로 인해 천칭처럼 일정 범위 사이를 주기적으로 오가는 현상. 역주

전하도록 돕는다고 한동안 알려져 왔다. 그런데 초창기에는 목성의 역할이 그보다 훨씬 더 중요했다는 사실이 2015년 3월에 밝혀졌다.

그레고어 래플린Gregor Laughlin이 공동저술한 캘리포니아-산타크루즈 대학교 천문학 연구팀의 논문도 우리의 태양계가 왜 지금까지 발견된 다른 다행성 태양계들과는 사뭇 다른지를 설명해준다.(참조 13) 다른 태양계의 행성들은 대부분 우리의 행성들과는 달리 태양에 너무 가까운 궤도를 돌고 있어서 생명체가 살 수 없는 매우 큰 소위 '수퍼지구'(super-Earth)를 가지고 있는 것으로 보인다. 그리고 최근의 증거에 의하면 우리 태양계에서는 암석으로 이뤄진 내부궤도의 행성들과 지구는 목성을 비롯한 외곽궤도의 거대 가스행성들보다 나중에 형성되었다.

래플린과 공동저술자인 콘스탄틴 배티진Constantin Batygin의 말에 의하면, 목성이 초창기의 태양계를 청소했다고 한다. 우주의 이 소란한 핀볼 게임에서 목성은 실제로 암석으로 이뤄진 내부궤도의 1세대 행성들 — 수퍼지구가 되었을 행성들 — 을 파괴해버렸다. 현재 수성의 궤도만큼, 아니면 그보다도 태양에 더 가까웠던 그 행성들의 더 무거운 잔해는 그 뜨거운 포옹 속으로 떨어져 합류했다.

2011년에 다른 연구팀이 먼저 제시한 이론을 보강하여 그랜드택grand tack 가설이라 이름 붙인 그들의 모델은, 그 연회가 끝난 후 내부궤도에 2세대의 암석 행성이 형성될 수 있게끔 목성을 현재의 궤도로 끌어낸 것은 토성의 중력과, 아마도 그것들 사이의 공명관계였을 것임을 보여준다. 그 뒤에 남은 물질로부터 수성, 금성, 지구, 그리고 화성이 생겨났다. 이것들은 그렇게 되지 않았을 경우보다 더 가볍고, 훨씬 더 희박한 대기를 지닌 행성이 되었다.

2014년 빈 대학교의 엘크 필랫-로힝거Elke Pilat-Lohinger가 행성 궤도 모델링을 통해 강력히 주장한 것처럼, 토성은 다른 이유로도 더 중요하다.(참조 14) 지구의 궤도는 안정적이고, 태양으로부터의 거리가 2퍼센트쯤밖에 변하지 않을 정도로 거의 원형이다. 덕분에 우리가 너무 덥지도, 춥지도 않고 생명에 필수적인 물도 있는 행성에서 살아남아 있을 수 있게끔 말이다. 그녀가 발견한 것처럼, 토성의 궤도를 태양에 10퍼센트만 더 가까워지게 옮긴다든가 20퍼센트 정도 기울여놓기만 해도, 지구의 궤도는 상당히 길게 늘여지고 교란되어 해마다 한 철은 지구를 우리가 생존하기 힘든 곳으로 만들어놓을 것이다. 그러면 지구상의 생명 진화는 불가능하지는 않더라도 훨씬 더 힘겨워질 것이다.

2008년 8월 1일에 나는 개기일식을 구경하려고 중국 시안西安 근처에 있는 화산의 한 정상에 올랐다. 내 건너편에는 이 신성한 연꽃 산의 다섯 봉우리 중의 하나가 보였고, 그 봉우리 위에서는 달의 그늘이 서서히 태양의 원반을 잠식해가고 있었다. 해와 달이 각자의 경로를 지나다가 완전히 겹치는 첫 순간, 나는 가장 위대한 자연현상들 중의 하나를 경험했다. 하지만 이번에는 더욱 장관이었던 것이, 겹쳐진 해와 달은 나의 위치로부터 볼 때 정확히 건너편 산봉우리 위에 자리 잡고 있었다. 해와 달과 지구의 우주적 삼위일체의 순간이 내가 본 가장 절묘한 풍경 속에 펼쳐지고 있었다.

우리의 태양은 달보다 400배 더 크다. 그리고 또 정확히 400배 더 멀리 있다. 개기일식이 일어날 수 있는 것은 우리 태양계에만 독특한 이 비범한 일치 때문이다.

우리는 지구와 태양 사이의 거리가 어떻게 지구로 하여금 황금구역을 차지하여 지상에 생명을 번성시킬 수 있게 해주는지를 잠깐 살펴보았다. 그런데 적당한 크기로 적당한 거리에 떨어져 있는 달의 존재 또한 중요한 역할을 맡고 있다. 우리의 달은 지구와의 비율로 따지면 태양계 행성의 다른 어떤 달보다도 크다. 천문학적으로 '난쟁이' 행성으로 분류된 명왕성의 가장 큰 달 샤론 Charon 외에는 말이다. 달의 인력이 일으키는 조수는 대양과 바다의 열과 영양분이 흩어지도록 도와서 에너지 흐름을 최적화해주고, 풍부하고 광범위한 먹이사슬에 양분을 공급해주어 다양한 종의 형성을 가속시킨다. 달의 질량도 지구의 회전축이 안정되도록 도와주어서 지구의 기후변화 폭을 줄여준다. 달의 존재는 원래는 하루에 세 시간씩 더 빨리 돌았을 지구의 자전 속도도 늦추어주어서 살기에 좀더 안정된 조건을 갖출 수 있게 했다. 지구와 달의 암석 성분이 비슷하다는 점과 산소의 동위원소 측정량이 동일하다는 점에 비추어, 현재의 학계는 대체로 우리의 지구와 달을 우리 행성의 초창기에 일어난 지각변동에 의한 충격의 결과물로 여긴다. 2016년 9월 <네이처 지오사이언스Nature Geoscience>지에 존스 홉킨스 대학교 연구팀이 발표한 한 연구는, 지구 심층부에 형성되어 있는 철과 기타 원소들의 지층도 그런 충격이 일으킨 요동에 의해

형성되었을 가능성이 매우 큼을 보여줌으로써 이 시나리오를 지지하는 강력한 증거를 제시했다.(참조 15)

게다가 지구의 초창기에 외부로부터 충격이 가해졌을 것이라는 충돌 시나리오들은 모두가 달이 지금보다 훨씬 더 가까운 위치에 형성되고 지구도 지금보다 훨씬 더 빨리 자전해야만 하게 되는 결과를 가져온다.

학제 간의 결합을 통해서도 태양과 달과 지구가 어떻게 상호작용하는지, 특히 얼마나 섬세하게 조율된 전자기력의 상호작용을 통해 지상의 생명을 보호하고 에너지를 공급해주는지에 대한 이해가 갈수록 깊어지고 있다. 거대한 거품 형상을 한, 태양이 방사하는 자력권인 태양권(heliosphere)은 태양계 전체를 감싸고 있다. 우리가 은하계 중심의 주위를 도는 동안에 이 태양권의 전자기적 후광은 치명적일 정도로 강한 우주선과 압력과 요동과 떠돌아다니는 성간물질의 파편들로부터 우리를 보호해준다. 하지만 태양으로부터 흘러나와 태양권을 형성하는, 전기를 띤 플라스마인 태양풍 자체도 위협적인 에너지를 지니고 있다. 우리는 또 지구가 지닌 자기적 풍선인 자력권의 보호를 받고 있다. 지구의 자력권은 철이 풍부한 지구의 중심핵이 일으키는 내부 발전에 의해 유지된다.

달의 자기장은 지금은 매우 약해졌지만, 지상에 생명이 정착하기 시작하고 있었던 37억 년 전에는 지금의 지구만큼이나 강했다. 달이 처음에는 어떻게 그토록 큰 자기장을 만들어냈고 그 후에는 왜 그렇게나 많이 줄어버렸는지에 대해서는 아직 알려진 바가 거의 없다. 하지만 내 생각에, 그 중요한 시대에 작용한 다음 세 가지 요인을 조합해보면 흥미로운 가능성이 드러난다.

초창기 지구의 표면에 물과 유기분자들이 이미 풍부하게 존재하고 있는 가운데, 강력한 전자기적 상호작용이 당시의 요동하던 지구 대기권 속에 거대한 지자기 폭풍을 일으킬 수 있었을까? 만약 그랬다면 그것이 생명의 기원이 된 유기분자들이 자기조직을 계속해가도록 촉발시켜주었을 뿐만 아니라 결정적으로 최초의 생물 분자들 — 십중팔구 RNA — 의 창발도 촉발시켜주었을지 모른다.

지구의 역사를 통틀어서 태양과 달과 우리 지구 사이에서 이것과, 여타의 무수한 전자기장들이 일으키는 상호작용, 그리고 거기에 담겨서 교환되는 정보는 모든 생물의 삶에 결정적인 역할을 했고, 지금도 그렇다.

이제 우리가 눈을 돌려볼 것은 바로 이 창발과 진화이다.

지구의 초창기

우리 지구의 나이는 현재 45억 살이 넘은 것으로 추산된다. 지구의 표면은 처음에는 용융 상태였다가 식어서 고체로 굳었지만 운석과 혜성의 충돌로 자주 가격을 받았다. 우리의 태양계를 낳은 가스 구름 속에 생명의 전구물(前驅物)인 유기분자와 물이 풍부하게 존재했을 뿐 아니라 RNA가 형성되었을 가능성까지 감안한다면, 그 같은 충돌을 통해 생명체에 필수적인 성분이 전달되었을 가능성은 다분하다. 이전까지 경시되었던 '포자범재설(panspermia)'*로 알려진 그 같은 가능성은 쌓여가는 증거로 인해 점점 더 그럴듯한 시나리오로 간주되고 있다.

어쨌든 간에 38억 년 전에, 혹은 그보다 더 일찍 우리의 행성은 충분히 냉각되어 자생에 의해서든 외계로부터의 이주에 의해서든 그런 생명체들이 창발하기에 충분할 만큼 준비가 갖춰졌다.

그 구체적인 창발의 수수께끼를 푸는 것은 어려운 문제로 남아 있지만, 전반적으로 정보의 저장과 통로와 흐름은 창발의 기본 조건임이 갈수록 분명해지고 있다. 이미 살펴봤듯이, 창발 직전에는 특징적으로 일시적이고 분명한 추가적 정보가 존재하고, 창발 이전의 존재와 그 전일구조의 하부계와 크게는 주변 환경 사이에 정보의 소통이 일어난다.

한동안 생물학자들은 생명 출현 이전의 유기분자로부터 생명체가 창발하기 위해서는 RNA가 반드시 존재해야 하는 것으로 보았다. 더 효율적이고 안정된 후계자인 DNA와 마찬가지로 자신을 복제해내고 정보를 저장하고 처리하고 유전자를 코딩하고 조정하고 표현해내어 단백질을 형성시키는 RNA의 능력은 핵심적인 열쇠다. 하지만 어려운 과제는, RNA같이 복잡한 것이 어떻게 초창기 지구의 조건 속에서 그 구성요소들로부터 자신을 조립해낼 수 있었는지를 이해하는 것이다.

2015년 6월에 노스캐롤라이나 대학교의 찰스 카터Charles Carter가 이끈 팀과, 같은 학교의 리처드 월펜든Richard Wolfenden이 이끈 팀은 각각 획기적인 연구를 통해 그러한 창발이 어떻게 일어날 수

＊ 생명이 외계로부터 왔다고 보는 가설. 역주

　　　　　　　　　　　　　　　코스믹 홀로그램

있었는지를 얼핏 일별할 수 있게 해주었다.(참조 16)

　RNA는 뉴클레오티드^{nucleotide}라 불리는 유기분자로 구성된 네 소단위체(subunit)**의 집합으로 이뤄져 있다. 카터와 윌펜든과 그 연구팀들이 답을 찾고자 했던 의문은, 그것들이 어떻게 원시 지구의 화학물 수프 속에서 서로 만나 결합했는가 하는 것이었다.

　한편 2015년 5월에 영국 케임브리지 대학교의 화학자 존 서덜랜드$^{John\ Sutherland}$와 그의 연구팀은 시안화물의 화합물이 네 소단위체 중의 두 가지, 그리고 많은 종류의 아미노산을 만들어낼 수 있음을 보여주었다.(참조 17) 뉴클레오티드를 조립하여 RNA로 만들어내거나, 아미노산이 형성되거나, RNA가 실제로 (생명의 또 다른 벽돌인) 단백질이 형성되도록 이끄는(혹은 코딩하는) 메커니즘은 당시에는 아직 알려져 있지 않았다.

　카터의 연구는 전달 RNA(tRNA)로 알려진 분자가 다양한 아미노산에 어떻게 반응하는지를 들여다봄으로써 RNA가 어떻게 단백질을 만들어내는지에 대한 답을 찾아내려고 애썼다. 우리는 앞서 형상과 크기와 점성에 의해 구체화된 정보가 한 계 내의 다양한 요소들이 서로 영향을 미치는 방식을 좌우하는 유일한 요인이라는 사실을 살펴봤었다. 추측이 되는가? 그의 연구팀은 다름 아니라 tRNA의 한쪽 끝이 아미노산을 그 모양과 크기에 따라 골라내고, 다른 끝은 그 끝의 점성에 영향을 미치는 특정한 전기 극성을 지닌 아미노산과 결합할 수 있다는 사실을 발견해낸 것이다.

** 고분자 생체입자를 이루는 기본단위. 역주

그러니 tRNA는 어느 아미노산과 결합하여 단백질을 만들지와, 그것이 결국 어떤 생김새를 취할지를 지휘 감독한 것이다. 이것은 본질적으로 유전자 코딩 진행의 중간단계이다.

다른 연구에서 월펜든과 그의 연구팀은 아미노산이 원시지구에 존재하는 고온의 물속에서 어떻게 분포했는지를 조사했다. 그들은 여기서도 중요한 것은 아미노산의 모양과 크기와 극성(점성)이었음을 발견했다. 이 연구는 또한 고온에서도 여전히 단백질의 모양을 결정하는, '접기(folding)'로 알려진 동일한 기하학적 규칙이 적용된디고 결론지었다.   그리하여 정보는 보존되어서 복제될 수 있었던 것이다.

전기의 묘기

우리의 초기 우주를 채우고 있던 태고의 빛과, 허공에 충만해 있으면서 은하계와 별들의 형성을 도와 이끈 전자기장과 플라스마로부터 이 행성에 생명의 존속을 돕는 역할과 지구문명의 과학기술에서 없어서는 안 될 역할에 이르기까지, 전자기는 코스믹 홀로그램의 이상적이고 필수적이고도 만능인 정보적 도구이다.

최대한 많은 양의 정보를 저장하고 처리하고 통신할 수 있는 전자기의 능력은 생명의 창발과 진화과정이 보여주는 복잡다단한 과정을 위해서는 특히나 중요하고 요긴하다. 사실상 살아 있던 생명체가 죽었다는 말은, 본질적으로는 그 몸속의 전자기 작용이 멈추었다는 뜻이다.

전자기상은 대개 작은 규모의, 그리고 흔히는 일시적인 전기적 변화와 전위, 부하 차이 등의 형태로 뇌 속 신경세포의 점화, 근육의 수축, 호르몬 분비 등 무수한 생물학적 작용을 이끎으로써 다른 무수한 작용들이 꼬리를 물고 이어지게 한다. 생명체 속의 대부분의 분자들은 지극히 낮은 주파수의 전자기 신호에 미약하게 반응하고, 그보다 더 전반적인 수준에서는 전류가 생명체의 몸 전체를 가로질러 세포들끼리의 혹은 세포 내부의 소통에 필요한 에너지를 공급해준다.

상존하는 것이든 충격파로 발생하는 것이든 간에, 자기장도 생물학적 과정에 특유하게 작용한다. 현재로 가장 잘 알려진 바는 아마도 철새와 동물들과 곤충들이 길을 찾아가는 능력일 것이다. 이들은 지구자기장에 의존하여 종종 엄청난 거리에 걸친 장기 여행을 안전하게 수행해낸다.

생명전자기에 대한 연구는 아직도 유아기에 있지만, 이 분야는 신체 전반의 정보 소통에 미세한 전자기장과 에너지 흐름이 개입되어 있음을 서서히 밝혀내고 있다. 논란이 분분하긴 하지만, 형이상학적 전통들이 고대로부터 주장해온 것처럼 건강한 몸을 만들어내는 거푸집의 온전성과 통일성을 담보하는 일에도 전자기장이 폭넓게 관여하고 있을지도 모른다는 의심을 일으키는 증거들이 있다.

조직

상호연결성, 자기조직화, 그리고 생명체 발달의 심층적 본질에 관하여 날로 쌓여가는 통찰로부터 좀더 포괄적이고 일반적인 원리들이 드러나기 시작하고 있다. 정보적이고 엔트로피적인 작용으로서 에너지 전달을 수반하는 이 원리들은 심층의 비물리적인 패턴, 거푸집, 그리고 끌개들로부터 출현하여 생물의 창발과 진화를 이끈다.

지금까지의 탐사를 통해서 보았듯이, 그와 같은 바탕과 그것의 물리적 현현은 본질적으로 홀로그래피의 메커니즘을 닮아 전일적인 구조를 지니고 있다. 그러니 생물학자들 역시 코스믹 홀로그램의 징후를 발견하고 있다는 사실은 전혀 놀라울 일이 아니다. 생물의 형체를 만들어내는 배후에도 프랙탈 끌개의 정보 형틀이 작용하는 것으로 여겨지고 있다. 생명체와 그 주변 환경을 긴밀히 상호연결시키는 역동적 공동창조 진화과정에 응답하여, 갈수록 점점 더 복잡해지는 다중프랙탈 끌개가 '계들의 계'(SoS)를 형성시킨다.

생명체의 형체가 어떻게 성장해가는지를 밝히는 형태발생학(studies of morphogenesis)은 점차 그러한 발달을 배후에서 이끌어가는 정보의 작용을 깨달아가고 있다. 이러한 이끎은 DNA 게놈에 의해 모든 세포 속에 부호화되어 있는 하나의 모델을 따라 호르몬, 화학물질, 전자기장, 그리고 전기부하 속에 내재된 일련의 신호와 응답을 통해 일어난다.

지구상 모든 생물체의 세포는 DNA를 지니고 있다. 세포들은 저마다 각 종種의 고유한 형체와 기능을 묘사하는 일습의 유전자인 게놈을 생체부호로서 지니고 있다. 다른 모든 생물 종들과 마찬가지로, 인체의 모든 세포에도 똑같이 전체 게놈의 DNA가

부호로 각인되어 있다. 이 배후의 정보 형틀은 DNA의 정보전달을 통해 분화 이전의 줄기세포가 분화하여 태아로부터 성체로 자라도록 이끌어준다.

학자들은 일부 동물들이 예사롭게 해내듯이, 잘린 사지를 재생하거나 심지어는 병든 장기를 다시 자라나게 할 수도 있는 메커니즘을 밝히기 위하여 이 정보의 틀과 생체전기의 작용도 연구하고 있다. 터프트^{Tufts} 대학교의 마이클 레빈^{Michael Levin}과 그의 동료들은 편형동물인 플라나리아가 머리를 재생할 수 있을 뿐만 아니라, 머리가 떨어지기 전에 알고 있었던 정보까지도 기억을 해낸다는 것을 보여주었다.(참조 18)

레빈의 연구팀은 신체 세포조직 전반에 휴지^{休止} 전위*가 부호처럼 새겨져 있고, 이것이 어떤 조직과 장기가 언제 어디에서 만들어질지를 결정한다는 사실을 발견했다. 그들은 또 세포 차원에서, 그리고 넓은 영역 — 아마도 신체 전역 — 에 걸쳐서 복잡한 구조의 부위들이 자라나는 것을 감독하기 위한 생체전기적 대화가 일어나고 있는 것을 발견했다. 레빈은 이렇게 말한다. "장기들을 만들어내는 법에 대해 생물이 이미 알고 있는 그것을 이용하는 전략에 집중하는 것이 우리의 연구방향이다."

지난 15년여 동안에 DNA의 역할 자체와 유전자 코드는 급진적으로 정밀조사를 받았고, '이기적인 유전자'라는 관점의 주장은 점차 퇴색되었다. 새로운 견해는, 유전자는 신체 조직과 진화적

---

* electrical resting potential: 적절한 정보의 촉발에 의해 여기^{勵起}되면 생물학적 조직화가 일어나게 하는, 세포막 안과 밖 사이의 휴지기 전위차. 역주

발전의 주인공이 아닌 하수인일 뿐만 아니라 생명체는 자기 내부에서, 그리고 개체끼리 서로 경쟁하기보다는 협동한다는 것, 그리고 조직화와 진화는 개체 차원만이 아니라 더 큰 집단의 차원에서도 일어난다는 것이다.

이러한 재평가는 사실 2001년에 인간의 전체 유전자 지도를 만들기 위한 휴먼 게놈 프로젝트의 결과와 함께 형성되기 시작했다. 휴먼 게놈 프로젝트의 결과는 예상을 완전히 벗어났다. 수십만 개가 넘는 신체 단백질을 통제하는 데에 ― 혹은 생물학자들의 말을 빌리자면 '부호화하는' 데에 ― 같은 수의 유전자가 필요하리라고 내다봤던 생물학자들의 예상과는 달리, 우리의 게놈은 그보다 훨씬 적은 수의 유전자로 이뤄져 있음이 밝혀진 것이다. 2015년에 발표된 한 추산은, 우리의 단백질을 코딩하는 게놈은 전체가 2만 개도 안 되는 유전자로 이뤄져 있어서 지렁이를 포함하여 심지어는 벼나 양파와 같은 더 단순한 많은 종들과 비슷하거나 오히려 더 적다는 것을 보여주었다.

그뿐 아니라 연구자들은 인간의 전체 게놈의 98.5퍼센트나 되는 부분은 단백질 코딩을 위한 것이 아니라는 사실을 발견했다. 이전까지 그것은 그보다 훨씬 더 적은 부분으로, 아직 생물학적 용도가 없는 것으로 여겨져서 '잡동사니(junk)' DNA라는 모욕적인 이름으로 불려왔다. 하지만 2003년부터 진행 중인 ENCODE(Encyclopedia of DNA Elements, DNA 구성요소 백과사전)의 연구는 이 DNA의 진정한 역할을 알아내는 것을 목표로 하고 있다. 지금은 '부호화 작업을 하지 않는 DNA'(noncoding DNA)라는 좀더 합당한 이름으로 불리는 이것의 용도는 아직도 해명 중에 있다. 2012년에 ENCODE의 연구자 협회는 그중 80퍼센트 이상이 생화학적 활동을 하고 있고, 또 그중 많은 부분은 '부호화 작업을 하는 DNA'(coding DNA)의 발현 수준을 제어하는 데에 관여하고 있음을 밝혀냈다.

유전자 중심 패러다임이 기본적으로 전제하고 있는 바는, 생명체의 생애 기간에 일어나는 어떤 일도 그 유전자에 영향을 미치거나 다음 세대에 전달될 수 없다는 것이었다. 하지만 이 관점 또한 이제는 옳지 않은 것으로 밝혀졌다. 오히려 생활방식과 환경적 요인의 정보적 성질이 안정적으로 상속되는 형질로서 남아 있을 수 있다는, 소위 후생유전적 영향력의 역할을 뒷받침하는 증거가 점점 더 많이 쌓이고 있다. 이러한 발견들과 진행 중인 연구들은 DNA의 역할에 대해 크게 다시 생각하게 만들 뿐만 아니라 정보의 흐름, 상호작용, 그리고 기억이 생명체를 어떻게 조직화하고 진화시키는가에 대한 훨씬 더 포괄적인 시사점들을 던져준다.

우리는 앞서 물과 자외선, 그리고 기본원소들의 존재로부터 연금술처럼 생성된 생명의 기원인 유기분자들이 어떻게 성간의 먼지구름 속에서 발견되었는지를 알아봤다. 2001년에 우주생물학자 루이스 알라만돌라Louise Allamandola는 NASA 연구팀을 이끌어 실험실에서 이와 같은 조건을 만들어냈다.(참조 19)

그들은 분자들이 작은 소포小胞, 곧 본질적으로 세포막이라고 할 수 있는 유기적 포낭 — 내용물을 외부환경으로부터 분리하여 품고 보호하는 ─ 을 스스로 조직해낸다는 것을 발견했다. 막대 모양의 소포는 중요한 특징을 지니고 있었다. 그 한쪽 끝은 전자 기적으로 물을 끌어당기고, 다른 끝은 물을 밀어냈다. 모든 생명체 내에서 물과 전자기력이 맡는 역할을 감안하면, 이것은 자기조직 화에 매우 효과적인 방식이어서 모든 생명체의 생존과 진화의 열 쇠와도 같다.

세포막은 수동적인 조직이 아니라 환경과 생명체가 양방향 으로 끊임없이 신호를 주고받을 수 있도록 그 과정을 적극적으로 중개한다. 세포막은 세포막에 붙어 있는 소위 수용기 단백질을 통 해서 이 일을 해낸다. 수용기 단백질은 전기부하를 띤 이온과 같 은 화학적 성질의 신호와, 전자기 진동과 같은 에너지적 성질의 신호 양쪽의 정보적 신호를 인식하고 반응한다. 수용기는 우리의 신체를 건설하는 데 너무나 중요한 것이어서, 부호화 작업에 참여 하는 DNA의 40퍼센트는 수용기가 완벽하게 재생되도록 보장하 기 위해 존재하는 것으로 추산된다.

그 같은 정보에 대한 DNA의 진동 반응을 연구하고 있는 다 른 연구팀들은, DNA의 이중나선 모양이야말로 유전자의 발현을 끄거나 켜는 신호를 수신하고 송신하는 안테나 역할을 하기에 안 성맞춤이라고 주장한다. 이 또한 우리의 DNA가 우리의 신체적 형상을 만들어내는 마스터키라기보다는 우리의 생각과 감정, 그 리고 (옳은 것이든 그른 것이든 간에) 신념 ─ 신구직 세포생물학자 브루 스 립튼Bruce Lipton이 지적하듯이 ─ 을 매개하는 생물학적 도구상자 라는 통찰을 제공해준다.(참조 20)

유전자의 역할에 대한 올바른 인식, 세포막의 불가결한 성질, 생명 진화를 위해 요긴한 정보의 역할에 대한 이해를 종합하여, 립튼은 DNA의 대부분이 들어 있는 세포핵은 세포의 '뇌'가 아니라 생식기관이고, 환경을 인식할 뿐만 아니라 세포를 드나드는 정보를 적극적으로 중개하는 세포막이야말로 세포의 뇌라는 견해를 취한다. 또한 그를 포함한 여러 학자들은 3차원 공간 속에서 2차원의 세포막을 에너지적으로 조직화하는 최적의 방법은 프랙탈 기하학을 채용하는 것임을 깨달았다. 립튼은 점진적으로 복잡성을 체화해가는 이것을 프랙탈 진화로 설명한다. 다세포생물의 등장과 함께 생물체를 감싸는 전신의 세포막은 그들의 전체 형상의 에너지적 형틀을 — 따라서 정보적인 형틀을 — 관리하는 홀로그래픽 프로세서 역할을 한다는 것이다.

생물형태학(biological morphology)의 다중프랙탈 기반에 대한 연구도 매우 왕성한 학문분야이다. 시스템 이론가 스튜어트 카우프만Stuart Kauffman이 제시한 한 가지 매혹적인 추론은, 인체 내 256가지의 전문적 기능을 가진 세포들은 같은 수의 다중프랙탈 끌개의 통일된 배후 네트워크의 '계들의 계'(SoS)일지도 모른다는 것이다.(참조 21) 그는 다양한 생물들이 보유한 다양한 세포 형태의 수와 한 특정 세포 속의 DNA의 양을 대비한 일람표를 만들어보고는 이런 결론에 이르렀다. 그리고 그는 그것들이 서로 멱법칙을 따르는 관계임을 보여줌으로써 거기에도 프랙탈의 성질이 내재해 있음을 밝혀냈다. 이것은 지금까지 연구된 다른 SoS의 경우와도 비슷해서, 지성이 신체 전반에 어떻게 분포되고 조직되는가 하는 의문에 좀더 전일적이고 정보적인 방식으로 접근해갈 수 있게 해준다.

2010년에 사우스캘리포니아 대학교의 신경과학자 래리 스완슨Larry Swanson과 리처드 톰슨Richard Thompson은, 이전의 연구를 통해 쾌락과 보상에 반응하는 것으로 밝혀진 쥐의 조직의 작은 한 부분(정확한 지점)에 분자 추적기를 주입해봄으로써 유익한 통찰을 얻어냈다. 그것은 당시 신경과학의 지배적 설이었던 중앙처리 중추를 오가는 신호를 보여주는 대신, 복잡하게 상호연결된 네트워크가 여태껏 서로 소통하지 않는 것으로 알려져 있던 영역들 사이를 잇고 있는 모습을 보여주었다. 그러니까 뇌는 본질적으로 프랙탈 인터넷처럼 움직이고 있는 것이다.(참조 22)

심장과 위장도 뇌와 마찬가지로 각자의 뉴런세포 네트워크, 곧 세포막을 가로질러 양쪽의 전위차를 이용해 신호를 주고받는 특화된 세포들의 연결망을 보유하고 있는 것이 발견됐다. 뉴런은 뇌에만 전속된 세포가 아니어서, 신체의 중요한 공동체들 속에 널리 퍼져 있는 그 양상은 의식적이든 자율적이든 그들 사이에 더 깊은 수준의 소통이 존재함을 말해준다. 이 같은 발견들은 가슴이 철렁 내려앉는다든가 육감을 느끼는 등의 현상에 대한 새로운 이해와, 우리 신체 전반에 분산 분포된 지성에 대한 더 깊은 통찰을 제공한다.

우리는 곧 그처럼 분산 분포된 지성의 정체가 무엇인지를, 쌓이고 있는 다른 많은 증거들이 어떻게 인식과 의식의 본질을 조명해주고 있는지를 살펴볼 것이다. 하지만 우선은 생명체와 그 환경조건 사이의 역동적인 상호작용이 어떻게 진화를 이끌어가는지

코스믹 홀로그램

를 조금 더 자세히 살펴보자.

공동창조를 통한 진화

환경에 마치 지각변동과 같은 급변이 일어날 때, 생명체들은 환경과의 정보적 소통을 통해 새로운 차원의 반응을 이끌어낸다. 배후의 프랙탈 끌개가 분기하여 새로운 형체를 창발시키는 것이다. 바로 이 지점이야말로 실로 종의 기원이 놓여 있는 곳이다.

과거의 기후변화 증거와 화석의 기록은 지상의 생명진화 역사가 소위 '종지부 찍힌 평형상태'(punctuated equilibrium)라는 과정을 거쳐왔음을 증언한다. 이것은 우주의 본질을 정보로 바라보는 이 새로운 관점을 정확히 반영해준다. 대개 1만 2,000년 정도의 세월 동안 조용한 환경조건이 이어지는 우리의 충적세와 같은 안정기에는 다윈이 발견한 것처럼 상대적으로 소규모의, 종 내부의 진화작용만이 일어난다.

대규모의 기후 주기와, 빙하기들과 그 사이의 따뜻한 기간과 같은 장기적인 기후 일탈 현상은 지구의 운동에 일어나는 변화들 사이의 상호작용을 반영한다. 시베리아의 지구물리학자 밀루툰 밀란코비치Milutun Milankovic의 이름을 따서 집합적으로 밀란코비치 주기로 불리는 이런 변화는 지구궤도의 이심률離心率과 축의 기울기, 그리고 그 축 주위를 도는 공전운동의 불안정 때문이다.(참조 23) 역사적으로 이런 변화에 대해 생물권은 기존의 종들을 점차 멸종시키고 새로운, 흔히 이전의 종과 비교적 가까운 친척 같은, 기후에 맞는 변종을 출현시키는 것으로 반응한다. 임계점에 근접한 상태에 머물러 있음이 점점 드러나고 있는 생태계에, 그런 '불안정성'은 게놈의 재배열을 최소화하면서도 그와 같은 반응을 최대화할 수 있을 만큼의 '유연성'을 가져다주기도 한다. 그로써 최소한의 노력으로 최대한의 진화적 수확이 얻어질 수 있게 하는 것이다.

하지만 그것은 완전히 새로운 규모와 속도의 진화를 초래하는 파국적인 변화이다. ─ 죽지 않을 만큼 고생하면 강해진다는 속담의 아마도 가장 극단적인 사례 말이다. 지질학자들은 지난 5억 4,000만 년 동안에 기존 동물 종의 50퍼센트 이상이 멸종하여 거의 절멸에 다다갔던 사건이 최소한 다섯 번 일어났음을 확인했다.

그중 2억 5,200만 년 전의 '대량 절멸'(the Great Dying)로 알려진 사건이 가장 커서, 이때 모든 동물 종의 90퍼센트 이상이 죽었다. 하지만 그것은 완전히 새롭고 더 복잡한 형태의 생물들이 대량으로 창발하게 하여 진화에 엄청난 영향을 끼쳤다.

가장 최근인 6,600만 년 전의 사건은 그 주된 원인이 지금의 멕시코 유카탄 만에 떨어진 소행성의 충격이었던 것으로 여겨지고 있는데, 이때 공룡이 멸종하고 포유류가 출현했다.

각각의 사건 이후에는 회복 작용이 일어날 뿐만 아니라 환경과 생태계 내에 혁신적인 신호와 응답의 왕래가 활발해지면서 창발의 속도와 복잡성의 증가도 극적으로 가속되었다. 지구상에 살았던 모든 생물 종의 99퍼센트 이상은 멸종된 것으로 추산된다. 하지만 지금 지구성에 시식하고 있는 1퍼센트의 종들마저도 현재 극단적인 위협 아래 놓여 있다.

많은 학자들이 공룡을 멸종시켰던 백악기-고☆ 제3기보다도 더 빠른 또 다른 대량멸종이 목하 일어나고 있다고 본다. 자연재해나, 흔히 여러 가지 원인이 겹쳤던 과거의 사건들과는 달리 오늘날의 파멸에는 딱 한 가지 이유 — 바로 우리 — 밖에 없다는 것이 중론이다.

생명은 길을 찾아낸다

빅브레쓰의 첫 순간으로부터 우리 우주의 바탕 정보와, 엔트로피처럼 증가해온 정보의 역동성은 지구로 하여금 갈수록 복잡성이 커지고 엄청나게 다양해지는 생물들이 자아의식을 진화시켜낼 수 있는 완벽한 환경이 마련될 수 있게 했다. 우리 행성의 역사와 우리 자신이 출현하게 된 내력은 비범하다. 여기서는 코스믹 홀로그램의 전반적인 원리의 일부를 묘사하기 위해 그중 작은 한 부분만을 이야기했을 뿐이다.

지난 몇 해 동안에 우주생물학자들은 성간 가스와 먼지구름이라는 뜻밖의 무대 속에서 유기분자와 물이 형성되고 있는 것을 발견하면서 놀라고 흥분했다. 이 지구상에서도 생물학자들은 뜨거운 활화산 속이나 수 킬로미터 깊이의 어둡고 차고 엄청나게 높은 압력의 바닷속에서도 번성하는, 소위 극한생물(extremophiles)이라 불리는 생육 가능한 생명체를 발견하고는 그만큼이나 놀랐다. 이들은 엄청난 수준의 고온과 저온, 압력과 산성도와 방사능을 견뎌낼 수 있었다. 그런 조건들이 이들의 지속적인 진화를 가능하게 해주지는 못했지만, 이 이웃 생물들의 다수는 우리의 가장 오래된 조상일 수도 있다.

우리는 황금구역에 놓인 지구 또한 호의적인 환경을 지속시키며 거의 40억 년 동안 점점 더 복잡한 생명체를 키워내고 진화시켜온 과정을 살펴보았다. 최근에 와서 우주생물학자들은 행성이나 달들이 충분한 내부 열을 생산함으로써 안정된 환경 속에 액체 상태의 물이 형성되게 하면, 그처럼 명백히 서식 가능한 지역 '너머'에서조차 생명이 창발할 수 있음을 깨달아가고 있다. 그러니 우리의 태양계에서도 일부가 암석으로 이뤄진 두 개의 달 — 목성의 달 유로파와 토성의 달 엔셀라두스 — 이 그 얼어붙은 지각 아래의 따뜻한 대양 속에 생명을 보유하고 있을지도 모른다.

2016년 말까지 파악된 바로는, 태양계 너머 우리 은하계에는 다행성계를 거느리는 600개 정도의 다른 별들 주위를 공전하는 3,500개의 외계행성이 존재하는 것으로 알려졌다. 태양과 비슷한 다섯 별들 중의 하나에는 황금구역을 차지한 지구 크기의 행성도 있는 것으로 추측되고 있다. 우리는 외계의 생명체를 찾는 탐사를 이제 겨우 시작하고 있을 뿐이다. 한 세대 전만 해도 대부분의 과학자들은 아마도 우리가 우주에서 유일한 생명체일 것이라고 자신 있게 말했다. 하지만 더 이상은 그렇지 않다. 우리의 우주는 생명체로 가득 차 있을 가능성이 너무나 많다는 것이 갈수록 분명해지고 있다. 가능성만 있다면 생명은 길을 찾아낼 것 같다.

✳ 10장 ✳
홀로그램과 같은 양태들

인간은 공간 속에서도, 시간 속에서도 홀로그램처럼 행동한다…

"내가 연구해보고 싶은 것이 다른 이들에게도 흥미로웠던
그런 때는 내 생애에 거의 없었다."

— 브누아 망델브로Benoît Mandelbrot, '프랙탈의 아버지'인 수학자

우리는 자신의 선택이 개인적인 의지에 의한 것이라고 여기지만, 모아놓고 보면 우리의 집단적 행동에도 코스믹 홀로그램의 징표가 온 데 담겨 있다는 놀라운 증거들이 갈수록 늘어나고 있다. 프랙탈 패턴과 제닮음꼴, 규모와 무관한 성질, 하모닉스 공명, 멱법칙 등이 우리의 인공적인 구조와 조직에도 널리 침투해 있음이 계속 밝혀지고 있다.

이제 우리는 '자연계'가 온통 그런 것과 마찬가지로 도시의 성장 양상, 인터넷의 상호연결, 우리의 사회활동 속에서 일어나는 일상적 사건들과 갈등상황 같은 외견상 공통점이 없는 인공의 현상들 속에도 홀로그램의 정보가 가는 곳마다 침투해 있음을 확인해주는 몇 가지 발견들을 만나볼 것이다.

다르지 않다

지금까지 우리는 초물리적이고 모든 곳에 스며 있는 정보적 바탕으로부터 화현해 나오는 '물리적 현실'의 본질을 살펴보았다. 그것은 우리 우주의 과거와 현재와 미래의 시공간 전체에 걸쳐 홀로그램처럼 역동적으로 펼쳐지고 진화해가는 정보에 의해 본질적으로 공동창조되고, 감독되고, 정보가 주입된다.

우리는 코스믹 홀로그램의 존재를 입증하는 날로 쌓여가는 증거를 보았고, 또한 그 내재된 정보가 어떻게 생명체의 창발과 진화를 포함하여 복잡성을 점진적으로 펼쳐낼 수 있도록 뒷받침해주는지를 살펴보았다. 우리들 한 사람 한 사람과 같은 특이한 생명체들은 저마다 독특한 방식으로 생각하고 느끼고 경험하지만, 모두가 인간이라는 공통점을 공유하고 있다.

우리는 기업의 주가 동향이 담고 있는 다중프랙탈 구조를 밝혀주는 브누아 망델브로의 연구를 통해 그 같은 집단적인 홀로그램 패턴의 예를 이미 접했다.

그러니 이제는 눈을 돌려 우리의 집단적 행동에서 홀로그램과 같은 전일구조의 현실을 보여주는, 그리고 우리 자신과 나머지 세계는 현실의 드러난 패턴 면에서 사실상 다르지 않음을 밝혀주는, 쌓여가는 사례들을 좀더 살펴보자.

인터넷

오늘날 전 세계를 연결하고 있는 인터넷은 아무도 계획하거나 설계한 적이 없다. 인터넷의 원래 구조는 1960년대에 엔지니어 폴 배런Paul Baran의 아이디어를 따랐다. 그는 당시를 지배하고 있던 중앙집중방식과 반대로, 고도로 분산된 컴퓨터 기반의 통신망을 제안했다. 각각의 컴퓨터 노드가 다른 몇몇 컴퓨터와 연결되어 있는 그런 분산된 구조의 통신망은 고도의 중복성을 띠고 있어서, 든든하고 유연하면서도 공격이나 시스템 고장에 덜 취약한 환경을 구축해주었다.

1967년에 컴퓨터 디자이너인 웨슬리 클라크Wesley Clark는 배런의 아이디어를 따서 정보를 공유하기 위한 혁신적인 데이터베이스 시스템을 만들어냈는데, 그것이 웹사이트들을 위한 범세계적인 통신망(World Wide Web)이 되었다.

그로부터 20년도 더 지나서, 팀블TimBL이라는 애칭으로 알려진 팀 버너스-리 경Sir Tim Berners-Lee은 자신이 개발한 컴퓨터 언어인 하이퍼텍스트를 무료로 공개함으로써, 데이터에 꼬리표만 붙여놓으면 전체 시스템에 걸쳐 서로 연결(하이퍼링크)될 수 있는 제3의 중요한 속성을 인터넷망에 부가했다.

이 뜻밖의 운 좋은 발견과 초보적인 시작으로부터 인터넷망은 본연의 홀로그램 같은 성질을 통해 계속 자기조직하여 발전해갔다. 그 중요한 성질을 살펴보자.

초기의 연구자들은 통신망을 사용하는 컴퓨터가 각 도시들에 몰려 있고 지방 전역에 흩어진 채로 지구상 모든 시간대에 걸쳐 불균일하게 퍼져 있기 때문에, 데이터 트래픽은 개인이나 기업 사용자의 요청에 대해 패턴화 현상 같은 것은 보이지 않으리라고 생각했다.

1998년 당시, 컴퓨터 과학자 월터 윌링거Walter Willinger와 베른 팍슨Vern Paxson은 일정 기간 내 월드 와이드 웹을 지나는 데이터 트래픽의 통계를 조사하는 연구자들 중에서 선구자들이었다.(참조 1) 그들의 연구와 다른 연구자들의 후속연구가 보여준 것은, 다양한 기간에 걸친 데이터 트래픽의 양상은 제닮음꼴을 지니고 있고 프랙탈의 성격을 띤다는 사실이었다.

인터넷에 웹페이지를 설치한 사람이라면 누구나 외부 링크를 몇 개 포함시킬 것인지를 선택할 수는 있지만, 그 페이지로부터 링크가 몇 회나 일어나게 될지를 통제할 수는 없다. 그러므로 여기서도 그러한 연결의 성질에는 어떤 패턴도 나타나지 않으리라는 것이 일반적인 예측이었다.

1999년에 선구적인 통신망 이론가 레카 앨버트Reka Albert, 정하웅Jeong Hawoong, 그리고 앨버트-라슬로 바라바시Albert-Lazlo Barabasi는 30만 개의 문서와 약 150만 개의 링크를 보유한 인터넷 기반 데이터베이스에 접속하는 링크 횟수를 측정함으로써 이 가정을 확인해보기로 했다.(참조 2) 그들이 발견한 것은, 데이터베이스의 연결상태는 통제되지 않은 무수한 선택이 개입되어 있음에도 불구하고 홀로그램처럼 규모와 무관한 멱급수의 특성을 따른다는 사실이었다. 그들은 또 그 계가 고도의 자기조직적이고 적응력 높은 속성을 지니고 있다는 것을 발견했고, 인터넷은 생태계나 다른 많은 복잡한 현상들과 마찬가지로 지속가능하지만 임계점인 상태에서 발달해간다고 결론지었다.

인터넷의 주요 데이터 경로가 홀로그램과 같은 속성을 지니고 있다는 사실도 1999년에 세 명의 컴퓨터 과학자 3형제 미칼리스Michalis, 페트로스Petros, 크리스토스 팔로우소스Christos Faloutsos의 연구에 의해 증명되었다. 그들은 그처럼 규모와 무관한 연결망은 망을 지원하는 물리적 구조물 ― 라우터router의 노드 접점과, 그것들의 각 컴퓨터 접속점과의 통신 링크 ― 에도 적용된다는 것을 보여주었다.(참조 3)

리서치 회사인 이마케터eMarketer는 인터넷 사용자의 총수가 2016년 말에는 35억을 상회할 것으로 내다봤다. 생물학적 복잡성의 진화와 창발의 경우와 마찬가지로, 인터넷의 확산도 생태계 연구에 사용되는 것과 정확히 동일한 수학적 도구를 사용하여 모델화할 수 있는 창발적인 성질을 드러냈다.

그것이 창발적인 행태를 보이는 의미심장한 예는, 누구나 수정을 가할 수 있는 공개 소프트웨어의 경우이다. '위키피디아'처럼 독립적으로 편집할 수 있는 위키 프로젝트의 성장과 성공은 너무나 놀라워서 때로, 위키피디아의 편집자들은 그것을 '위키피디아의 제0법칙'이라 불렀다. 곧 '위키피디아의 문제는, 그것이 실제에서만 먹히고 이론적으로는 결코 먹히지 않는다는 것'이다.

사실 그것은 이론적으로도 먹힌다. 단지 위키피디아의 행태를 해석하려면 그것을 해석할 창발 이론도 따로 창발해야만 했을 뿐이다.

갈등

규모와 무관한 멱법칙이 모습을 드러내는 또 다른 인간 활동은 갈등상황이다. 1948년 영국의 이론물리학자 루이스 리처드슨 Lewis Richardson은, 소규모의 작은 충돌로부터 두 차례의 세계대전에 이르기까지 지난 세기에 일어난 300여 건의 폭력시대를 분석한 결과를 발표했다.(참조 4)

이것과, 그보다 더 많은 횟수의 갈등상황에 관한 더 많은 데이터로부터 그가 밝혀낸 사실은 터무니없게 느껴지기까지 한다. 그는 가능한 원인이 무수하고 선택의 여지도 넘치는 그런 공격성의 표출이, 지진의 규모와 규칙성의 경우와 마찬가지로 빈도와 사망자 수 사이의 관계가 너무나 정밀하게 근접한 로그 함수의 멱법칙을 정확히 따르고 있다는 사실을 부여주었다. 이것은 또한 슬프게도, 큰 전쟁이란 이례적인 사건이 아니라 인간이 일으키는 재난의 연속 스펙트럼상의 극단에 놓인 사건일 뿐임을 보여준다.

최근에 마이애미 대학교의 닐 존슨Neil Johnson을 위시한 연구자들은 이라크와 아프가니스탄에 주둔하는 미군에 대한 반정부군의 공격 발생 양태에도 동일한 멱법칙이 작용된다는 사실을 발견했다. 공격의 잔인성과 시기성 등을 포함하여 분석의 폭을 넓혀가면서, 존슨과 그의 연구팀은 2011년에 갈등의 신화석인 전개를 예측하기 위한 방법론을 개진하는 논문까지 제시했다. 이 논문은 발전 곡선(progress curve)이라는 눈에 익은 관계를 보여준다. 이것은 인간의 다양한 활동 속에서 경험과 적응의 상호작용을 통해 그 활동의 수행이 완벽해질 수 있게 만드는 정보가 계속 쌓여감에 따라 생산성이 향상되어가는 과정을 추적한다.(참조 6) 서글픈 일이지만, 양측이 서로 적군에 대해 알아가고 거기에 적응해갈수록 전쟁에서도 그처럼 '생산성'이 향상될 수 있다.

그들의 연구는 공격 횟수(첫 번째, 두 번째, 세 번째 등등)와 공격 간격 사이의 로그값 관계를 보여주는 발전 곡선을 발견해냈다. 그들은 첫 번째 공격과 두 번째 공격 사이의 간격을 알면 그다음의 공습을 예측할 수 있다고 주장했다.

어쩌면 이보다 더 놀라운 것은, 양측의 적응력이 소위 '붉은 여왕 효과'를 가져온다는 점이다. 루이스 캐럴의 《거울 나라의 앨리스》(Though the Looking Glass)에서 앨리스와 붉은 여왕의 무모한 추격전은 결국 그들을 도로 출발점에 데려다놓는다. 진화생물학에서 이 용어는 숙주와 기생충, 혹은 포식자와 희생자 사이의 경쟁을 묘사하는 데 쓰인다. 여기서도 한쪽의 적응은 상대방의 상응하는 반응을 초래하여 결국은 평형상태를 유지하게 된다.

존슨의 연구팀이 확실히 밝혀낸 것은, 최근에 일어나고 있는 주로 반정부투쟁 형태의 갈등은 어떤 형태든 지속 가능한 해법을 찾아내고 실행하여 막다른 난국을 돌파하지 않는 한, 이길 수도 없고 끝도 없는 '붉은 여왕의 늪' 속으로 전투원들을 몰아왔고 계속 그렇게 몰아가기 쉬운 속성을 지니고 있다는 깨달음이다.

작은 세상

인간사회 전반에 걸쳐 나타나는, 홀로그램 같은 본성을 지닌 또 다른 현상은 작은 세상 네트워크의 현상이다. 지난 3세기 동안 과학연구는 대상을 나누어서 그것의 가장 작고 가장 기본적인 성분을 파악하는 데에 초점을 맞춰왔다. 그 같은 환원론적 접근법은 엄청나게 성공을 거두기는 했지만, 그것은 지난 몇십 년 동안 발전해온 전일론적 접근법이 갈수록 확연히 밝혀내고 있는 사물들 배후의 연결성을 무시해버렸기 때문에 원천적인 한계를 지니고 있다.

그 보기는 '작은 세상 네트워크'라고 불리는 것이다. 이것은 각 노드node(네트웍의 분기점)들 사이가 단 몇 개의 링크만으로 연결되어 있어서 영향력이 쉽게 퍼져나갈 수 있게 해주는 무수한 상태를 묘사하는 말이다. 노드들 사이의 전형적인 링크 횟수는 망 속 노드 수의 로그값에 비례하여 늘어나서, 그 같은 네트워크가 본질적으로 '규모와 무관한' 홀로그램과도 같은 성질을 띠게 만든다.

이런 작은 세상의 연결에 대한 이해는 1960년대 말에 미국의 심리학자 스탠리 밀그램Stanley Milgram이 행한 유명하고 획기적인 실험을 통해 크게 진일보했다. 인터넷(그 자체가 작은 세상의 속성을 지니고 있는) 이전의 시대에, 그는 작은 세상의 연결성을 실제적인 증거를 통해 확인해보기로 했다. 그래서 그는 미국 내 전역에서 임의로 택한 수취인에게 일련의 편지를 써 보냈다. 그 편지에다 밀그램은 매사추세츠에 사는 어떤 사람의 이름과 직업을 적었다. 그리고 그는 수취인에게 그 편지가 마침내 매사추세츠의 그 사람에게 전해지도록 도와줄 수 있을 것 같은, 자신의 사회적 관계망 속의 아무에게나 전해달라고 부탁했다. 장본인에게 도달한 편지들은, 밀그램에게서부터 최종 수취인에게로 전해진 연결고리가 평균 여섯 단계로 이뤄졌음을 보여주었다. 이 실험은 '6단계 분리법칙'라는 개념이 널리 퍼지게 만들었다. 좀더 최근에 와서는 인터넷에서도 밀그램의 편지 대신 이메일을 이용하여 같은 실험이 행해졌는데, 여전히 같은 단계의 연결성이 발견됐다.

1998년에는 당시 코넬 대학교의 수학자 던컨 왓츠[Duncan Watts]와 스티브 스트로갯츠[Steve Strogatz]가 무수한 네트워크들이 작은 세상의 속성을 띠고 있다는 사실을 최초로 보여주었다. 그들은 격자형 노드의 모델링을 통해, 규칙적인 격자구조 하나를 가지고 그 질서 정연한 연결고리 중 몇 개를 다양한 길이로 바꿔주기만 해도 전체 격자의 연결성을 최적화해주는, 무리 형성(clustering)과 자유로운 이동성을 겸비한 잡종이 만들어지는 것을 발견했다. ― 다시 말해서 그들은 작은 세상을 만들어낸 것이다.(참조 7)

왓츠는 작은 세상 개념의 적용이 엄청나게 확산되는 것을 기뻐하면서 비꼬듯이 덧붙였다. ― "나는 영문학을 제외한 거의 모든 분야의 사람들로부터 연락을 받은 것 같다. 수학자, 물리학자, 생화학자, 신경생리학자, 역학자役學者, 경제학자, 사회학자, 마케터, 정보시스템 전문가, 토목공학을 하는 사람들, 그리고 인터넷에서 네트워킹을 하기 위해 작은 세상 개념을 사용하는 기업 등등."

작은 세상은 정보가 네트워크 속을 고도로 효율적으로 흐를 수 있도록 최적화해준다. 그것이 단지 한 지역의 지식에 한정되어 있을 때조차 말이다. 인터넷의 작은 세상이나 트위터나 페이스북 같은 소셜네트워크보다 훨씬 이전에도, 인간사회 전반에 퍼져 있던 '규모와 무관한' 연결은 새로운 소식을 '들불처럼' 퍼져 나가게 만들었다. ― 뇌의 뉴런이 전달하는 데이터도, 산불도 실제로 작은 세상의 네트워크처럼 퍼져나가니, 맞는 표현이다.

이메일과 도서관의 책

사람들은 학자들이란 뭔가 중요한 것에만 주목하리라고 생각할지 모르지만 웹 브라우징, 이메일 활동, 그리고 도서관의 책을 빌리는 등의 사소한 일에 대한 연구도 우리 인간의 행동이 지닌 본래적으로 홀로그램적인 성질의 또 다른 예를 보여준다.

2005년에 앨버트 라슬로 바라바시와 후앙 올리베이라^{Joao Oli-}^{veira}는, 이메일과 편지 소통을 포함하여 일상생활과 일들 중 몇 가지 활동의 타이밍을 살펴봄으로써 인간의 동태^{動態} 연구에 획기적인 돌파를 이뤄냈다. 이번에도 그들의 발견은 예상을 무색해지게 만들었다. 사람들의 차별 없는 행동에도 불구하고, 지진이나 갈등 상황의 경우와 똑같이 빈도 낮은 행동들 사이에 매우 왕성한 활동이 간헐적으로 산재하는 양상 속에서 멱법칙 구조가 드러난 것이다.(참조 8)

그다음 해에 바라바시와 그의 공동연구자들은, 동일한 사용자가 주요 온라인 뉴스 포털 사이트를 반복적으로 방문하는 시간 간격을 분석한 결과로 그 패턴에서 멱법칙 관계를 포착해냈다.(참조 9)

2009년, <미 국립과학원 연구진척 보고>에는 일단의 연구자들이 행한 인간의 상호작용에 대한 좀더 깊은 연구결과가 발표됐다. 두 개의 소셜 인터넷 커뮤니티에서 일어나는 소통 패턴을 살펴본 그들은, 역시나 회원들이 보낸 메시지 수의 변동과 그들의 활동량 사이의 관계가 축척 법칙(scaling laws)[*]를 따르고 그런 패턴이 며칠에서 1년 이상의 장기간에 걸쳐 산재해 있음을 발견했다.(참조 10) 이 발견은 다시금 연구팀을 놀라게 만들었다.

2010년에 차오 판Chao Fan, 진-리 구오Jin-Li Guo, 이-롱 자Yi-long Zha 등의 연구자들은 사람들의 또 다른 흔한 활동 — 일정 기간 동안의 도서 대출량 — 을 연구해보기로 했다. 그리고 거기서도 그들의 도서관 사용빈도에서 프랙탈 패턴을 찾아냈다. 그 분석내용을 활동의 복잡한 네트워크로 변환해본 결과, 그들은 그것 역시 규모와 무관하며 작은 세상의 특징을 띠고 있음을 발견했다.(참조 11)

예측 가능성 그리고 통제?

2010년에 차오밍 송Chaoming Song, 제화 구Zehua Qu, 그리고 니콜라스 블럼Nicholas Blumm은 바라바시와 함께, 사람들의 물리적 움직임에서도 일정 패턴이 드러나는지를 알아보기 위해 휴대폰 사용자 5만 명의 움직임을 석 달 동안 추적했다. 그들은 집에 있는 사람, 일하는 사람 등 이동 거리가 다른 다양한 사람들은 인구통계학적으로 변폭이 심하여 동선을 예측할 수 있는 가능성이 낮으리라고 예상했으나, 이번에도 93퍼센트나 되는 매우 높은 예측 가능

---

[*] 규모와 빈도 사이의 관계를 로그값으로 변환하여 일정한 패턴을 찾아내는 방법. 멱법칙은 축척 법칙의 한 특수한 형태이다. 역주

성을 발견하고 충격을 받았다. 그들이 조사결과에서 밝혔듯이, 추적대상의 사는 곳과 생활방식 등이 각양각색이어서 '이동 패턴이 매우 다름에도 불구하고 휴대폰 사용자들이 일상적으로 이동하는 거리와는 별 상관없이 예측 가능도는 놀라울 정도로 변동이 없음이 발견됐다'.

최근 몇 년 동안 엄청난 양의 데이터를 얻어내고 처리하는 능력이 기하급수적으로 커지고 있는 덕분에 과학자들은 인간의 동태에 대한 양적 분석을 그 어느 때보다 더 정확히 해낼 수 있게 됐다. 시스템이론가들은 이 능력을 십분 활용할 뿐만 아니라, 갈수록 폭넓은 사회경제적 시스템들을 복합네트워크로 재구성하고 있다. 그들은 이 시스템들의 정보적 상호작용이 홀로그램적인 멱법칙과, 규모와 무관한 패턴을 따르고 있음에 주목하고 그 같은 상호작용의 변수를 찾아내어 예측 가능도를 극대화하는 것을 목표로 삼고 있다.

이 같은 연구는 아직 시작단계일 뿐이지만, 톱니처럼 서로 맞물려 있는 지구의 현 상황에 도움이 될 활용 예는 질병의 전파를 이해하고 최소화하는 것이다. 2009년 늦봄에 H1N1 인플루엔자 바이러스가 창궐했을 때, 사람들은 대개 그것이 이듬해 1월쯤에 정점을 찍으리라고 내다봤다. 따라서 신속한 백신 개발도 11월까지 마치는 깃으로 계획되었다.

당시 인디애나 대학교의 알레산드로 베스피냐니[Alessandro Vespignani]와 그의 동료들은 그렇게 생각하지 않았다. 그들은 복합네트워크 이론을 이용하여 바이러스의 유행이 10월에 극에 달하리라고 예측했다. 그러니 백신 개발계획은 너무 늦다는 것이었다. 그 바이러스는 예상만큼 지독하지 않았지만, 인디애나 대학교 연구팀의 예측은 적중했다.

전염병이 처음에 겁먹었던 만큼 지독하지 않았던 것은 다행이지만, 병질이 상대적으로 약했던 것이 이 새로운 예측방법이 전적으로 채택되지 못하게 가로막아버렸다. 이 방법이 채택되는 데는 훨씬 더 큰 위협 — 2014년의 에볼라 창궐 — 이 필요했다. 그해 7월에 산타페 연구소에서 복잡계를 연구하던 과학자들은, 이 전염병이 서아프리카를 휩쓸고 있을 때 그것을 수학적으로 모델화하는 다분야의 연구그룹에 합류하도록 초대받았다. 병의 전염에 영향을 미치는 다양한 요인들이 어떻게 상호작용하여 큰 창궐을 일으키는지를 알아내어 효과적인 차단책을 찾아내기 위해 요인들을 맞추어보다가, 그들은 새로운 통찰을 떠올렸다. — 의미심장하게도 빈곤과 에볼라 사이의 연관성을 말이다. 가장 심하게 타격을 받은 나라들 — 시에라리온, 리베리아, 그리고 기니아 — 은 의사 수가 매우 적었고 보건관리체계가 형편없었다. 이웃 나라들은 그보다 보건 기반시설이 아주 조금밖에 더 낮지 않았지만, 그럼에도 감염자와 접촉자들을 추적하여 격리함으로써 창궐을 이겨낼 능력의 임계점 문턱을 통과했다. 2014년의 전염기 동안 추가적인 보건지원에 나선 국제사회의 반응은, 처음에는 너무 느렸지만 나중에는 상당히 대비태세를 갖추었고(특히나 외국인들이 병에 걸리기 시작하자) 마침내 기세를 잡을 수 있었다.

가난한 나라에서 빈곤을 줄이고 보건환경을 향상시키는 것은 앞으로 또 전염병이 창궐하지 않도록 예방하고 관리하기 위해서 확실히 요구되는 전략이다. 하지만 감염자들이 상호작용하는 복합네트워크를 이해하는 데서 나오는 통찰과, 자원을 효율적으로 배치하는 데 요긴한 정보도 결정권자들에게 제공할 수 있는 핵심적인 데이터가 된다.

이제는 개인의 선호, 선택, 움직임 등에 대해서는 너무나 많은 정보가 알려져 있어서 연구자들은 정보 엔트로피, 곧 복합네트워크 속 모든 개인의 선택과 행동에 대한 역동적인 정보를 추적할 수 있게 되어가고 있다.

개인과 집단의 선택과 행동에 관련된 정보에 대한 이 같은 추적과 분석은 실로 많은 것을 점점 더 정확히 예측할 수 있게 해주고 있다. 그것이 내 컴퓨터에 올라와서 내 과거의 선택을 바탕으로 미래의 상품구매를 권유하는 팝업창이 되든, 아니면 희망컨대 보건재난이나 금융재난을 막아내고 통합적인 사회지원 시스템을 공동창조해낼 수 있는 자비로운 능력이 되든 간에 말이다.

하지만 다른 해로운 가능성도 존재한다. 우리는 이미 테러리스트의 공격을 예방하기 위한 정부 차원의 고도의 감시체제와, 개인의 사생활 보호의 필요성 사이에서 어려운 논쟁을 벌이고 있다. 반면에 구글이나 페이스북 같은 기업들이 그들의 이익을 추구하는 과정에서 사적인 것에 대한 우리의 관념을 어떻게 바꿔놓고 있는지에 대해서는 그보다 훨씬 더 논의가 부족하다. 예컨대 이동전화 통신망으로부터 암호화되지 않은 데이터를 가로채는 것은 많은 나라에서 합법적으로 허용되고 있고, 그것은 기업들이 이익추구의 목적으로 개인들에 관한 상세한 정보를 축적하는 데에 쉽게 이용될 수 있다.

하지만 사람들에 관한 데이터 획득과 정보 엔트로피의 추적은 개인 사생활의 침해보다 더 광범위한 해악을 끼칠 결과를 낳을 수 있다. 여론조사 결과 이것은 세대에 따라 염려도가 달라서, 젊은 사람들은 이런 우려에 별로 괘념치 않는 것으로 나타났다. 다른 사람들이 갈수록 우리의 행동과 움직임에 관해 더 많은 것을 알아가는 동안 점점 침해되는 사생활은, 불가피하게 개인적 안전의 위축을 초래한다. 그뿐 아니라 개인이나 기업이나 정부를 지키는 보안시스템 역시 사이버 해킹에 갈수록 취약해지고 있다. 그런 침입의 동기는 무수히 많지만 자비로운 동기는 거의 없다. 빠르게 쌓여가는 엄청난 개인정보는 사생활 침해와 보안 취약을 초래할 뿐만 아니라 피할 수 없는 더 큰 영향력을 우리에게 미친다. 정부에 의한 것이든 기업에 의한 것이든, 그것은 다시 통제력으로 바뀔 수 있다. 그들의 동기에 대해서 우리는 각자 다른 입장을 취할 수도 있지만, 돌아올 수 없는 지점에 이르기 전에 우리가 어디로 가고 있는지, 아니면 사실 교묘히(사실은 그리 교묘하지도 않게) 몰려가고 있는지에 대해 개인적으로, 그리고 집단적으로 심사숙고해봐야만 할지도 모른다.

수의 조화

앞서 보았듯이, 복소수로부터 파생된 정보 패턴은 물리적 현실의 토대를 기술하는 보편적인 용어이다. 발명된 것이 아니라 발견된 소위 자연수(1, 2, 3, 4 등)는 복소수가 아니면서도 마찬가지로 보편적이다.

물리학자 프랭크 벤포드Frank Benford와 언어학자 조지 지프George Zipf는 자신들의 이름으로 명명된 법칙을 발견했는데, 그것은 창조계 배후에 감춰진 조화를 좀 뜻밖의 방식으로 예언하고 기술한다.

벤포드의 법칙은, 1에서부터 9까지의 숫자의 '상대적' 출현 빈도는 그것이 어떤 현상을 기술하든 어떤 계나 과정을 기술하든 상관없이, 어떤 규모에서든지, 그리고 측정단위와 상관없이, 조화롭고 단순한 규칙을 따른다고 말한다. 예컨대 큰 숫자 데이터 집합에서 각 데이터의 첫머리에 등장하는 숫자는 모든 수가 같은 빈도로 등장하지 않는다. 대신 1은 9보다 여섯 배 더 자주 등장한다. 주소나 팔로워 수에 따른 트위터 사용자의 분포에서부터 수학과 물리학의 상수에 이르기까지, 거기서 조화로운 규칙이 드러나게 하는 데 필요한 것은 단 두 가지의 기본요건밖에 없다. 첫째는, 그 현상을 계량화하는 숫자들의 샘플이 비율을 찾아낼 수 있을 만큼 충분히 클 것. 그리고 둘째는, 그 현상 속에서 수의 범위는 한정되지 않을 것.

이 법칙은 데이터가 다차원의 크기에 퍼져 있을 때 가장 정확히 반영되고, 멱법칙의 로그 관계를 따르는 무수한 현상 속에서 찾아볼 수 있다.

2010년에 캔버라에 있는 호주 국립대학교의 이론지구물리학자 말콤 샘브리지Malcolm Sambridge와 그의 동료들은 물리학, 천문학, 지구물리학, 화학, 공학, 수학에 걸쳐 열다섯 가지의 다양한 데이터 집합 속에 이 법칙이 존재하는지를 살펴보았다. 지진의 깊이, 우주로부터 지구에 도달하는 감마선의 밝기, 각 나라별 온실가스 방출량, 그리고 지구상 전염병의 발병사례 등을 포함한 데이터로부터 그들은 이 법칙이 널리 적용된다는 사실을 입증했다.(참조 13)

그것은 우리의 개인적, 집단적 선택으로부터 일어나는 현상과 데이터 속에도 널리 퍼져 있어서 인구 수, 기업의 판매가와 원가, 전기요금 청구서, 주가, 그리고 신문지에서 맞춰본 숫자들에 이르기까지 다양한 곳에서 나타난다. 벤포드의 법칙은 너무나 무소부재無所不在해서, 샘브리지는 그것을 변칙적인 신호를 읽어내는 새로운 해독법으로 제시하기도 했다.

이것은 이상 현상을 탐지하는 데 ― 인간의 행동과 거래에서 이 법칙이 발견되지 않는다면 예컨대 금융사기의 징후로 간주하는 식으로 ― 이용되어왔는데, 2013년에 플로리다 걸프 코스트Gulf Coast 대학교의 토머스 헤어Thomas Hair는 그 용도를 넓혀서 외계행성 탐사에서 일어나는 종류의 이상을 시험하는 데 사용해보기로 했다. 그래서 가능한 행성 후보들의 질량을 지구나 목성 질량의 배수로 계산하여 이미 확인이 된 행성들의 데이터베이스와 비교해보았을 때, 헤어는 행성 후보들의 대부분이 실제로 이 법칙을 따른다는 사실을 발견했다. 이것은 후보 데이터 중 90퍼센트 정도가 결국은 정확성이 확인될 가능성을 시사한다.(참조 14)

마지막의 고품격의 계시로서, 우리는 심지어 황금률 파이 속에서도 수의 조화로운 법칙을 발견한다. 피보나치 수열을 이루는 숫자들은 전개와 함께 서서히 벤포드의 법칙을 드러내 보여준다.

마찬가지로 '자연'과 '인공'의 현상 양쪽에 다 적용되는 지프의 법칙은 원래 모든 단어의 출현 빈도는 빈도표의 순위에 반비례함을 의미하는 것으로 밝혀졌다. 그러니까 놀랍게도 '어떤 언어에서든지' 출현 빈도가 가장 높은 단어는 두 번째로 빈도가 높은 단어보다 두 배 더 자주 나타나고, 세 번째로 빈도가 높은 단어보다 세 배… 등으로 나타난다는 것이다.

이처럼 조화로운 반비례의 성질은 다른 여러 가지 현상이나 상황들 속에도 널리 감춰져 있음이 발견되었다. 그러니까 예컨대 한 나라의 도시들을 인구 규모로 순위를 매긴다면, 그 도시들도 순위에 따라 인구가 두 배씩 줄어들 것이다. 그래서 가장 큰 도시의 인구가 100만이라면 두 번째로 큰 도시는 인구가 50만, 세 번째는 25만이 될 것이다. 1999년에 경제학자 자비에 가베이[Xavier Gabaix]는 미국 도시들의 인구분포 양상을 분석하여 그것이 지프의 법칙에 부합함을 보여주었다.(참조 15)

심지어 2015년 1월에 매사추세츠 주 케임브리지에 있는 하버드-스미스소니언 천체물리학 센터의 천체물리학자 헨리 린[Henry Lin]과 아브라함 로엡[Abraham Loeb]은, 밀도(각각 인구밀도와 별의 밀도)를 중요한 변수로 사용하여 하나의 축척 모형(scaling model)이 도시의 성

장과 은하계의 형성 양쪽 모두에 정확하게 적용됨을 발견했다.(참조 16)

음악

우리가 세계를 로그함수 방식으로 보고 듣는다는 사실은 앞서 말했었다. 그러니 폭포나 해변의 파도 소리와 같은 자연계의 다양한 소리나, 사람이 만든 것이든 새소리든 음악적인 멜로디 등의 스펙트럼을 분석해보면, 여기에도 소위 핑크 노이즈*가 홀로그램처럼 규모와 무관한 프랙탈 구조로 분포되어 있다. 핑크 노이즈는 주파수가 높아질수록 음량이 약해지도록 조정한 잡음으로서, 옥타브 당 대략 동일한 에너지를 내는 프랙탈적 특징을 띠고 있어서, 우리의 천성적인 리듬 감각과 자연스럽게 조화되어 공명하는 듯이 느껴진다.

현상세계의 조화롭고 홀로그램과 같은 일관된 성질에 대한 고대인들의 이해를 과학이 서서히 확증해가고 있는 가운데, 소리와 음악의 이 같은 프랙탈적인 속성은 우리의 경험에 배경음악이 되어줄 뿐만 아니라 보편적으로 존재하는 그런 조화와 공명을 활용하는 치유 분야에서 그 중요성이 갈수록 더 크게 인정받고 있다.

2014년에 중국 우한 과학기술대학교의 연구자 웨일랜드 쳉

---

* 모든 주파수대에서 음의 세기가 같은 잡음을 화이트 노이즈라 하며 음향기기의 주파수응답 특성을 시험하는 데에 쓰인다. 이에 비해 한 옥타브 올라갈 때마다 음량이 3데시벨씩 감소되도록 조정한 핑크 노이즈는 로그 방식으로 반응하는 우리의 청각에 맞서서 공연장이나 레코딩 스튜디오의 음향조건 시험에 사용된다. 역주

Weyland Cheng과 피터 로우Peter Law, 그리고 캐나다 토론토 대학교의 혼 관Hon Kwan과 리처드 쳉Richard Cheng은 질병 치료를 위한 자극요법에 음악과 초음파 — 전자기장 사용을 포함한 다른 물리치료법들과 함께 — 를 사용한 결과를 보고했다.(참조 17) 건강한 사람의 생리적 상태는 원래부터 프랙탈적이며 병은 그런 패턴을 교란시키는 것을 알아차린 그들은, 신경 활동과 심박 속도나 호흡 패턴의 변화와 같은 다양한 생물학적 신호를 통해 건강한 생리상태와 병든 생리상태의 차이를 관찰할 수 있음을 보여주었다.

그들은 최적화된 청각자극 기술이 질병을 건강상태로 되돌려놓을 수 있음을 보여줌으로써, 말 그대로 인간의 심신을 효과적으로 조율해주는 핑크 사운드와 핑크 음악의 가치를 강조한다. 그들은 그와 같은 청각적 자극이 우울증과 자폐증, 치매를 포함한 일련의 증세를 완화시켜줄 수 있음을 보여주는 무수한 연구들로부터 증거가 쌓이고 있는 동향을 보고했다.

흑고니

앞서 살펴봤듯이 멱법칙의 조화와 복잡계 이론은 다차원의 규모에 걸쳐 적용되지만, 그것은 또한 레바논계 미국 학자 나씸 탈렙Nassim Taleb이 이름 붙인 '흑고니 현상'처럼 큰 영향력을 끼치는 뜻밖의 드문 사건을 일으키기도 한다.(참조 17)

역사적으로 과학계와 금융계에서 일어난 중요한 일들은, 지나고 나서 돌이켜보면 대부분이 일어날 법한 일이었음을 인정하게 된다. 하지만 그것은 예측하기가 힘들고 전례가 없는 경우가 대부분이기 때문에 실제로 일어나기 전까지는 종종 무시되거나 경시되다가, 나중에 돌이켜보면 일어날 법했던 것처럼 보이는 것이다. 탈렙이 인용한 예에는 중요한 과학 발견이나 2001년의 9.11 테러 사건도 포함된다.

탈렙은 어떤 것을 "흑고니처럼 희귀하다"고 표현했던 로마의 시인 유베날리스^{Juvenal}의 말에서 흑고니의 비유를 따왔다. 이 말은 로마 시대보다 한참 나중인 16세기의 런던에서 널리 유행한 표현이다. 그 이전에는 흑고니가 존재하지 않는 것으로 여겨졌지만 사실은 지구 반대편이긴 해도 그것이 실제로 존재한다는 사실이 밝혀졌기 때문이다. 탈렙은 이처럼 제약적인 사고가 지닌 취약성을 밝혀내기 위해 그 비유를 사용했다. 흑고니가 존재한다는 '증거의 부재'를 '부재의 증거'로 간주해버리는 태도는 단 한 마리의 흑고니만 목격해도 즉시 머쓱해져 버리는 것이다.

그는 또 다른 많은 보기들 중에서 제1차 세계대전과 인터넷의 출현을 예로 들면서, '흑고니 현상'을 드물면서도 극단적으로 큰 영향력을 지니고 있으며 돌이켜보면 예측할 수 있게 되는 현상이라고 요약했다. 하지만 그는 그런 현상은 예측하기가 어렵다는 것을 알므로 차라리 자신이 항^{抗}허약(antifragility) 전략이라 부르는 강건한 전략을 강조하여, 해로운 영향을 미칠 수 있는 현상(금융 붕괴 등)에는 노출을 피하고 이로운 현상(인터넷의 출현 등)의 혜택은 십분 얻어낼 수 있도록 조직과 자원을 최적화하기를 시도한다.

하지만 그런 현상에 내재한 비선형적인 속성에서 기인하는 풀리지 않은 숙제는, 그것을 사전에 알아차리는 것만이 아니라 사후의 여러 날, 여러 달, 여러 해에 걸쳐 진화해가면서 이어지는 마찬가지로 비선형적인 결말의 전개이다. 지금까지 그래왔던 것과 마찬가지로 앞으로도, 긍정적인 것이든 부정적인 것이든 흑고니는 출현하고야 말 것이다. 우리는 실로 파국적인 사건에 대해 전혀 무방비인 상태로 살아가고 있다. 그것이 지니고 있는 파괴적인 힘을 완화시킬 방법을 확보해놓아야만 할 텐데 말이다.

탈렙 등은 그러한 위협을 효과적으로 예방하기 위한 행동을 거부하고 때로는 의도적으로 회피하는, 우리 개인과 집단을 가로막고 있는 심리적 차단물을 발견했다. 그런 거부는 대개 깊은 두려움을 감추고 있어서, 갈수록 촘촘히 서로 연결되어가고 있는 지구촌의 우리가 함께 대비하여 그러한 위협을 직면하고 그 여파를 감당하고자 한다면, 그것이 일으키는 그런 불안감과 두려움에 기인한 행태를 알아차릴 뿐만 아니라 극복해내야만 한다.

그럴 때만 우리는 드물고도 피할 수 없는 파국적 현상을 직면하여 감당해낼 수 있는 선명한 시야와 유연성과 강건함과 효율성을 확보할 수 있다.

모든 물리적 현실

철학자이자 인지과학자인 데이비드 차머스$^{David\ Chalmers}$가 제기한 의식의 본질에 관한 저 유명한 난제 ― 비물질적인 것이 어떻게 물질적인 것(뇌)으로부터 생겨날 수 있는가 ― 에 대답하기가 어려운 이유는 이 의문이 그릇된 전제에서 나온 것이기 때문이다. 그것의 오류는 비물질적인 마음과 물리적 세계의 물질처럼 보이는 것을 둘로 바라보는 이원론이다. 우리가 이 책에서 지금까지 보아왔지만, 첨단과학이 깨달아가고 있듯이 그 같은 외견상의 분리는 환영일 뿐이다. 이 물리적 세계란 온통 문자 그대로 정보의 작용이 눈 닿는 데마다 나투어내는 형상의 세계임이 밝혀지고 있다.

거기에는 우리도 포함된다. 우리의 개인적인 생각, 감정, 선택, 행동, 태도들의 패턴은 독특하다. 하지만 지금까지 논했듯이, 인간의 활동을 조사하고 분석하면 할수록 무수한 개인적 결정으로부터 일어나는 우리의 집단적 행동은 소위 '자연계' 전체에 걸쳐 발견되는 것과 정확히 동일한, 홀로그램과도 같은 속성을 띠고 있음이 갈수록 분명해지고 있다.

그러니 이제 우리는 우리의 여정에서, 우리가 물리적 세계라 부르는 '모든 것'이 하나의 코스믹 홀로그램으로 표현되며, 우리 각자는 저마다 하나의 홀로그램 소우주(microcosm)이며, 인류 집단으로서의 우리의 경험은 정보적 지성인 우리 거시우주(macrocosm)의 홀로그램 '중간우주(meso-cosm)'라는 깨달음을 직면하고 인정하여 다뤄내든지, 아니면 (당신의 개인적 기분 여하에 따라) 한 걸음 더 나아가 맞아들여야만 할 지점에 서 있다.

하지만 이 인식은 또 다른 의문을 제기하니, 우리의 완벽한 우주를 만들어내는 것은 과연 누구일까 하는 것이다.

3부

우주의 홀로그램 속에서
공동창조하기

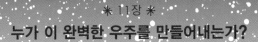

✳ 11장 ✳
누가 이 완벽한 우주를 만들어내는가?

정보로 이루어진 우주에는 정보제공자가 있다…

"발을 내려다보지 말고 별을 쳐다보라.
눈에 보이는 것을 이해하려고 애써보라.
무엇이 우주를 존재하게 할까? 호기심을 품으라."

— 스티븐 호킹Stephen Hawking

플랑크, 하이젠베르크, 슈뢰딩거, 아인슈타인을 포함한 많은
선구적 과학자들은 뭇 시대의 영적 구도자들과 어깨를 나란히 하
고, 아직도 알려지지 않은 미지의 공간을 응시하면서 누구, 아니
무엇이 우리의 완벽한 우주를 창조했는지를 절실히 알고 싶어하
게 되었다.

실제로 아인슈타인은 1936년에 젊은 학도인 필리스 라이트 Phyllis Wright에게 쓴 편지에서도 이런 생각을 표했다. "과학의 추구에 진지하게 몸담은 모든 사람은 우주의 법칙 속에 영(spirit)이 현현해 있음을 확신하게 된다. ― 가진 힘이 보잘것없는 우리로서는 그 앞에서 겸허해지지 않을 수 없는, 인간의 영보다 까마득히 높은 영 말이다." 나는 우리가 이제는 마침내 믿음에 바탕을 둔 관점과 증거에 바탕을 둔 관점을 하나로 통합시켜서 이 크나큰 신비의 본질을 밝혀줄, 다음 단계의 문턱에 서 있다고 말하겠다.

우리가 물리적 현실이라 부르는 모든 것의 본질은 정보라는, 날로 확연해지는 이 과학적 관점은 동시에 물리적 현실이 그 가장 단순한 형체로부터 가장 복잡한 형체에 이르기까지 온통 정보로 이뤄져 있고 정보에 의해 창조되고 있음을 보여주고 있다.

달리 말하자면 우리의 우주는 그저 임의적으로 축적된 데이터와 우연의 작용으로부터 생겨난 것이 아니라 질서정연한 패턴과 관계들로 이루어진, 의미심장하고 지적이고 절묘하게 균형을 이루고 있고 놀랍도록 공동창조적인, 강력하면서도 심오하도록 단순한 '정보'로부터 생겨난 것이다.

공간과 시간의 태초부터 존재해온, 이보다 더 단순할 수 없는 창조의 정보는 우리의 우주에 핵심적인 설명서를 제시해줌으로써 138억 살의 나이가 되도록 고도의 복잡성을 진화시켜올 수 있게 했다. 비국소적으로 연결된 그 지성의 정보 엔트로피는, 자아의식의 구현을 향해 서서히 나아가면서 물리적 존재의 모든 규모에서 공동창조적 표현과 탐사와 경험을 해왔고 지금도 계속해가고 있다.

　정보를 제공하는 창조자의 존재가 없이는, 곧 인격화된 이토록 창조적인 추동력이 없이는 정보로써 창조된 우주가 존재할 수 없으니, 이 과학적 계시가 불가피하게 대두시키는 의문은 이것이다. — 우리의 완벽한 우주를 만들어내는 그 궁극의 지성은 대체 누구, 아니 무엇일까?

　이제 우리는 이 본질적인 의문을 제기해놓고, 대두되고 있는 코스믹 홀로그램 모델이 어떻게 이 해묵은 수수께끼의 답을 찾아줄 혜안과 새로운 통찰을 제공해주는지를 살펴볼 것이다. 또한 우리의 우주가 궁극적으로 무한한 우주공간 속의 유한한 우주라는 증거가 쌓여가고 있는 지금은 우리 우주 너머 다른 우주들로 이뤄진 다중우주라는 개념도 다루기에 적절한 시점이다.

정보로써 창조된 우리의 우주

　프랑스의 철학자이자 소설가인 마르셀 프루스트는 이렇게 말했다. "새로운 발견을 향한 진정한 항해는 신대륙을 찾는 것이 아니라 새로운 눈을 얻는 것이다." 인류의 역사를 통틀어 보아도, 우리는 거듭거듭 우리의 세계관을 확장시킴으로써 우주와 우리 자신을 새롭게 발견해왔다. 새로운 데이터와 함께, 우리는 정보를 더욱 축적하여 그 안에 숨겨져 있는 의미심장한 창조의 정보를 발견해낼 수 있다. 그 지성으로부터 우리는 지식을 향해 나아가고, 그 지식의 실을 짜 엮어서 마침내 지혜를 드러내주는 하나의 융단으로 짜낼 수 있다.

우리는 고대 베다 시대의 현자들이 계시했던 아름답고도 심오한 인드라망을 언급하면서 이 코스믹 홀로그램의 탐사를 시작했었다. 그 베다 시대로부터 2,000년이 지나 최근의 무수한 발견들을 통해 홀로그램으로 표현되는 무한한 우주심을 묘사하면서, 우리는 인드라망과 본질적으로 동일한 관점으로 귀결해가고 있는 우리 자신을 발견한다. 우리가 물리적 세계라 부르는 만유를 관통해 흐르면서 실로 그것을 형성시켜내는, 만유에 내재한 지성에 대한 깨달음과 함께 우리의 관점은 이렇게 날로 수렴해가고 있는 것이다.

지난 138억 년에 걸친 우리 '우주적 영혼'의 여정은 그 눈부신 태초로부터 행성들의 광물권(geosphere)으로, 그리고 우리의 집인 지구에서 우리가 그 일원인 복잡다단한 창발의 생물권(biosphere)으로, 그리고 21세기 초의 범지구적 과학기술권(techno-sphere)으로까지 이어져왔다.

이제 우리는 또 어디로 가고 있는 것일까? 이제 우리는 어떤 새로운 눈으로, 무엇을 보아야 하는 것일까?

현재 우리의 서식환경인 과학기술권과 인터넷은 우리 사회를 그물처럼 촘촘히 연결하여 하나의 지구촌으로 만들어주고 있다. 우리는 전례 없었던 새로운 차원의 광대한 정보 흐름에 접속해 있다. 이 과학기술권은 문자 그대로 하나의 범세계 통신망(world wide web)으로 우리를 연결하여 평범힌 우리 인간들의 경험과 그 다양한 표현들을 높이 빛내주고 있다. 그것은 어쩌면 가장 적절한 시기에 우리로 하여금 각자의 차이를 즐기고 받드는 법을 배우는 동시에, 보편의 가치를 음미하고 나누어 향상시킬 통로를 제공해주고 있는 것인지도 모른다. 그것은 또 우리로 하여금 위대한 영감의 순간과, 큰 기쁨이나 깊은 슬픔의 순간들을 전례 없는 방식으로 함께 나눌 수 있게 해준다.

이전의 그 어떤 정보원과도 달리, 좋은 것이든 나쁜 것이든 모든 것의 과거와 현재와 가능성을 밝혀주는 이 정보망은 우리로 하여금 집단적 차원에서 새로운 눈으로 세상을 바라볼 것을 수시로 강요하고 있다. 우리가 무엇을 깨달을 수 있고 기꺼이 깨닫고자 하는지, 어떻게 반응하기를 택할지, 우리가 세상에서 목격하기를 소망하는 변화에 직접 참여할 준비가 얼마나 되었는지는, 간디가 말했듯이, 우리 자신에게 달려 있다.

제1차 세계대전이라는 격동기가 지나간 몇 년 동안에, 그리스어로 마음을 뜻하는 nous로부터 파생한 '의식권(noosphere)'라는 개념이 테이야르 드 샤르뎅Teilhard de Chardin과 에두아르 르 로이Édouard Le Roy, 블라디미르 베르나츠키Vladimir Vernadsky 등에 의해 주창되었다. 이 세 사람의 통찰가는 인류의 미래에 대해 사색하다가, 진화의 양상이 갈수록 복잡성을 더해가다가 생태환경권으로부터 마침내는 하나가 된 집단으로서의 인간, 그러니까 본질적으로 하나의 행성의식으로 진화해갈 가능성을 내다보았다.

이제 그로부터 거의 한 세기가 지난 지금, 그들이 미처 상상하지 못했던 과학기술권의 출현은 하나의 전환기로 기록될지도 모른다. 온 인류가 자신의 모습을 돌아보며 우리의 삶에 대해 왜 그런지, 왜 그렇지 않은지 근원적인 의문을 던지고, 그것을 현실의 본질 그 자체라는 더 넓은 맥락 속에 가져다놓을 수 있게 해주는 데 필요했던 전환기로 말이다.

'다시는 겪고 싶지 않은' 제1차 세계대전이라는 범지구적 갈등의 시대에, 떼이야르는 두려움의 힘을 이기는 사랑의 힘을 품고 있는 의식권을 보았다. 그는 실제로 이렇게 생각했다. '사랑이란 세상의 요소들을 끌어당겨 하나로 이어주는 친화성이다…. 사랑은 실로 우주적 통합의 촉매다.'

새로운 과학발견들은 코스믹 홀로그램이라는 본래 온전한 세계 속에서 일어날, 떼이야르가 예견했던 우주적 통합을 뒷받침하는 증거를 드높이 쌓아가고 있다. 동시에 과학기술권은 우리가 인간 가족으로서 하나가 되어서 서로를 향해 공정하고 자비롭게 대승적으로 행동하고 우리의 하나뿐인 집인 지구를 책임지고 돌보지 않는 한, 범지구적인 파멸의 위기를 피할 수 없음을 경고하고 있다.

우리가 그렇게 선택해야만 하는 문제이긴 하지만, 희망컨대 멀리 내다보는 눈을 가진 의식권이 어언 100년의 연륜을 쌓아가는 길에서 우리도 마침내 두려움과 부인否認을 넘어 진화의 다음 임계 문턱을 지나, 그 깨어 있는 의식을 맞아들일 수 있게 되기를.

우주심

과학은 비물질의 영역을 탐시헤기다가 복소평면 너머에서, 지난 수천 년간 인간이 익히 겪어온 신비로운 경험들을 이제야 겨우 따라잡기 시삭하고 있다. 과학이 앞으로 몇 년 동안 해낼 발견들은 '저 밖의' 세계뿐만이 아니라 그보다 훨씬 더 크고 더 개인적인 차원의 세계에 대한 우리의 인식을 뒤흔들어놓을 것이 거의 확실하다. 왜냐하면 우리는 우리가 그 소우주인, 우리가 그 우주적 대양의 한 방울 물이요 우주적인 큰 불의 한 불똥인, 장엄하고 궁극적으로 영원무한한 지성의 존재를 정면으로 맞닥뜨리게 될 테니까 말이다.

'물리적' 현실이라 불리는 것의 진정한 본질인 공성空性에 대한 우리의 이해를 통해 일어나고 있는 이 혁명은 우리의 여정에서는 첫걸음에 지나지 않는다. 다음의 과제는 우주심이 대체 어떤 방법으로 우리의 우주와, 존재 가능한 다른 유한한 우주들의 정보적이고 홀로그램적으로 표현된 본성을 현실로 구축하여 화현해내는지를 알아내는 것이다. 이것이야말로 코스믹 홀로그램을 이해하려고 애쓰는 첨단과학이 목하 한창 빚어내고 있는 작품이다.

그리고 그 과정에서 마음과 물질 사이의 외견상의 분리는 떨어져 나가고, 지난 세기의 과학 발견들에 의해 갈수록 입지를 위협받아오던 이원성의 환영은 마침내 만유에 스며 있는 일체성과, 만유를 품고 있는 마음의 전일성 대한 이해의 아침 햇살 속에서 안개처럼 사라져버릴 것이다.

현실로 만들기

신경과학자와 심리학자와 정신의학자들은 우리가 '외부' 현실로부터 오는 입력을 직접 지각하는 것이 아니라, 감각과 두뇌가 외부의 입력을 번역하고 소화해서 우리의 의식에 전달해주는 것을 지각하는 것임을 깨닫고 있다. 그러니까 우리가 생각하고 느끼고 믿는 것이 — 그것이 맞든지 틀리든지 상관없이 — '현실'에 대한 우리의 인식에 막중한 영향을 끼치고 있는 것이다.

무수한 연구와 실험들이 우리는 자신이 믿는 것을 문자 그대로 '본다'는 사실을 — 자신이 보리라고 기대하는 그것을 본다는 사실을 — 입증했기 때문에, '보는 것이 믿는 것이다'라는 옛말은 '믿는 것이 보는 것이다'로 뒤집히고 있다. 심리학자들은, 사람은 주의가 분산되면 확연한 사건도 의식에서 놓쳐버리고 자신이 인식한 대로 현실을 공동창조해낸다는 사실을 보여주었다. — 영국의 유심론 마술사인 데런 브라운Derren Brown은 사람의 성벽이나 기질도 능숙하게 바꿔놓는다.

그 유명한(입이 떡 벌어지는) 예는 심리학자 다니엘 사이먼즈Daniel Simons와 다니엘 레빈Daniel Levin이 1998년에 행한 실험을 통해 보여준 '변화 맹시(change blindness)'현상이다.(참조 1) 현실에 대한 이 같은 근시안 현상은 주의가 흩어질 때 일어난다. 연구자들은 '변화 맹시'는 주의가 흩어지기 전후의 정보 결핍으로 인해서 일어난다고 결론을 내렸다. 두뇌는 그 빈 간극을 채워 넣어서 실제로 변화가 일어났는데도 아무런 변화도 일어나지 않은 것으로 결론짓는 것이다.

사이먼즈와 레빈의 실험은 코넬 대학교에서 행해졌다. 실험자들은 캠퍼스 지도를 들고 서서 지나가는 사람들에게 길을 물었다. 15초 정도 길을 가르쳐주고 있던 사람 앞으로 문짝을 함께 옮기는 또 다른 두 명의 실험자가 나타나서 두 사람 사이를 지나갔다. 그 사이에 처음에 길을 묻던 사람은 문짝을 옮기던 사람과 슬쩍 자리를 바꾸고, 문짝을 옮기던 사람이 행인을 상대하게 했다.

행인이 길을 다 가르쳐준 다음에 실험자는 행인에게 자신이 사람들이 주의를 보내는 양태에 관한 심리학 연구를 하고 있는 중이라고 설명하고, 문짝을 옮기는 사람들이 지나간 후에 이상한 일이 일어난 것을 알아차렸는지 물어보았다. 못 알아차렸다는 대답이 나오면 실험자는 다시 행인에게 자신이 처음에 길을 물어봤던 사람이 아니라는 사실을 알아차렸는지를 물어보았다. 행인들의 대다수는 길을 가르쳐주던 중에 길을 물어보던 사람이 바뀐 사실을 알아차리지 못했다.

이후로 이어진 실험들이 밝혀낸 사실은, 상대방이 상황에 관련된 특정한 사람이었다든가 하는 등의 이유로 상대방에게 어떤 종류든 특별한 관심이 기울여져 있지 않은 한, 사람들은 중간에 인물이 바뀌는 것과 같은 큰 변화도 인식하지 못하고 지나칠 수 있다는 것이다. 이 같은 극단적인 실험사례는 피험자의 과반수가 변화 맹시임을 밝히고 있다. 대부분의 사람들은 자신이 그 정도로 넋을 놓고 살지는 않는다고 생각하지만, 예컨대 복장이 바뀐다든가 하는 그보다 덜 극단적인 변화는 열 명 중 거의 여덟 명이 알아차리지 못한다.

지난 20여 년 동안에 과학자들은 우리가 생각하고 믿는 것이 실제로 우리의 생리작용을 어떻게 바꿔놓을 수 있는지에 대해서도 실험을 해보았다. 명상과 같은, 마음을 수련하는 동양 전통의 수행자들에게는 그런 능력은 너무나 뻔하고 일상적인 일이었지만, 최근에 와서는 갈수록 많은 서양과학자들이 그것을 조사하여 그런 주장을 확증했다.

2002년에 <하버드 가제트^{Hravard Gazette>}지는 1980년대에 시작된, 하버드 의과대학의 허버트 벤슨^{Herbert Benson}이 이끈 일련의 실험 결과를 보고했다. 그들은 티베트의 불교 명상 수행인 투모^{tum-mo}를 연구했다.(참조 2) 실험에 참여한 승려들은 의식적으로 체내의 대사활동을 64퍼센트까지 줄일 뿐 아니라 체온도 눈에 띄게 높일 수 있는 능력을 보여줬다. '내면의 불'이라는 뜻의 투모는 승려들의 공력을 확인하는 통과의례로서 수백 년 동안 사용되어 온 심상화와 집중 기법이다. 이 수행법은 꽁꽁 얼어붙은 눈 속에 벌거벗고 앉아서 밤새도록 명상하기 위해 체온이 충분히 올라가도록 의식을 집중하는 방법이다.

유사한 영적 수행법을 수천 년 동안 갈고 닦아온 인도의 요기들도 이제는 생각의 힘으로 신체의 고통을 다스리는 자신들의 소문난 능력에 대한 과학적 조사에 응하고 있다. 2004년에 샌프란시스코 주립대학교의 에릭 페퍼^{Erik Peper}가 논문을 썼던 연구팀은, 통증도 출혈도 없이 혀와 목을 꼬챙이로 관통시킬 수 있는 한 요가의 달인에 대한 연구결과를 발표했다. 실험측정치는 뇌파가 높은 수준의 알파파로 일정하게 유지된 것을 보여주었다. 알파파는 깊고도 깨어 있는 이완상태와 관련되는데, 이것은 그가 피부의 생체전기 활동을 의식적으로 낮춤으로써 통증 반응과 혈행을 줄일 수 있었음을 말해준다.(참조 3)

마찬가지로 피부전기 활동을 저하시킴으로써 통증을 가라

앉히는 능력을 이번에는 의식적인 의지 작용이 아니라 최면 암시를 통해 보여준 실험도 그보다 일찍이 1999년에 행해졌다. 빌프레도 드 파스칼리스Vilfredo De Pascalis를 위시하여 몇몇 사람들이 최면을 통해 피험자에게서 동일한 생리반응을 일으키게 해보여준 것이다.(참조 4)

의식적인 것이든 무의식적인 것이든, 믿음도 동일한 효과를 가지고 있다. 서양에서 잘 알려진 플라시보 효과라는 것이 있다. 특정한 시술이나 약물이 병을 낫게 해주리라는 기대가 시술도 약도 아닌 가짜 약에도 실제로 통증 경감을 포함한 증상완화 반응을 가져오는 현상이다.

1996년에 코네티컷 대학교의 심리학자 가이 몽고메리Guy Montgomery와 어빈 키르쉬Irvin Kirsch가 행한 선구적인 실험에서, 그들은 학생들에게 '새롭게 주목받고 있는 획기적인 진통제 트리바리케인trivaricaine'을 처방했다.(참조 5) 하지만 거기에는 물과 요오드와 타임thyme 오일만 들어 있었지, 약성은 없었다. 그럼에도 학생들의 한 손 검지에 그것을 바른 후 양쪽 검지를 모두 바이스에 물려서 조였을 때, 학생들은 한결같이 '진통제를 바른' 손가락이 훨씬 통증이 덜하다고 보고했다.

이 같은 실험과 다른 많은 실험들이 보여준 것처럼, 플라시보 효과는 적극적인 긍정적 사고의 결과가 아니라 착오이긴 해도 치료효과에 대한 진짜 믿음의 결과이다. 마음이 몸의 물리적 반응을 통제할 수 있다는 사실이 다시금 드러난 것이다.

플라시보가 이로운 결과를 가져오는 반면에, 이와 관련하여 똑같이 실제로 작용하는 소위 노시보^{nocebo} 효과는 부정적인 결과를 보여준다. 토리노^{Torino} 의과대학의 생리학자 파브리치오 베네데티$^{Fabrizio Benedetti}$는, 피험자가 노시보의 암시에 반응하여 신체에 대한 위협에 '싸우거나 튀거나' 하는 반응을 하는 뇌하수체와 아드레날린 샘으로 하여금 호르몬 반응을 일으키게 한다는 사실을 밝혀냈다. 말 그대로, 어떤 믿음과 그에 따른 두려움이 충분히 강력하면 그런 반응이 죽음을 가져올 수도 있는 것이다.

2014년에 베네데티는 100명 넘는 학생들을 고산 여행에 데리고 가기로 계획했다. 그리고 떠나기 전에 그중 한 학생에게 고산에서는 편두통이 생길 수 있다고 경고했다. 여행 중에 그는 자신이 한 말이 4분의 1 이상의 학생들에게 퍼져나갔다는 사실을 알아냈다. 그 말을 들은 학생들은 가장 심한 두통을 앓았을 뿐만 아니라, 침을 분석해본 결과 그들은 다른 학생들보다 저산소 상태에 더 높은 반응을 보였고 고산병과 관련된 효소 분비가 증가했다. 사회적 '전염'이 물리적으로 현현한 것이다.(참조 6)

이 같은 심신상관 반응은 늘어나고 있는 것처럼 보인다. 2009년에 <와이어드^{Wired}>지의 한 기사에서 스티브 실버만^{Steve} $_{Silberman}$은 미국에서 2001년에서 2006년까지, 개발 중인 신약의 효과를 플라시보 효과와 비교해보는 첫 시험인 2차 임상시험 후에 신약 개발에서 중도하차한 약의 수가 20퍼센트나 증가했다고 보고했다. 그보다 더 포괄적인 3차 시험에서는 시험을 통과하지 못한 개발 약의 수가 11퍼센트나 늘어났는데, 그것은 주로 플라시보 효과를 능가하지 못한 약효 때문이었다.(참조 7)

고도의 연구가 계속 행해지고 있음에도 불구하고, 플라시보 효과에 비해 약효가 뒤진다는 이유로 신약 개발에 실패하는 비율은 점점 높아지고 있는 것이다. 실버만도 만일 여러 해 전에 출시된 약에 대한 추적검사를 지금 시행한다면 그중 일부는 같은 이유로 시험을 통과하지 못하리라고 보고했다. 항우울제에 대한 두 차례의 정밀분석 시험도 1980년대 이래로 플라시보 반응이 눈에 띄게 증가했음을 밝혀냈다. 그중 한 시험에서는 같은 기간에 플라시보 효과의 규모가 두 배로 증가한 것으로 추산되었다.

의미심장하게도, 이것은 기존 약품의 효과가 약해지고 있어서가 아니라 플라시보 효과가 더 강하게 나타나기 때문이다. 그 이유는 몇 가지 요인으로 돌려졌다. 개발도상국들의 늘어난 의약품 광고와 신약 테스트가 약의 효능에 대한 기대치를 높여놓았다. 항우울제와 같은 정신성 약품의 사용이 늘어난 것도 감정과 믿음에 관련된 뇌 부위에 영향을 끼쳤을 수 있다.

이런 측면들이 모두 현상의 원인으로 작용했을 것이 틀림없지만, 우리의 개인적·집단적 배후 의식이 날로 더 강력히 우리의 현실을 공동창조하고 있는 것도 추가적인 원인으로 작용한 것은 아닐까? 만일 그렇다면 우리의 생각이나 감정과 생리반응 사이에서 일어나고 있는 정보의 상호작용이 그와 같이 플라시보 효과와 노시보 효과 양쪽 모두와의 관련성으로 드러나는 것일지도 모른다.

이 책에서 보아왔듯이, 심리학자들도 물질과학의 연구자들과 마찬가지로 소위 관찰자와 관찰 대상 사이에 '진정한' 분리는 존재하지 않는다는 결론에 다가가고 있다.

우리의 현실에 의식이 가장 큰 영향을 끼쳐서 공동창조를 일으킨다는 견해가 날로 무성해지고 있지만, 철학적 견지에서가 아니라 '모든' 현실을 문자 그대로 의식의 작용으로 보는 견해를 거리낌 없이 개진하는 첨단과학자는 아직은 극소수이다.

아마도 신경과학자이자 정신의학자인 줄리오 토노니^{Giulio Tononi}와 크리스토프 코치^{Christof Koch}가 의식의 지대한 영향력에 대한 획기적인 이해에 가장 가까운 학자들일 것이다. 토노니의 정보통합이론(integrated information theory)에 의하면, 정보의 일관성은 잠에서 깨어 있는 상태에서 가장 높다가 깊은 잠속에서는 깨어지고 꿈속이나 렘수면 상태에서 다시 높아진다.

하지만 현재의 많은 학자들에게는 개체화된 소우주 의식인 '나(I)' — 혹은 실제로 '눈(eye)' — 와 중간우주인 인간집단이자 행성의식인 '우리', 그리고 홀로그램인 전체 우주 사이에서 끊임없이 일어나고 있는 대화를 우리의 육체감각과 뇌가 처리하고 해석한다는 사실을 깨닫는 일 자체가 넘어야 할 하나의 큰 산으로 남아 있다.

두뇌를 넘어

우리가 물리적 현실이라 부르는 모든 것이 사실은 우주심의 정보적 지성의 표현물임을 깨닫고 나면 인간과, 실로 모든 의식(consciousness)과 인식(cognizance)에 대한 의문은 완전히 달라진다. 대부분의 신경과학자들의 견해는, 우리의 의식은 하나의 국소적인 현상으로서 어떻게든 뇌에서 생겨났다는 것이다. 티빈이 에너지를 만들어내듯이, 우리의 뇌는 어떻게든 간에 의식을 만들어낸다는 것이 그들의 견해이다.

그런데 이 '어떻게든 간에'가 결정적으로 중요하다. 신경과학은 뇌의 신경망 지도를 제작하여 특정한 정신작용이 어느 부위를 활성화시키는지를 알아내고, 그것이 홀로그램과 같은 본성을 지니고 있다는 사실도 서서히 깨달아가고 있지만, 신경세포의 활동과 비물리적인 자아의식의 인식을 연관시킬 수 있는 메커니즘은 아직도 밝혀내지 못하고 있다.

우리의 의식이 비국소적임을 보여주는 무수한 실험 데이터에 근거하여, 두뇌를 비국소적인 정보를 수신하고 송신하는 하나의 컴퓨터로 바라보는 관점이 한 대안으로 떠올랐었다. 하지만 쌓이는 발견들과 함께 대두된 코스믹 홀로그램에 대한 이해는, 컴퓨터-두뇌-마음의 비유 또한 시야가 너무 좁은 해석으로 여겨지게 만들고 있다. 그것은 초개아超個我적 체험을 한 사람들로부터 다양하게 보고되는 차원 간의 소통을 설명하지 못할 뿐만 아니라, 그보다 더 근본적으로는, 여전히 물리적 세계와 의식을 이원적으로 바라보는 시각을 내비치고 있기 때문이다.

그에 반해 물리적 세계가 실제로는 비물질적인 것이며 의식은 궁극적으로 하나임을 알고 있는 코스믹 홀로그램의 새로운 패러다임은 뇌와 그 역할에 대한 새로운 관점을 제시해준다. 이 관점은 두뇌가 인간이 구현하고 체화한 의식을 정보적으로 '조직화'하는 중요한 역할을 담당하고 있음을 확인해줌으로써, 우리 한 사람 한 사람을 코스믹 홀로그램인 우주의 지성이 개체화된, 하나의 독특한 소우주로 재정의해준다. 우리를 문자 그대로 현실의 공동 창조자로 만들어주는 것이다.

존재, 경험, 그리고 진화

러시아의 연기코치 리 스트라스베르그Lee Strasberg는 연극감독 콘스탄틴 스타니슬랍스키Constantin Stanislavski의 지도하에, 1920년대의 미국에 메소드method 연기라는 개념을 소개했다. 그 '방법(method)'이란, 배우가 자신이 역할을 맡은 인물과 완전히 동화되는 것으로, 배우는 너무나 몰입한 나머지 무대나 촬영장에서만이 아니라 그곳을 벗어나서도 종종 그 인물로 남아 있게 된다.

우리가 지상의 몸속에 한 개인의 의식으로서 태어날 때도 대부분 그와 같은 몰입연기의 과정을 거친다. '영적' 메소드 연기자인 우리는 삶이라는 드라마 속으로 스스로 몰입해 들어간다. 여태껏 살펴보았듯이, 우리는 물질성이라는 착각 속으로 빠져드는 자신의 역할에 동화된 나머지 결국은 자신의 본성인 영적 의식까지 무시하거나 심지어는 잊어버릴 수도 있다. 대신 우리의 자아의식인 에고가 나서서 자신이 서로로부터, 주변 세계로부터 분리된 것으로 여기는 분리의식 속으로 우리를 빠뜨린다.

그러니 삶을 살아가는 동안에 우리가 껴입고 있는 페르소나persona란 우리가 우주를 바라볼 때 끼는 색안경과 같은 것이다. 그것이 우리가 우주를 대하는 방식, 우주가 우리와 관계 맺는 방식을 결정한다. 그래서 그 같은 메소드 연기는 우리의 존재를 강렬한 것으로 느껴지게 만든다. 그러지 않았다면 우리의 경험은 덜

'진짜처럼' 느껴졌을 것이다. 그리고 코스믹 홀로그램의 측면에서 보자면, 현실을 물질화시켜 온 우주로 표현해내는 그 방식이 별로 창조적으로 느껴지지 않았을 것이다.

조화로운 우주의 홀로그래피 속에서 하나가 된 우리는, 말 그대로 우주의 창조적 학습의 표현물이다. 우주의 본성인 상대성과 반영, 공명, 그 궁극적 결말을 통해 우리는 대우주의 존재와 경험과 진화와 창발을 소우주적으로 표현해낸다. 이와 같은 인식은 인과율의 시공간적 경험과, 물리적 현실을 초월한 비국소적 의식에 대한 자각 사이의 깊은 간극을 이어서 하나로 통합시켜준다.

시간의 정보 엔트로피 흐름은 시공간 속에서 생명을 학습해가는 우주의식으로 하여금 선택과 그 결과를 통해 자신을 점진적으로 표현해나갈 수 있게 해준다. 비국소적으로 연결되어 있는 온전한 존재여서 그 의식이 궁극에는 시공간을 초월하고 마는 본성을 지닌 우리의 유한한 우주는, 그 경험적 공동창조성을 통해 자신과 우주심의 무한한 공간을 정보로써 창조해낸다. 우리 자신과 우주에 대한, 고대의 영적 지혜를 반영하는 이 장엄한 시야는 현실에 대한 드넓고 새로운 전망을 제공해주어, 펼쳐지는 그 현실 속에서 우리가 맡아야 할 역할 또한 의미심장한 것으로 만들어준다.

잘못된 질문

의식은 무소부재하니, 우리는 이제 우리의 우주를 누가, 혹은 무엇이 만드는가 하는 질문은 잘못된 질문임이 분명해진 지점에 도달했다. 만드는 자와 만들어지는 것 사이에 '진정한' 분리란 존재하지 않음을 과학적인 이해를 통해 점점 더 확연히 깨달아가고 있으니 말이다. 외견상의 그러한 분리란 단지 의식이 개체화된 한 단면으로부터 자신의 홀로그램 입체상을 바라볼 때 눈에 비치는 모습일 뿐이다.

우주심의 영원한 지성은 우리 우주의 역동적 공동창조를 통해 유한성을 표현할 방법을 찾아낸다. 비국소적 인식을 지닌 통일체인 우리 우주의 존재와 경험과 진화, 그리고 종국의 소멸도 (존재하는, 존재했던, 그리고 영원히 존재할) 만유의 일체성이 무한히 펼쳐내는 그처럼 유한한 모습들 중의 하나다.

그러니 우리는 각자가 하나의 소우주이자, 우리 유한한 우주의, 그리고 궁극적으로는 무한한 코스모스의 의식이 꽃피워내는 자아의식 속에서 각자 고유한 공동창조자 역할을 연기하는, 저마다 독특한 표현물들이다. 역사적으로 이것은 단지 종교적인 표현으로만, 아니 좀더 정확히는 영적인 인식으로만 받아들여져 왔지만, 이제는 더 이상 이런 한정은 불필요하다. 과학의 발견들에 의해 갈수록 선명히 드러나고 있는 코스믹 홀로그램의 관점도 동일한 결론에 도달하고 있으니까 말이다.

우주와 피조물들을 창조한 신은 '저 밖에' 있지 않다. 21세기의 인간으로서 우리가 해낼 수 있는 가장 위대한 도약은, 우리와, 존재의 모든 차원과 영역 속의 소위 현실이라 불리는 모든 것이 곧 신 ─ 혹은 우주심의 무한성을 무엇으로 부르기로 하든지 간에 ─ 임을, 그리고 우리는 그 형용하기 힘든 장엄한 현실을 공동창조하는 소우주들임을 깨닫는 것이다.

유한한 우주의 탄생과 죽음, 그리고 영원무한한 코스모스

우리의 우주는 유한하고 전체 코스모스의 마음(우주심)은 영원무한함을 깨달아갈수록, 그것은 또 불가피하게 그 속에 존재하는 모종의 '다중우주'에 대한 생각으로 우리를 데려간다. 다른 유한한 ― 역시 태어나서 살다가 결국 죽어가는 ― 우주들로 이루어져 있는, 영원무한한 코스모스의 공간 속에 떠 있는 생각의 거품들 말이다. 다중우주 시나리오가 존재할 수 있다는 생각은 아직은 과학 이전의 미숙한 철학적 단계에 있다고 할 수 있지만, 몇 가지 단서와 징후가 우리의 주의를 끌어당긴다.

우선 우리 우주의 유한성을 보여주는, 그리하여 무한공간 속에 다른 우주들이 존재할 가능성을 시사하는, 쌓여가는 증거들을 다시 한번 잠시 살펴보자. 첫째로 기본적인 수준에서 보자면, 물리학의 법칙들은 오직 유한한 한도 내에서만 작용하는 것으로 보인다. 이것은 '무한한' 시공간과는 양립할 수 없다. 시공간의 유한한 시작도 필연적으로 유한한 종말을 암시한다. 정보 엔트로피도 마찬가지여서, 시간에 출발점을 떠난 화살과 같은 성질을 부여할 뿐만 아니라 정보 엔트로피의 과정이 말 그대로 우리의 시간 경험 자체를 이루고 있다. 엔트로피는 공간의 팽창과 그에 따른 온도 저하를 초래하여 우주의 온도는 결국 유한한 시간 속에서 절대온도 0도까지 떨어지고, 최고치에 다다른 정보 엔트로피는 마침내 증가를 멈춰버린다.

관측을 통해서도 마찬가지지만, 2003년에 CMB의 에너지 패턴을 조사해본 결과 장파장대의 복사에너지가 검출되지 않았다는 것은 우리의 우주가 유한함을 뜻한다. 우리 우주의 유한성을 시사하는 증거들은 계속 발견되고 있다. 2012년, 데이비드 소브랠David Sobral이 이끄는 네덜란드 레이던Leiden 대학교의 천문학 연구팀은 별의 형성기에 수소 원자가 방출하는 H-알파 광자의 존재를 분석했다. 그들은 지금까지 존재했던 별들 중 반수가 90만 년 전을 전후로 형성되었고, 그 이후로는 별이 형성되는 속도가 계속 줄어들어서, 우주의 별들의 95퍼센트 정도는 이미 다 형성되어 있다는 사실을 입증했다.(참조 8)

달리 말하자면 은하계들에는 별을 5퍼센트 정도 더 만들어낼 수소밖에는 남아 있지 않아서, 이것은 어쩌면 모든 별이 타서 없어질 때까지 우주의 수명이 수백억 년밖에 남아 있지 않았음을 시사하는 것일 수도 있다는 뜻이다. 만약 우리의 유한한 우주가 종말을 맞지 않는다면 과연 어떤 요인 때문에 생존해 남아 있을 수 있을지에 대해서는 아직 밝혀진 바가 없다.

우주의 종말에는 세 가지의 시나리오가 제시되어 있다. 소위 빅크런치big crunch, 빅립big rip, 빅프리즈big freeze가 그것이다. 이 세 가지 시나리오도 아직까지 그럴듯한 이론적 메커니즘을 제시하지는 못하고 있고 증거도 충분하지 않은데, 그중에서 열역학적 엔트로피가 최대치에 도달하는 시나리오인 빅프리즈가 그나마 가장 개연성이 있어 보인다. 세 가지 시나리오 중 어느 것도 시간이나 정보 엔트로피 개념은 제대로 다루지 않았고, 그것을 검토해보거나 그런 관점에서 다른 가능성을 살피는 우주론자는 오늘날까지도 극소수이다.

하지만 이 영역을 탐험하고 있는 한 우주론자가 있으니, 그는 당대의 가장 위대한 사상가 중 하나이다. 2010년에 로저 펜로즈는 바히 구르자디얀Vahe Gurzadyan과 함께 공형순환우주론(CCC: conformal cyclic cosmology)이란 개념을 하나의 모델로 제시했다.

공형순환우주론은 일반상대성 원리의 틀 안에서 일련의 우주들이 연속적으로 펼쳐내는 온전한 전체상을 보여준다. 그 각각의 우주들은 작고 유한한 출발점으로부터, 새로운 순환의 출발점으로 재해석될 수 있는 종지점終止點을 향해 팽창해간다. 공간적 축척만 바뀌는, 곧 공형共形의 순환주기 — 겁劫(aeon)이라 불리는 — 가 넘어가 바뀌어도 광자의 행동방식은 변하지 않는다. 그래서 빛에는 한 순번과 그다음 순번 사이에 아무런 경계도 없다. 하지만 공형순환이 지속되려면 그 전제조건으로서 페르미온 물질입자가 그같은 전자기 복사 에너지로 변환되어야만 한다.

사실 공형순환우주론은 '공간'이란 것이 본질적으로 하나의 기하학적 구조물임을 간파함으로써 공간을 하나의 현상으로 격하시켜버리고, 대신 시간 개념을, 따라서 정보 엔트로피의 흐름을 더 본질적인 것으로 여긴다.

현재로서 이 모델은 정보 엔트로피의 극대화 — 절대온도 0도나 그 부근의 종지점에 도달하는 — 는 고려하지 않고, 그것을 코스믹 홀로그램과 같은 방식으로 우주적 순환론에 결부시킨다. 만약 이 모델이 그것을 고려하도록 수정된다면 펜로즈와 구르자디얀의 겁(aeon)은 단지 순환적이기만 한 것이 아니라 각 생애의 경험이 다음 생애를 정보로써 창조할 수 있게 되어서, 그것은 곧 거대규모의 창발이 영속되는 그런 진화하는 우주를 가리키는 것임이 더욱 분명해진다.

공형순환우주 모델은 시간과 정보 엔트로피의 중요성을 강조함으로써 대우주(Cosmos)를 영원한 것으로 보면서도, 그것은 하나의 단일한 우주(uni-verse)가 그처럼 반복적인 과정을 무한히 되풀이하는 것임을 암시한다. 다른 대안 모델은 현실의 공간적 측면을 크게 강조하여 다중우주를 그려내지만 그것이 유한한지, 그리고 만일 그렇다면 어떻게 종말을 맞는지에 관해서는 구체적으로 언급하지 않는다.

대신 그것은 다중우주가 어떻게 태어날 수 있을지를 추론한다. 무한한 고온과 고밀도의 특이점이 아니라 유한한 태초로부터 태어난 것으로 말이다. 이 같은 추론은 주창자들의 첫 글자를 따서 ECKS(Einstein, Elie Cartan, Tom Kibble, Dennis Sciama)로 알려진, 확장판 일반상대성이론을 다시 들여다보는 것과 같다.

ECKS 이론은 중력장 속에서의 각운동량 보존을 소립자의 고유 스핀 보존으로까지 확장시키고, 이것을 '나선 토션 효과'(nonzero torsional effect)와 결부시킨다. 이것은 카르탕Cartan이 1920년에 처음 제기했을 때 약간의 관심을 끌었다. 하지만 당시에는 이 효과가 중요해 보이지 않았고, 게다가 이것을 추가하면 일반상대성 방정식이 더 풀기 어려워지기 때문에 무시되어버렸다. 1960년대에 늘어서 키블Kibble과 샤마Sciama가 각기 독립적으로 이 이론의 전제를 좀더 깊이 들여다보게 되기 전까지는 말이다.

ECKS 이론이나, 거기에 플랑크 규모나 코스믹 홀로그램의 정보적 속성에 대한 고려를 넣은 수정판 이론에 관한 현재의 관심은 블랙홀의 중심이나 빅브레쓰의 시초와 같은 극한조건의 시공간에서는 어떤 일이 일어나는지에 대한 이 이론의 통찰에만 집중되어 있다.

이 이론이 극고밀도 상태에서 입자의 토션과 고유 스핀 사이에 존재하리라고 가정하는 미약한 연관성은 중력특이점의 무한성을 최소의 유한한 규모로 바꿔놓는, 스핀끼리의 상호작용을 일으킨다. 그에 더하여 이 같은 극소규모에서 그것은 붕괴하는 블랙홀의 기존 시공간으로부터 생겨나서 그것을 초월해버리는 아인슈타인-로젠 브릿지(나중에 '웜홀'로 불림)를 형성한다. 그리하여 그것은 팽창하는 화이트홀의 탄생을 위한 정보의 씨앗을 뿌린다. — 새로운 우주의 미소微小하지만 특이점이 없는 빅브레쓰의 시작점 말이다. 우주론자 니코뎀 포프라프스키Nikodem Poplawski의 말에 의하면(참조 9), ECKS 모델은 우주의 유한한 탄생과정을 가능하게 해줄 뿐만 아니라 급팽창 메커니즘 없이도 공간의 평평함과 균일성이 절로 설명되게 한다.

그와 같은 탄생에 고유 토션이 관여한다는 것은 우리의 우주도 회전(spin)하고 있을 수 있다는 사실을 암시하는지도 모른다. 이것은 또한 우주공간이 선호하는 축처럼 보이는 것, 곧 발견자 맥스 테그마크Max Tegmark와 그의 동료들이 이름 붙인 소위 '악의 축'과의 상관관계를 제시해줄 수도 있고, 우리 우주의 홀로그램 경계면이 도넛 형상이라는 가설적 관점과 결부될 수도 있다.

실제로 최근의 관측결과가 그 같은 축과 우주의 형상을 확증해주기 시작하고 있는 것일 수도 있다. 15,000개의 은하계의 회전을 조사한, 미시간 대학교의 마이클 롱고^{Michael Longo}가 이끈 2011년의 연구는 은하계들이 반시계방향, 곧 왼손잡이 방향의 스핀을 선호한다는 것을 발견했다. 선호도의 차이는 작지만 그럼에도 그것은 중요한 의미가 있다.(참조 10)

그러니 아직도 연구할 거리는 실로 많지만, 단서는 쌓이기 시작하고 있다.

처음에는 공형순환우주 모델과 ECKS 메커니즘이 두 개의 양립할 수 없는 버전의 다중우주를 제공할 것처럼 보일 수도 있다. 그러나 하나는 시간에 주목하는 반면 다른 쪽은 공간에 주목하긴 해도, 결정적으로 이들은 둘 다 현실을 근본적으로 정보적 본성을 지니고 있는 것으로 바라본다.

나로서는 이 두 접근방식을 결합시켜서 공간과 시간의 경험을 '양쪽 다' 고려하는, 그리하여 이것들의 본연의 관계가 정말로 인정되는 한편 영원무한한 우주심이 자신을 현현시키는 것도 목격하는 그런 다중우주 시나리오가 출현할 수도 있으리라고 말하겠다.

ECKS 메커니즘의 몇 가지 변형판을 모두 종합해보면, 기존 우주들의 생애 동안에 새로운 우주들의 싹이 튼다거나, 공형순환 우주 모델에서 순환적 생애주기의 끝은 새로운 겁으로 연장된 존재의 시작이라는 식의 개념은 불교와 힌두교를 포함하여 윤회를 논하는 인도의 모든 주요 전통들의 사상을 반영하고 있다. 그로써 그것은 생물학의 울타리를 훌쩍 뛰어넘고 단일한 우주까지도 지나쳐서 코스모스 전체로 진화의 개념을 확장시켜놓는다.

이 같은 시나리오에는 본질적으로 코스믹 홀로그램의 장엄한 전망이 담겨 있을 뿐만 아니라 《리그 베다》(10장 129절)에 묘사된 고대 베다 시대의 창조 개념도 반영되어 있다. ―"우주심이 자신의 형용 불가능한 모든 측면과 함께 끝없이 탐사하며 공동창조해가는 사이, 형상 속으로 태어나 무수히 현현하는 개체화된 의식들, 무수한 윤회를 통해 부단히 진화해가누나."

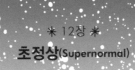

＊ 12장 ＊
초정상(Supernormal)

초자연(supernatural)이나 탈정상(paranormal)이 아니라…

— 심령연구가 프레데릭 마이어스Frederic W. H. Myers가 1882년에 만든 신조어

"우주의 모든 힘은 이미 우리의 것이다.

우리의 눈을 가리고 있는 것은 우리 자신의 손이다."

— 스와미 비베카난다Swami Vivekananda, 서구에 요가를 전한 핵심인물인 힌두교 현자

코스믹 홀로그램은 물리적 차원뿐만 아니라 그 너머까지, 우리가 현실이라 부르는 '모든 것'은 그 자신을 무수한 차원에서 탐사하고 경험하고 있는 '의식'임을 이해함으로써, 모든 것을 포괄하는 코스모스의 모델을 제공해준다. 코스믹 홀로그램은 전 우주적인 관점으로써 우리의 인식을 넓혀주는 한편, 본질적으로 초

자연적(supernatural)이거나 탈정상적(paranormal)인 것은 존재하지 않음을 보여준다. 시공간을 초월하는 비국소적인 의식의 체험들을 비범(super)하기는 하나 본연의(normal) 능력으로서, 즉 초정상超正常(supernormal)으로 받아들일 수 있게 되어야만 한다.

제약적인 관점에서 해방되기만 하면, 우리는 우리 본연의 초정상적인 능력이 제공하는 확장된 통찰을 이해할 뿐만 아니라 의식적으로 활용하기 시작할 수 있게 된다. 그리하여 자신을 이롭게 하는 힘을 회복하여 자신의 평안과 행복과 온전성을 드높일 뿐만 아니라, 궁극적으로 모든 생명이 하나임을 이해하고 받들 수 있게 된다.

정말일까?

1995년에 아메리칸 리서치 인스티튜트(AIR: American Institute for Research)는 CIA가 행한 원격투시(remote viewing)에 관한 정부지원 조사사업의 검토연구 결과를 미 국회에 보고했다. 흔히 초심리학적 능력, 혹은 초상超常능력이라 불리는 원격투시는 멀리 있는 대상이나 광경을 심상으로 볼 수 있는 능력이다.

두 검토자의 결론은 엇갈렸다. 원격투시가 실재할 가능성에 이전부터 마음을 열고 있었던 한 검토자는 그런 초상현상이 작용하는 메커니즘에 관심이 집중되는 것을 환영했다. 원격투시의 가능성에 대해 회의적이었던 다른 검토자는 그에 동의하지 않았다. 그래서 평가단은 그처럼 비국소적인 지각능력을 보여주는, 통계적으로 유의미한 사례가 존재한다는 데는 동의하지만 그것을 초상능력으로 간주해야 할지, 확증되지 않은 실험결과치의 편중이라고 보아야 할지는 불분명하다고 결론지었다. 평가단은 입증된 증거의 원인은 명확히 밝히지 못한 채, 그런 능력이 실제로 존재한다고 할지라도 실험이 그 현상의 본질과 근원을 밝혀내지는 못했다고 평가했다.

달리 말하자면 증거가 있음에도 거기에 오류나 편견이 있었는지 없었는지와는 무관하게, 그것의 유효성에 대한 논란은 아직도 종식되지 않은 것이다. 아무튼 그들은 어떻게 그런 일이 '일어날 수 있는지'를 이해할 수가 없었던 것이다.

그로부터 20년이 흐르는 동안 초상현상에 관한 많은 실험이 행해졌다. 하지만 그런 능력 ― 원격투시 외에도 원격의념(remote intention), 텔레파시, 예지, 인과역전(retro-causation) 등을 포함한 ― 의 옹호자와 회의론자, 그리고 불신자들 간의 논쟁은 아직도 뜨겁다.

그런 현상이 실재한다는 증거에도 불구하고 초심리학을 의심하는 회의론자들은 종종 그것을 사이비과학이라고 경멸한다.

과학발명의 역사를 통틀어, 이론과 실험은 마치 나와 내 남편이 추는 춤처럼 발전해왔다. ― 어떤 때는 한 사람이 리드하고, 어떤 때는 다른 사람이 리드해가면서 가끔씩은 발을 맞추는 데 성공하기도 한다. 하지만 둘 중 한 사람이 쳐져서 따라오지 못하면 춤이 느려지거나 잠시 엉뚱한 길로 빠진다.

물리학은 다른 과학 분야들의 부모로 불려왔다. 그 발견의 춤은 현실 자체의 본질에 대한 우리의 이해를 넓히는 데에 없어서는 안 될 토대이기 때문이다. 그러면 물리학의 자녀들은 늦든 빠르든 그 리드를 따라온다. 앞서 살펴보았듯이, 발전해가는 물리학은 결국 새로운 발견들과 외견상 비정상적인 것처럼 보이는 현상들까지도 끝없이 확장되어 가는 이론 틀 속에 품어 들일 것이다. 어떤 이론들은 다른 것들보다 더 힘들게 완성되지만, 물리적 세계를 이해하고 그것이 어떻게 생겨났는지를 이해한다는 목표를 향해서 그렇게 발전해가는 것이야말로 과학적 방법론의 고유한 특징이다.

20세기 초에 물리학은 철두철미하게 물질주의적이고 이원론적이었던 태도로부터, 에너지와 힘들이 상호작용하는 상대론적인 장을 바탕으로 하는 모델로 패러다임의 일대 전환을 겪었다. 21세기에 들어서는 정보이론이 물리학과 나란히 어깨를 겨루고 서서, 물리적 현실의 무상함과 정보와 의식의 더 큰 중요성과 우주심의 궁극적 일체성을 이해할 수 있도록 우리의 인식을 한층 더 확장시키고 깊어지게 해주고 있다.

하지만 특히 인간의 의식과 관련된 심리과학이나 사회과학은 이미 100년이나 지난 양자역학과 상대론의 세계관을 전혀 따라잡지 못하고 있다. 프리초프 카프라[Fritjof Capra], 데이비드 봄, 루퍼트 셸드레이크와 같은 대중적으로 알려진 개척자들은 대중의 의식에 과학적 사고를 심어주기 위해 애썼지만, 대부분의 과학자들은 그보다 훨씬 더 변혁적인 과학혁명이 진행되고 있다는 사실을 거의 모르고 있다. 그들의 연구뿐만 아니라 그들 개인의 의식에까지도 급진적인 영향을 미칠 혁명을 말이다.

적당한 이론적 틀이 없다는 것이 물리학자들로 하여금 실험을 그만두도록 막지도 못했고 새롭거나 변칙적인 현상의 관찰을 가로막지도 못했지만, 초심리학에서는 종종 '적당한' 이론 틀의 결여가 연구를 가로막는 난공불락의 장애물로 이용됐다. 그런 연구에 대한 반대의 전형적 빌미인, '실제로는 가능한지 몰라도 이론상으로는 가능하지 않다'는 핑계는 과학의 다른 분야에서는 먹힌 적이 없다. 그런 실례는 무수히 많다. 에너지와 물질의 양자적인 성질로부터 일어나는 물리적 현상과 시간과 공간의 상대적인 성질은 무수한 과학기술에서 활용되어왔다. ― 그 근거인 양자역학과 상대성이론의 화해가 여태껏 이루어지지 않고 있는데도 말이다. 열린 마음의 회의론은 건강할 뿐만 아니라 과학의 발전에 불가결하지만, 초상현상(psi phenomena) 연구의 경우에는 열린 마음의 회의론은 너무나 찾아보기 어렵고 종종 편견에서 나오는 격렬한 반대나, 심지어는 적대적인 반응밖에는 찾아볼 수가 없다.

그러나 그런 많은 반대자들이 받아들이는 물질주의적 이원론은 더 이상 그럴듯한 세계관이 아님이 갈수록 명백히 드러나고 있다. 코스믹 홀로그램과 의식의 본성에 관한 발전해가는 관점은 마침내 하나의 이론적 맥락을 제공해주고 있다. 초정상적인 능력이나 현상을 포용하고 어쩌면 설명도 해줄 수 있는 '그럴듯한 메커니즘' 말이다.

그러니 이제부터 코스믹 홀로그램의 개념이 어떻게 그런 토대를 제공해주는지를 살펴보자. 그리하여 마침내 AIR 연구소의 검토자들이 20년 전에 제기했던 의문에 대답하는 일을 시작해보자. ― 초상현상은 어떻게 가능한가?

이미 살펴보았지만 다시금 유념해야 할 몇 가지의 핵심적인 사항이 있다.

첫째, 현실의 본질은 정보이고, 의식은 궁극적으로 하나의 통일체이다.

둘째, 인간의 의식은 두뇌나 신체 속에 갇혀 있지 않다.

셋째, 시공간을 초월하는 비국소적 연결성이 온 우주의 본성이어서 우주가 단일한 통일체로서 진화해갈 수 있게 한다.

넷째, 정보 엔트로피의 흐름은 시공간 '속에서' 화살과도 같은 시간의 흐름 자체와, 원인과 그에 따른 결과의 경험을 일으킨다.

다섯째, 시공간 '속에서는' 비국소적 행태를 보이는 계의 모든 에너지-물질 현상들 사이에 정보의 엔트로피적 전달이 일어나지 않는다. 문자 그대로, 전체 계는 ― 그 비국소성의 현현을 위해 ― 온전한 행태를 보이고, '실로' 온전하다. ― 그것의 현상화된 측면들이 시간적, 공간적으로 분리된 것처럼 보이는 것과는 상관없이 말이다. 한 측면이 '아는' 것은 전체 현상이 동시에 '안다'.

여섯째, 관찰/측정 '전에는' 계의 '모든' 가능한 상태들이 비국소적으로 연결되어 있을 뿐만 아니라 물리학 용어로, 중첩되어 있는 것으로 묘사된다.

마지막으로, 비국소적으로 얽히고 중첩된 상태들이 (물리학 용어로 말해서) 특정한 현실로 '붕괴하는' 것은 그런 상태들이 마침내 측정될 때뿐이다.

측정에서 중요한 것은, '측정법이 그 상태 본연의 비국소적 얽힘을 정확히 드러내어주도록 설계되어 있지 않은 한' 중첩된 상태는 측정하는 순간 실제로 시공간 속의 한 특정한 — 고로 엔트로피적이고 국소적인 — 상태로 '붕괴한다'는 것이다.

이 모든 사항을 염두에 두고 보면 우리는 초정상적 능력이란 본래 비국소적이어서, 시공간을 초월하는 의식의 정보적으로 얽힌 관점을 개입시킨다는 것을 알 수 있다. 그리하여 우리의 '일상적' 경험은 국소적인 현실을 반영하지만, 초정상적인 현상들의 동조성은 우리를 우리 본연의 실로 우주적이고 비국소적인 의식에 접속시켜준다.

공간적인 원격투시, 원격의념, 혹은 텔레파시에서는 자발적 연결과 의식의 얽힘 상태를 만들어내는 공명이 일어난다. 나중에 보게 되겠지만, 그 같은 초정상적인 현상은 집중된 주의든 정서적 유대든, 강력한 심상이나 사건이든 간에, 그 강도가 강렬해질 때 특히 잘 나타난다.

하지만 초정상적 현상의 속성 중 반대론자들의 저항을 가장 크게 불러오는 것은 인과의 법칙을 위배하는 '것처럼 보이는' 미래에 대한 육감, 예지, 인과역전 등 시간의 초월이 개입된 현상인 것 같다.

내가 느끼기엔 바로 이 대목이 널리 퍼진 오해가 존재하는 곳이다. 원래 양자물리학의 유명한 이중 슬릿 실험의 한 버전에 대한 그릇된 해석에서 야기된 오류는 흔히 인과역전을 보여주는 것으로 인용되는 '지연선택 실험'에 대한 그릇된 결론에 의해 더 커졌다.

2012년에 캘리포니아 대학교의 철학자 데이비드 엘러만[David]

Ellerman은 그가 분리 오류(separation fallacy)라 부르는 것을 통해 그런 실수가 어떻게 일어나는지를 보여주면서 그런 실험들이 사실은 인과법칙의 위반이 아니라는 것을 설명했다.(참조 1)

기초적인 버전의 이중 슬릿 실험에서부터 설명을 시작해보자. 그것은 원래 에너지-물질의 파동-입자 이중성을 보여주기 위해 사용되었다. 이 실험장치는 가장 단순하게 두 개의 슬릿이 나란히 나 있는 판에다 광선을 비추는 것이다. 슬릿을 지나간 빛은 판 뒤에 놓인 스크린에 비친다. 빛의 파동성은 두 슬릿을 통과한 빛이 간섭을 일으켜 스크린 위에 명암의 띠로 이루어진 특징적인 무늬를 형성하게 한다. 하지만 그것은 언제나 이산된 광자로서 각기 별개의 지점들에 부딪히는 것으로 나타난다. 명암의 띠들은 광자가 부딪히는 충격도의 차이를 반영한다.

만약 두 개의 슬릿 바로 뒤에 두 개의 입자탐지기를 설치해놓아서 외견상 두 번째 슬릿을 지난 입자가 첫 번째 슬릿 뒤에 설치된 탐지기에는 닿지 못하게 해놓는다면, 첫 번째 탐지기에 빛이 탐지되면 입자가 첫 번째 슬릿을 통과한 것이 틀림없다고 보는 것이 일반적인 해석이다.

엘러만은 이것이 바로 분리 오류가 일어나는 대목이라고 주장한다. 즉, 측정에 의해 정보를 접하게 되는 '탐지기'에서가 아니라 외견상의 '분리 장치'(슬릿)에서 이미 중첩되어 있던 양자 상태가 특정 상태로 들어서 있다는 가정이 바로 오류라는 것이다. 엘러만은 분리 장치인 슬릿이 사실은 거기에 들어오고 있는 양자 차원의 물체를 비국소적으로 얽힌 중첩상태가 되게 한다는 점을 지적한다. 그 중첩상태는 슬릿 너머로 이어져서 그것이 특정 상태로 '붕괴하는' 측정 시까지 지속된다. 얽힘이 일어나는 것을 측정으로 잘못 간주하는 것이 분리 오류라는 것이다.

이제 일이 매우 흥미진진해진다. 지연선택 실험에서는 입자가 슬릿에 들어서서 탐지기에 도달하기 직전에 탐지기를 갑자기 없애버리거나 갖다 대는 경우를 상상한다. 그러나 그렇게 함으로써 입자가 분리 장치(슬릿)에 들어서는 지점에서 붕괴의 인과를 역전시키거나 말거나 할 수 있는 것처럼 여기는 것 자체가 분리 오류이다.

여기서도, '측정이 일어나는 순간까지' 계속 진화해가는 가능태(alternatives)의 얽힌 중첩상태를 실제로 만들어내는 것은 분리 장치(슬릿)임을 이해하면 오류가 바로잡힌다. 또, 탐지기는 딱 하나의 '붕괴' 상태밖에 측정할 수 없으니, 그 특정한 상태는 탐지기에 의해서, 그리고 탐지기에서만 정해지고, 어떤 정보에 어떻게 접근하는지에 따라 결정적으로 좌우된다. 또 다른 중요한 점은, 얽힌 중첩상태는 언제나 '현재에' 일어나는 측정의 순간까지 유지된다는 사실이다. 미래는 결코 측정되지 않는다.

비국소성은 정보 엔트로피와 무관하다. 공간 속을 전달되는 정보가 없듯이, 분리도, 정보 엔트로피의 흐름도, 그리하여 시간이 경험되는 일도 없다. 엘러만의 통찰을 확장시키자면, 초정상적인 경험에 연루된 의식의 얽힌 중첩상태는 측정되는 순간까지는 시간적으로나 공간적으로나 초월적이다.

인과역전의 경우, 시공간 속의 '현재'와 '과거'에 대한 비국소적 지각에는 다를 것이 아무것도 없다. 정보를 접하는 것은 오로지 가능한 경우들(alternatives)이 얽혀 있는 중첩상태가 측정에 의해 '붕괴되는' 현재 속에서만 가능하다. 그러므로 인과율의 위반은 일어나지 않아서, 이미 드러난 과거는 바뀌지 않는다.

몇 가지 다른 실험을 곧 살펴보겠지만, 육감이나 예지 같은 초정상적 현상들은 '시간의 흐름'인 정보 엔트로피 과정이, 이미 현실화된 과거와 아직 물리적으로 현실화되지 않은 미래를 '식별해낸다'는 사실을 확인해주고 있는 것으로 보인다.

그 같은 예지의 사례에서 비국소적인 의식은, 미래에 관한 초물리적인(superphysical) 정보가 아직 현재를 형성할 정도로 온전히 실현되지는 않았지만 '결정화되고' 있는 중인, 가능태 미래(potential future)에 접근할 수 있는 것으로 보인다. 그러한 가능태가 얼마나 일찍부터 복소평면 속에서 정보 끌개들로 조합되기 시작할 수 있는지를 알려줄 증거는 아직 거의 없지만, 본질적으로는 그것이 시공간의 초물리적 선수파(船首波)를 형성하는 것 같다. 물리적 현실 배후의 정보 패턴의 초물리적이고 역동적인 본성에 비추어보면, 그리고 코스믹 홀로그램의 관점에서 바라보면 이것은 뚜렷한 의미가 있다. 여기서도, 그리고 특히 그런 예지적인 의식에게도, 시공간 '속에서는' 인과율의 위반이 일어나지 않는다.

그리하여 지금 우리가 인간 의식의 초정상적인 성질에 하나의 틀을 제공해주는 우주론적 관점에 접근해가기 시작하고 있다면, 우리는 곧 이런 성질의 조사를 훼방해온 다음 장애물에 부딪

힐 것이다.

정통과학의 모든 연구는 엄격한 실험적 방법론과, 실험결과가 입증되고 재현될 수 있음을 보장해야 한다는 규약을 따른다. 하지만 냉정한 과학으로 알려진 물리학과 화학에서조차 결과에는 불가피한 가변성이 존재한다.

《실험물리학 입문》(An Introduction to Experimental Physics)의 저자 콜린 쿠크Colin Cooke는 이렇게 썼다. "우리는 여러 번씩 측정을 반복하면서 매번 동일한 값을 얻어내려고 최선의 노력을 기울인다. ― 그리고 '실패한다.'(참조 2)" 좀 더 복잡한 현상의 연구에서는 환경 변수나 연구되는 현상의 양상과 조건의 변동이 정확하고 입증 가능하고 재현 가능한 데이터를 획득하는 것을 번번이 더 어렵게 만든다.

인간의 의식이 관련된 모든 실험은 그 본연의 복잡성과 다양성으로 인해 입증 가능하고 재현 가능해야 한다는 조건을 집요하게 요구받는다. 그래서 의학, 심리학, 사회과학의 일반적 접근법은 특정 결과나 특성을 통계적으로 입증하기 위한 방대한 데이터의 집단적 메타분석과 개별적 사례연구에 크게 의존한다.

초심리학에서는 이런 요구가 훨씬 더 높아진다. 대부분의 사람들에게 초정상적 능력은 일상적이지 않고 금방 지나가버리기 때문이다. 내가 제기한 관점처럼, 만일 페르소나에 근거한 우리 의식의 근본 목적이 우리 자신을 물리적 세계의 '현실' 경험 속에 빠트리는 것이라면 이것은 놀라운 일이 아니다. 초정상적인 현상과 능력이 물리적 현실에 대한 우리의 선입견과 분리된 존재라

　　　　　　　　　　　　　　코스믹 홀로그램

는 평소의 인식 — 살펴봤다시피 환영이지만 — 에 펑크를 내놓기는 하지만, 그것이 시공간 속에서 펼쳐지는 법칙들을 정면으로 위배하지는 않는다. 특히 정보 엔트로피인 시간의 흐름과, 그와 관련된 인과작용의 법칙을 말이다. 이런 의미에서 그런 현상과 능력들은 — 우리가 보거나 귀 기울이고자 하기만 한다면 — '현실'이라 불리는 모든 것은 온전하고, 우리의 완벽한 우주는 본래 온전함을 일깨워주는, 미묘하지만 항존하는 암시이다.

동시에 코스믹 홀로그램의 우주론 모델이 영향력을 얻고 있고, 의식의 일체성에 대한 각성이 우리의 집단의식 속에서 일어나고 있다는 것은 어쩌면 우리 본연의 초정상적 능력이 이제는 미신과 사이비과학이라는 불명예를 씻고 과학성이라는 백주의 밝은 빛 속으로 떠오르고 있기 때문일 뿐인지도 모른다.

2008년에 함께 쓴 책 《코스모스CosMos》에서 어빈 라슬로Ervin Laszlo와 나는 초정상적 능력에 대한 실험적 증거를 과학의 수준에 이를 만큼 개괄하여 제시했다.(참조 3) 우리는 연구자들이, 학계의 편견이 도전해올 것을 예상하고 탄탄한 방법론을 확보하기 위해 남보다 더 멀리 한 걸음씩 꾸준히 나아가서 초상현상을 뒷받침해주는 실험적 증거를 차고 넘치도록 확보해놓은 사실을 적시했다.

프린스턴 공학적 변칙연구소(PEAR: Princeton Engineering Anomalies Research)의 소장인 기초공학자 로버트 얀Robert Jahn의 말이 내 뇌리에 박혀 있다. 그는 동료 바바라 둔Barbara Dune과 함께 거의 30년 동안 그런 현상들을 연구하여 엄청난 증거의 기록을 쌓아 올렸다. 그는 실험실이 닫히던 2007년에 은퇴하면서 그들의 발견에 완강히 반대해온 이들을 가리켜 이렇게 말했다. "사람들이 우리가 만들어낸 그 모든 결과에도 우리를 믿지 않는다면, 그들은 앞으로도 결코 믿으려 들지 않을 것입니다."

그 이후로도 더 많은 연구와 메타분석이 이어져서, 더 커진 압박에도 그러한 현상이 존재함을 뒷받침하는 강력한 증거들은 줄어들지 않음을 보여주었다. 이전의 연구에 더하여 2010년(참조 5)과 2012년(참조 6)에 심리학자 랜스 스톰^{Lance Storm}, 패트리치오 트레솔디^{Patrizio Tressoldi}, 그리고 로렌초 디 리시오^{Lorenzo Di Risio}가, 그리고 2013년에 스톰, 트레솔디, 그리고 통계학자 제시카 우츠^{Jessica Utts}가(참조 7), 그리고 2011년에는 트레솔디가(참조 8)가 행한 초감각적 지각능력에 대한 메타분석, 그리고 2012년에 심리학자 줄리아 모스브릿지^{Julia Mossbridge}, 트레솔디, 그리고 우츠가 행한 예지능력 연구(참조 9), 그리고 2012년에 심리학자 스테판 쉬미트^{Stefan Schmidt}가 행한 원격의념에 관한 연구(참조 10)는 모두 더욱 강력한 증거를 찾아냈다.

비국소적 의식 — 시간과 공간을 넘어서

이제 초정상적인 현상에 관해 진행 중인 탐사들의 형태를 잠시 살펴보자. 초기의 연구로부터 어떤 단서들이 보강되고 있고 어떤 새로운 통찰이 대두되고 있는지 말이다. 우리는 원격투시, 원격의념, 그리고 텔레파시 등, 공간적 거리를 초월하는 비국소적 얽힘을 보여주는 사례들로부터 시작할 것이다.

수십 년간의 연구를 통해 원격투시의 정확성은 투시자가 이

완되어 있으면서도 깨어 있고 아무것도 기대하지 않는 마음상태일수록 더 높아진다는 것이 밝혀졌다. 이런 상태는 대개 조용하고 산만하지 않은 주변 환경과, 흔히 간츠펠트ganzfeld 접근법이라 불리는, 환경 '소음'을 최소화하기 위해 감각 입력물을 어느 정도 차단시킨 실험실 조건에서 촉진되었다.

'투시'라고 불리기는 해도, 연구결과를 보면 보고된 인식 내용이 늘 시각적인 것이지만은 않았다. 그것은 '들리기도' 하고 몸으로 느껴지기도 하고, 혹은 인상으로 느껴지기도 했다. ― 지각되기보다는 내면의 눈에 보이는 것 말이다.

원격투시 연구의 선구자인 인지과학자 스테판 A. 슈워츠 Stephan A. Schwartz와 그 밖의 학자들은, 투시의 정확도는 비국소적으로 인식되고 있는 심상이나 대상이나 사건의 정보 엔트로피 변화도의 ― 그러니까 역동성의 강도의 ― 폭에 따라 증가한다는 것을 발견했다.(www.stephanschwartz.com) 강력한 감정을 자아내거나 갑작스럽고 뿌리 깊은 변화를 일으키는 장면이 가장 강하고 구체적인 반응을 자아냈다는 사실은 의미심장하다.

투시자의 차분해진 주의가 감정을 자아내는 투시 대상을 만날 때, 공유되는 정보의 비국소적 중첩상태와 지각영역이 극대화되는 것으로 보인다. 실제로, 초정상적 경험을 하는 사람의 감수성의 음양상보성(의식적인 것이든 잠재의식적인 것이든 자율적인 것이든), 사건의 정보적 내용의 강도와 역동성, 혹은 투시자의 의식이 비국소적으로 어우러져 있는 환경 등이 모든 초정상적 현상에 공통으로 존재하는 측면들인 것으로 보인다.

2007년에 문을 닫고 그 광범위한 연구체가 국제의식연구실험(ICRL: International Consciousness Research Laboratories)의 후원 밑으로 들어갈 때까지, 프린스턴의 PEAR 실험실은 주로 임의숫자 발생기(RNG: random number generators)라 불리는 민감한 물리장치와의 상호작용을 통해 인간 의식의 성질을 연구했다.

실험은 원격의념을 단련시켜 임의숫자 발생기의 결과에 영향을 미치려는 시도를 행해보았다. 그 효과는 대체로 작았지만 수백 명의 사람이 행한 수백만 번의 시도를 통해 PEAR 기록소는 임의의 기대치로부터 상당히 벗어난 결과치를 무수히 쌓아 올렸다.

실험 결과는 또 개인들이 일정 기간에 걸쳐 보인 성과들 사이, 그리고 남녀 실험자 사이에서 정상적인 균형이 깨져 있었다. 실험은 또 두 사람이 텔레파시를 통해 원격의념 실험을 함께 행했을 때, 그 결과가 각자가 따로 했을 때 보여줄 수 있는 결과보다 눈에 띄게 커지는 것을 발견했다. 게다가 두 사람 사이에 정서적인 유대가 있는 경우에는 결과가 그보다도 더 강력했다.

특히 임의숫자 발생기의 결과치를 통해 그룹의 활동을 주시할 때 그런 정서적 동조와 일치가 잘 나타났다. 신성한 장소에서 행해지는 의식이나 일, 음악회, 연극공연 등은 모두 임의숫자 발생기의 결과에 더 큰 불균형을 만들어냈다. 그에 비해 세속적인 학회나 업무회의 등은 거의 아무런 반응도 보여주지 않는 것으로 나타났다.(놀랍지 않은가!)

텔레파시는 아마도 가장 많은 일화가 보고되는 초정상 현상일 것이다. 이것은 특히 정서적으로 긴밀히 연결되어 있는 사람들 사이에서 흔하게 일어난다. 그런 관계는 쌍둥이 사이에서 널리 관찰되고 연구되었다. 쌍둥이는 다섯 쌍 중 한 쌍이, 형제 사이에서는 열 쌍 중 한 쌍이 그런 비국소적 지각의 경험을 하는 것으로 밝혀졌다. 쌍둥이 사이의 그와 같은 텔레파시 연결의 광범위한 사례가 연구자인 가이 리온 플레이페어Guy Lyon Playfair의 책 《쌍둥이 텔레파시: 혼의 연결》(Twin Telepathy: The Psychic Connection)에 보고되어 있다.(참조 11) 여기서도 텔레파시의 자각은 쌍둥이 중 한 사람이 위험에 처해 있거나 특별히 강력한 일을 겪고 있을 때 가장 강해지는 경향을 보인다.

2013년, 인도의 아홉 살 난 한 자폐증 소녀 난다나 운니크리쉬난Nandana Unnikrishnan과 소녀의 어머니 산디야Sandya 사이의 아주 특별히 강력한 것으로 알려진 텔레파시적 연결상태에 대한 조사가 행해졌다.(참조 12) 심리학자, 사회봉사자, 교육자로 이루어진 조사팀이 시험하고 기록하고, 다른 간호사가 목격한 바에 따르면, 조사팀은 딸이 없는 다른 방에 있는 산디야에게 여섯 자리 숫자와 시 한 수를 주어 외우게 했다. 그러자 난다나는 시키지도 않았는데 숫자와 시를 외웠다. 난다나가 엄마 외에는 다른 누구와도 텔레파시적 연결을 보이지 않는 것을 보면, 여기서도 중요한 것은 긴밀한 정서적 유대이다. 다른 초정상적 현상들과 마찬가지로, 모종의 공명이 중요한 요소다. '파장의 일치'가 중요하다는 말이다.

이지과학 연구소(Institute of Noetic Science)의 학자 딘 라딘Dean Radin은 1990년대 중반부터 아직 일어나지 않은 자극에 대한, 인지반응이라기보다는 심리반응인 예감(presentiment)을 조사하는 일련

의 실험을 행해왔다. 실험 팀은 컴퓨터 화면 앞에 앉아 있는 자원
참여자에게 다양한 정도의 감정을 자극하는 영상이 담긴 대용량
데이터베이스로부터 임의의 영상들을 번갈아 보여주었다. 그리
고 영상을 보기 전과 보는 중과 본 후, 그들의 피부전기 활동(EDA:
electrodermal activity) 수준 — 즉 피부의 전기전도율 — 을 감시했다.
예상했던 대로, 그 영상들은 시각적으로 평온한 내용의 영상보다
더 강한 EDA 반응을 일으켰다. 그런데 라딘이 예상하지 못했던
것은, 그러한 반응의 차이가 영상이 임의로 화면에 뜨기 2초나 전
부터 시작된다는 것이었다.(참조 13)

일련의 실험을 통해서 그와 같은 예감의 사례들이 일관되게
관찰되었고, 암스테르담 대학교의 딕 비에르만Dick Bierman을 위시
한 몇몇 연구자들은 동일한 방법을 사용하여 같은 결과를 재현했
다.(참조 14) 2004년에는 캘리포니아 하트매스HeartMath 연구센터의
한 연구팀이 이번에는 심박수 측정을 통해 동일한 예감능력이 심
리적으로 표출되는 것을 밝혀냈다.(참조 15)

2011년에 코넬 대학교의 사회심리학자 대릴 벰Daryl Bem은 무
의식적인 예감 대신 미래의 사건에 대한 정신적 지각인 예지력에
초점을 맞춘 논문을 썼다. 이 논문은 동료평가(peer review)를 거쳐
<개인과 사회 심리학 저널>(The Journal of Personal and Social Psychology)
에 발표됐다.(참조 16)

이 연구에서 벰은 널리 알려지고 수용된 심리학 실험방법을
몇 가지 활용했다. 하지만 그는 실험의 순서를 거꾸로 돌렸다. 다
수의 사례를 통해 입증된 일반적인 실험에서는, 잠재의식에 가해

지는 메시지가 연속되는 영상을 보는 피실험자의 반응에 미치는 효과를 주시한다. 이것은 '마중물(priming) 효과'로 알려진 효과이다. 예컨대 '추하다'는 단어를 의식이 눈치채지 못하도록 화면에 잠시 깜빡이게 하면 반응자는 그 다음에 나오는 정말 아름다운 영상을 아름답다고 판단하는 데 더 오랜 시간을 필요로 하게 된다. 벰은 순서를 거꾸로 해서 같은 실험을 해보았는데, 훨씬 덜 뚜렷하기는 했지만 동일한 효과가 시간을 거슬러 나타나는 것처럼 보이는 현상을 발견했다.

또 다른 흔한 심리학 실험에서는, 참여자에게 컴퓨터 스크린에 일련의 단어를 보여준 다음 그중 아무 단어나 골라서 타자하게 했다. 그다음에 처음에 보여줬던 단어들의 기억 테스트를 했을 때 참여자들은 예상대로 타자 쳤던 단어를 더 잘 기억했다. 벰은 이것도 순서를 거꾸로 뒤집어 시험했다. 그는 참여자들에게 먼저 모든 단어를 다 보여줬다. 그러고는 그것들을 기억에서 떠올리게 했다. 그런 다음에 전체 단어들 중에서 컴퓨터가 임의로 골라낸 일부 단어들을 보여주었다. 참여자들은 나중에 컴퓨터에 의해 임의로 골라질 단어들을 처음부터 미리 더 잘 기억하는 양상을 보였다.

그의 연구는 모두 8년 동안 계속되었고, 8,000명 이상의 학생과 아홉 가지 다른 형태의 실험방법이 동원되었다. 그리고 그중 여덟 가지 실험이 통계적으로 유의미한 예지력 효과를 보여주었다. 그 분야에서 벰이 쌓아온 의심의 여지 없는 권위, 엄격한 연구자로서의 평판, 저널의 권위, 네 명의 동료가 논문을 검토하여 통과시킨 사실에도 불구하고, 이 논문이 일으킨 파문에 대한 반응은

적의에 차 있었다.

다른 관련된 증거들도 모두, 공간 투시든 시간 투시든 간에 비국소적 투시의 정확성은 정보 엔트로피가 증가할수록, 다시 말해서 관련된 정보 내용이 역동적일수록 눈에 띄게 커짐을 보여준다. 살펴봤듯이, 원격투시의 연구자들은 정보 엔트로피의 변동폭이 클수록, 즉 인식되는 심상이나 대상이나 사건의 내용이 강렬하고 역동적일수록 반응의 정확성도 커진다는 사실을 발견했다. 목표물의 흡인력이 강하고 감동을 일으킬수록 그에 대한 반응도 더 구체적이고 강해지는 것이다.

예감에 대한 라딘과 비에르만의 연구도 동일한 상관관계를 밝혀냈다. ─ 강력한 내용의 영상에 대한 반응이 더 유력했던 것이다. 개인적인 것이건 집단적인 것이건 간에, 징후에 대한 예감도 위험이나 재난에 대한 예지 쪽으로 훨씬 더 잘 작동하는 경향을 보인다. 9.11 참사의 여파가 아직 가라앉지 않은 2001년 9월 13일에, 부친인 저명한 초심리학자 J. B. 라인Rhine이 설립했고 수십 년 동안 온갖 예지력의 사례를 확보해온 보고인 노스캐롤라이나 라인 연구소의 소장 샐리 라인 페더Sally Rhine Feather는, 공공참사에 대한 대중의 예감 제보를 받아온 중에서도 9.11 직전이 연구소 역사상 가장 많은 수의 사람들로부터 제보를 받은 때였다고 보고했다.(참조 17)

1980년대에 행해진 슈워츠의 수백 건의 원격투시 실험에서도, 어떤 종류든 상당한 변화가 연루된 이미지일수록 정확히 포착된다는 사실이 밝혀졌다.(참조 18) 이 점은 물리학자 에드윈 메이 Edwin May도 확인했다. 그는 초기의 연구를 바탕으로 한 일련의 실험을 통해 동료 연구자 제임스 스포티스우드James Spottiswoode와 로라 페이스Laura Faith와 함께 쓴 논문을 2000년에 <과학탐사 저널>에 발표했다. 이들도 논문에서 비국소적으로 투시된 이미지의 구체성은 그 정보 내용의 역동성과 밀접한 상관관계가 있음을 밝혔다.(참조 19)

아직도 살아 있는 나

2014년에 영국 사우샘프턴 대학교의 지원을 받은 한 국제 연구팀은 2008년부터 시작된 영국, 미국, 오스트리아 열다섯 개 병원의 2,000명이 넘는 환자들의 임사체험과 유체이탈 체험 연구 결과를 보고했다.(참조 20) 이 형태의 연구로는 사상 최대 규모인 이 연구는 그런 체험에 대한 인식이 진짜인지 환상인지를 확인하는 것을 목표로 삼았다.

그들이 발견한 사실로부터 보고서의 수석 저자인 뉴욕 주립 대학교 내과의 샘 파니아Sam Parnia와 동료 연구자들은 죽음의 체험은 지금까지 이해되고 있는 것보다 훨씬 더 광대해 보인다고 결론을 내렸다. 그들은 또한 생물학적 사망과 동의어인 심장마비의 일부 사례에서 환자의 시각적 인식의 기억은 유체이탈의 기억과 유사하고, 심장마비가 일어난 당시 외부에서 실제로 일어났던 일과 일치하는 것일 수 있다고 판단했다.

심장마비 이후에 소생되어 인터뷰를 할 수 있었던 사람들의

3분의 1 이상은 상황과 어렴풋이 일치되는 기억을 보고했지만, 사건의 구체적인 내용을 기억하지는 못했다. 파니아의 말에 의하면, 이것은 상해나 진정제 투여로 인해 정신적 기능이 상실되었을 수 있음을 시사한다. 하지만 인터뷰한 사람들 중 2퍼센트는 '보인' 기억과 '들린' 기억을 말하는 등, 유체이탈과 같은 온전한 지각의 기억을 이야기했다.

한 사례는 심장이 마비된 동안에 들렸던 소리를 통해 확인되었는데, 환자는 3분 동안이나 심장박동이 멎어 있었던 동안에 의식이 깨어 있었던 것으로 나타났다. 보통은 심장이 멈추면 30초 내에 뇌 기능도 멈추고, 심장이 소생하기 전에는 회복되지 않는데도 불구하고 말이다. 게다가 기억은 상세했고, 실제로 일어난 일과 일치했다.

이전의 작은 연구들과 무수한 사건의 일화들 위에 새롭게 추가된 그들의 연구결과는 파니아와 그의 동료 연구자들로 하여금 '사망 전후 체험의 기억에 관한 보고는 편견 없는 진지한 연구의 필요성을 제기한다'고 확신하게 만들었다.(참조 21)

신앙이나 믿음, 심지어는 무수한 증언을 통해 보고된 개인적 체험을 통한 통찰과도 무관하게, 이제 코스믹 홀로그램에 의해 예시되고 있는 의식의 본질적 일체성에 대한 우주론적 인식은, 우리의 의식을 물리적 구속처럼 보이는 것으로부터 해방시켜줄 과학적 근거를 세상해준다. 확장해가면서 발전하고 있는 이 관점은 더 이상 우리의 의식을 육신에 한정된 것으로 바라보도록 강요하지 않을 뿐만 아니라, 그것을 육신의 생애에 매인 상태로부터 해방시켜준다.

2001년에 네덜란드 아른험^{Arnhem}에 있는 레인스타터^{Rijnstate} 병원의 임상의 핌 반 롬멜$^{Pim\ Van\ Lommel}$과 그의 동료들이 행한 연구도 심장마비로 인한 임상적 사망 이후 소생한 환자들의 임사체험 사례를 조사했다.(참조 22) 그들은 344개의 사례를 조사하고 나서, 그것이 '정신이상이나 산소결핍 증상이나 상상의 산물이라고 할 수 없는' 진짜 체험이었다고 결론을 내렸다.

깨어 있는 의식으로 임사체험을 겪은 사람들을 인터뷰하여 발견한 것들 중 의미심장한 내용은, 그들이 공통적으로 깊은 평화의 느낌을 묘사했다는 점이다. 심장마비로부터 회복하여 소생했지만 임사체험의 기억이 없는 사람들은 경험하지 못한 그 느낌은, 사후의 삶에 대한 강한 믿음과 죽음에 대한 두려움으로부터 해방된 새로운 기분을 가져다주었다.

이보다도 더 많은 논란에 부딪혀 있는, 육신의 죽음 이후에 혼이 살아남아 있을 가능성을 보여주는 비국소적 의식 연구에는 네 개의 다른 관련 분야가 있다. 여기에는 사후에도 이어지는 의식, 그런 의식과 소통할 수 있는 능력, 지박령 혹은 유령, 그리고 윤회라는 현상이 실재한다는 주장에 대한 증거의 연구가 포함된다.

다양한 문화권에 걸쳐서, 여러 세기를 걸쳐서, 또 최근의 무수한 사례연구 기록을 통해 발견되는 엄청난 양의 사례와 일화들에도 불구하고, 환원주의 과학의 물질주의 패러다임은 그러한 경험에 비웃음으로밖에는 반응할 줄 모른다. 앞으로는 마음이 더 열린 연구자들의 합치된 노력과 엄밀한 실험을 통해 연구되기를 희망할 뿐이지만, 장차의 연구가 우리를 어디로 데려다줄지와는 무관하게, 의식의 본질적 일체성과 코스믹 홀로그램 모델은 그러한 현상의 가능성을 원초적으로 품고 있다.

비범한 일상

초정상적 현상이란 것도 사실은 별 것 아니리라고 생각지는 말라. 그러면 인간으로서 우리의 일상적 경험마저 심히 퇴색되어 버릴 것이다. 그러면 우리의 인간적 페르소나, 복잡다단하고도 풍성한 물리적 세계의 경험, 그리고 그 진화의 공동창조를 우리에게 설득하는 메소드 연기도 그만큼 덜 실감 나게 될 테니까.

하지만 문제는, 우리가 그 같은 비국소적 의식은 존재하지 않는 것으로 치부해버리고 오히려 반대편 극으로 가서, 물리적 세계만이 유일한 현실이라고 자신을 꼬드겨 물질성 속으로 끌고 들어가버렸다는 것이다. 그 와중에 우리 존재의 가장 깊은 의미와 목적은 외면되고, 우리는 결국 서로에게서, 전체 우주로부터, 그리고 자신의 확장된 의식으로부터 자신을 분리시켜버렸다.

2014년에 스웨덴 룬드^{Lund} 대학교의 심리학자 에첼 카데나^{Etzel Cardena}는 아르헨티나, 호주, 브라질, 캐나다, 유럽 본토, 아이슬란드, 이스라엘, 일본, 스칸디나비아, 남아프리카, 영국, 미국 등지의 99명의 동료 학자들은 텔레파시, 원격투시, 예지와 같은 초정상적 현상을 포함하여 의식의 모든 측면에 대한 개방적이고 정보 공유적인 연구를 촉구하는 공동성명을 발표했다.

성명은 일부 비판자들이 심어놓은 부정적인 인상과는 반대로 초심리학의 과학적 연구는 일부 반대자들의 편견에 사로잡힌 처우, 금단구역이 된 것과 같은 처지, 연구자들에 대한 학문적, 개인적 공격, 연구자금의 결핍에도 불구하고 전 세계의 공인된 학술 연구소들에서 지속적으로 행해지고 있다고 말한다.

성명은 또한 초정상적 현상의 실재성을 뒷받침하는, 동료평가를 거친 학술논문들이 부정적인 눈초리 앞에서도 지속적으로 관련 학술지에 발표되어온 사실을 지적했다. 일부 주류과학자들과 평가자들의 반발로 일부 저널들이 여러 해 동안 긍정적인 보고는 외면하고 부정적인 결과를 보인 연구결과만 발표해왔음에도 불구하고, 앞서 봤듯이 매우 긍정적인 결과들이 계속 보고되고 있다.

인간 의식의 초정상적인 측면은, 외면하고 비웃고 의도적으로 곡해하고 부당하게 공격하여 폐기해버리기에는 너무나 중요한 의미를 지니고 있다. 일관된 감독하에 과거 어느 때보다도 더 엄밀히 수행되고 잘 분석된 실험의 결과들은 인정을 받아야만 한다.

카데나와 그의 동료들은 이렇게 말한다. "오로지 편견이나 이론적 가정을 전제로 실험적 관찰결과를 '결론부터 내놓고' 무시하는 태도에는 증거를 그 자체로서 평가하고 논하는 과학적 과정의 힘에 대한 불신이 깔려 있다. 초자연 현상에 대한 학계의 입장은 이미 정해져 있지만, 과학이란 우리가 이미 가지고 있는 가정과 그에 반대하는 가정 양쪽의 모든 증거와 회의론을 철저히 검토하는, 독단적이지 않고 열려 있고 비평적이되 존중이 요구되는 과정이라고 보는 우리의 입장은 그렇지 않다. 성명에 서명한 우리의 확신은 남다르다."

현실을 하나로 통합시키는, 그리하여 초상현상과 그 체험도 그 속에서 자연스럽게 하나로 포용되는 그런 새로운 관점을 받아들인다면, 과학자들에게는 지금이 카데나와 그의 동료들의 도전에 응답하여 그런 초상현상의 다양한 측면들, 그리고 인간의 의식을 확장시키고 변성시킬 수 있는 그것의 힘을 열린 마음으로 철저히 조사해보아야만 할 때임이 분명하다.

✳ 13장 ✳
공동창조자들

현실이라 불리는 모든 것을 존재의 차원으로 가져오는

역동적 과정에 참여하고 행동하기…

"한 개인 혼자서는 아무것도 만들어낼 수 없다.

우리의 모든 꿈은 다른 영혼들과의 협동과 공동창조를 통해서 실현된다."

— 히나 하쉬미Hina Hashmi, 《당신의 삶》(Your Life)의 저자

우리는 각자가 이 우주의, 그리고 궁극적으로는 영원무한한 우주심의 홀로그램적 지성이 개체화한 하나의 소우주라는 관점에 이미 도달해 있다. '마야maya'라는 산스크리트어는 '환영'을 뜻하는 것으로 번역되어, 때로는 물리적 세계라는 '환영'을 가리키는 데도 쓰인다. 마음과 물질성 사이의 외견상의 이원성은 실로 환영이

지만, 마야의 또 다른 뜻은 '부분적'이란 뜻이어서 이것은 오히려 이 우주와, 인간으로서의 우리의 경험을 그보다 훨씬 더 광대한 다차원적 의식이라는 맥락 속에다 가져다놓음으로써 그것의 실재성을 확인해준다.

코스믹 홀로그램이라는 새로운 모델은 마야의 물질성만을 바라보는 부분적인 세계관 속에 함몰되어 있던 우리에게 전일적인 사고 틀을 제공함으로써, 우리의 의식을 확장시켜 온전한 우리의 본성을 기억해내게 해준다. 그 과정에서 우리는 개인적, 집단적으로 더 큰 힘을 얻어 우주의 큰 그림 속에서 의미심장한 목적을 띤 우리의 역할을 깨닫는다. 그 역할 속에서 우리는 피조물인 동시에 공동창조자이다.

현실의 공동창조

가장 최근의 한 실험은 물리적 현실의 본질을 이해하려고 애쓰는 양자물리학자들과 철학자들을 똑같이 괴롭혀온 끈질긴 수수께끼에 새로운 빛을 비춰주었다. ― 그 유명한 수수께끼란 '듣는 사람이 아무도 없는 깊은 숲속에서 고목이 쓰러진다면 그것은 소리를 내는가?' 하는 것이다.

앞서 살펴보았듯이, 관찰되거나 측정되기 전에는 그 현실은 존재하지 않는다는, 실험적으로 증명된 인식은 '들어줄 누군가'가 없다면 쓰러지는 나무는 소리를 내지 않는다고 결론지을 것처럼 보일 것이다. 마찬가지로 관찰하지 않으면 나무, 아니 숲조차 존재하지 않는다고 할 수 있다. 숲조차 존재하지 않는다는 이 결론은 한 걸음 나아간 중요한 통찰이지만, 한 걸음 옆길로 샌 것이기도 하다. 왜냐하면 그것은 사실 의식을 지닌 유일한 관찰자를 '누군가'로, 그러니까 인간으로 상정했기 때문이다.

하지만 코스믹 홀로그램은 의식의 일체성을 밝혀주고, 그것이 만물 속에 스며들어서 본질적으로 하나이면서 동시에 의식의 모든 차원과 규모에서 펼쳐지는 거시우주로 표현된 것이 곧 우리의 우주임을 밝혀준다. 그러니 나무와 상호작용하는 '누군가'는 — 소우주든 중간우주든 대우주든 간에 — '언제나' 존재한다. 쓰러지는 고목은 언제나 목격되고 있다.

그러므로 현실은 존재의 모든 규모에서, 그리고 의식의 무수한 수준에서 공동창조되고 있다. 우리가 개인적으로는 각자 고유한 소우주로서, 그리고 집단적으로는 중간우주의 지성으로서 우리 우주의 공동창조 경험에 기여하고 있기는 하지만, 우리 인간의 의식만이 운동장의 유일한 선수인 것은 결코 아니다.

그럼에도 우리는 한 사람 한 사람이 각자 고유한 개성을 지니고 있고, 그런 페르소나는 과거에도 없었고, 지금도 없고, 미래에도 없을 것이다. 인간을 복제한다고 하더라도 각 개인은 동일한 DNA를 한참 능가한 다른 존재가 될 것이다. 하지만 우리는 또한 일반적인 인격과 기질을 공유하고 있고, 문화, 인종, 성별, 성적 기호, 환경, 사회적 조건 등에 따라 달라지는 온갖 개성과 함께 근본적이고 보편적인 인간의 속성을 집단적으로 공유하고 있다.

그렇지만 우리는 외면상 동일한 상황에서도 저마다 어느 정도 다른 반응을 보인다. '믿는' 것이 곧 '보는' 것이고, 믿음과 생각과 감정이 우리의 신체적 상태에 영향을 미친다는 의미심장한 증거가 쌓이고 있어서, 그것은 믿음과 생각과 감정이 우리가 삶 속에서 어떻게 행동하고 어떻게 경험하는지에도 큰 영향을 미친다는 사실을 밝혀주고 있다. 우리의 페르소나의 자아개념을 뒷받침하고 있는 믿음이, 자신과 세상에 대한 관점에 실질적인 영향을 미쳐서 우리의 행동을 조종하게끔 하는 데는 그 믿음이 확실해야만 할 필요도 없을뿐더러 의식적인 것이어야 할 필요조차 없다. ― 우리는 문자 그대로 우리의 현실을 공동창조하고 있다.

발달심리학자들은 생애의 초기에 우리 각자의 자아 감각이 어떻게 형성되어서, 이후로 신념이 체화되고 그에 따른 경험의 인식이 형성되어가는 과정에 어떻게 하나의 정보 틀로 작용하는지를 추적한다.

중요한 사건들은 우리의 마음속에 자신과 타인들과 주변 세상에 대한 특정한 믿음의 씨앗을 심어놓는다. 특히 그것이 트라우마를 일으키는 사건이라면 이 씨앗은 버림받음, 학대 등의 다양한 원형적 패턴과 연결된 좀더 포괄적인 정보를 각인시킬 수도 있고, 그것이 나중에 다른 사건들에 의해 더 강화될 수도 있다. 이런 왜곡된 인식은 우리의 전 생애에 걸쳐 계속 영향을 미쳐서 남들을 대하는 태도, 남들이 나를 대하는 것을 받아들이는 방식, 자신을 대하는 태도 등을 좌우할 수도 있다.

행동심리학자들은 이런 씨앗이 한 번 심어지면 그것이 다른 사건과 상황들에 의해 얼마나 쉽게 싹을 틔우고 자라서 더 이상 바꾸기 힘든 견고한 신념체계와 자아관념을 형성하게 되는지를 보여주었다. 미국과 다른 나라들에서 행해진 교육에 관한 연구들은 초등학교 시절의 불만족이나 사제 간, 그리고 학교와 학부모 간의 긍정적 관계의 부재가 일찍부터 학생의 학업성취도를 떨어뜨리고 제약된 사고방식 속에 갇히게 하여, 그대로 두면 그 사람의 성격으로 굳어진다는 사실을 밝혀냈다.

교사나 기타 권위를 지닌 사람에 의해서든, 아니면 가족, 또래 혹은 사회 전반에 의해서든 간에, 그 같은 제약적인 신념들이 주입되면 그들은 자신에 대한 기대치를 스스로 낮추게 된다. 혹 어떤 사람은 그런 틀에 반기를 들기도 하지만, 대부분의 사람들은 그저 순종하여 자신의 가능성을 스스로 더욱 한정시킨다.

거꾸로, 1964년에 하버드 대학교 교수 로버트 로젠탈Robert Rosenthal이 행한 선구적인 연구는 확고한 기대가 지닌 힘을 보여주었다.(참조 1) 연구팀은 교사들에게 (거짓으로) 특정한 IQ 테스트를 해보면 학생들이 장차 지능이 얼마나 좋아질 수 있는지를 예측할 수 있다고 말했다. 또 연구팀은 테스트를 한 후 각 학급에서 몇 명씩의 학생들을 임의로 뽑아서 교사들로 하여금 그들에게 (이 또한 거짓 정보로) 시험 결과 이 특별한 아이들은 바야흐로 재능이 엄청나게 향상될 문턱에 있다고 말해주게 했다. 그 후 2년 동안에 로젠탈은 실제로 교사들의 기대치가 선발된 아이들의 향후 지능 향상에 긍정적인 영향을 끼쳤다는 사실을 발견했다. 상황을 더 자세히 조사해본 결과, 교사들은 종종 잠재의식 차원에서 무수한 방식으로 학생들에게 자신들의 긍정적인 기대감을 표현했다. 즉, 그들에게 더 많은 시간과 주의를 주고, 말로든 다른 방식으로든 그들을 부추겨주는 피드백을 더 많이 주었던 것이다.

다른 무수한 실험들도 우리의 무의식적인 믿음이나 추론, 틀에 박힌 결론 등이 — 자신은 공정하고 선입견이 없다고 스스로 확신하고 있을 때조차 — 얼마나 강력하게 우리의 결정과 행위를 편향시키는지를 보여주었다. 이런 증거들은, 우리가 진정으로 마음을 열고 있는 일은 매우 드물어서 자신의 주관적인 판단을 뒷받침하는 정보만을 날로 쌓아 올리고 있음을 보여준다. 자신은 실제로 그러고 있다고 생각할 때조차, 객관적인 정보를 수집하여 새로운 믿음을 형성하는 일은 드물다. 대신 우리는 대개 기존의 신념이나 편견을 뒷받침해줄 데이터만을 계속 걸러 모으고 있는 것이다.

이와 관련된 인지기능의 경향성으로, 소위 확증 편향(confirmation bias)이란 것이 있다. 이것은 자기에게 동의해오는 사람에게만 동의하는 경향성을 말한다. 그래서 우리는 — 개인적으로, 혹은 매체를 통해서 — 비슷한 관점을 가진 사람들로 자신의 주변을 둘러싸기를 좋아한다. 그리고 자기에게 동의하지 않는 사람의 말은 아무리 객관적인 증거가 있어도 무시하는 경향이 있다.

객관적인 시야를 가려서 주관적인 세계관과 경험을 완강하게 굳혀놓는 이 같은 여러 가지 경향성은 심리학자들에 의해 많이 연구되어 있다. 특히 문제인 것은, 프린스턴 대학교의 연구자 에밀리 프로닌Emily Pronin이 지적하듯이, '편향성이라는 개념을 모른다거나 그런 것이 존재한다는 사실을 모르는 것이 아니라, 그것이 자신에게 있다는 사실을 모른다는 것'이다.(참조 2)

캘리포니아 대학교의 심리학자 폴 피프Paul Piff는 2009년부터 일련의 실험을 통해서 특히 사회적 위계구조와 관련된 신념의 영향력을 연구해왔다. 물질적 불평등이 행동에 미치는 효과를 시험하는 그의 한 실험에서는, 백 쌍이 넘는 지원자들에게 규칙을 조작한 모노폴리monopoly* 게임을 하게 했다.(참조 3) 동전을 던져서 이긴 사람에게는 상대방보다 유리한 조건을 갖게 한 것이다. 돈을 많이 가질수록 더 많은 기회가 열리고 더 많은 자원과 불평등한 힘을 사용할 수 있게 되는 실제 사회의 상황을 재현하기 위해서, '부자'인 플레이어에게는 '가난뱅이' 플레이어보다 처음부터 더 많은 돈을 주고 주사위 던질 기회도 많이 주고, 'Go' 관문을 통과하고 나면 돈을 더 많이 끌어모을 수 있게 했다. 그러자 게임이 진행될수록 '부자'인 플레이어는 자신이 불공평한 특권을 누리고 있다는 사실을 알면서도 상대방 플레이어를 배려하지 않고 무례하고 거만한 행동을 보이기 시작했다. 게임이 끝나고 나서 '부자' 플레이어에게 무엇 때문에 성공할 수 있었는지 물어보자, 그들은 그것이 게임의 조건 덕분임을 인정하지는 않고 자신의 능력으로써 당연한 승리를 '차지한' 사실을 자랑했다.

　다른 실험에서 피프와 그의 연구팀은, '부자' 플레이어는 돈이 많아질수록 — 상대방은 그것을 정당한 것으로 인정하지 않더라도 — 그것을 당연하게 여기고 이기적으로 굴면서 목적을 위해서는 거짓과 속임수를 쓰는 반면에 동정심이나 공감의 능력은 떨어진다는 것을 보여주었다. 하지만 참가자들에게 협동과 배려의

---

* 주사위를 던져 말을 움직이고 그 위에 부동산이나 호텔을 지어 통행료를 거두는 식으로 진행되는 보드게임. 한국에서는 그 변형판인 '부루마불' 게임이 유명하다. 역주

이로운 점을 상기시켜주는 심리적 자극을 조금 줬더니 그런 성향이 완화되는 것이 발견됐다. 그런 믿음과 그에 따른 행동은 교정이 가능함을 보여준 것이다.

우리 자신에 대해서나 다른 사람들에 대해서, 크게는 세상에 대해서, 혹은 현실의 본질 자체에 대해서 우리가 의식적으로든 무의식적으로든 품고 있는 신념이 교조적인 것일수록, 제공되는 증거와는 상관없이 마음을 바꾸는 것이 더 어려워진다. 현실에 대한 자신의 인식과 상충하는 정보를 접하면 우리는 인지부조화(cognitive dissonance)라 불리는 것을 겪기도 하는데 이것은 종종 심리적으로 고통스럽다. 우리는 자신이 인정하는 가치, 진리, 정체감, 현실관념 등으로 이루어지는 범주에 반하는 관점을 제시하는 모든 증거에 대해서는 부정하고 외면하고 논리적으로 부인하는 반응을 보이는 경향이 있다.

이 두 가지 실험과 무수한 사례연구들은, 긴장이 무의식적인 편향과 인지부조화를 악화시킨다는 사실을 보여주었다. 스트레스를 유발하는 이런 상황은 과학철학자 토마스 쿤Thomas Kuhn이 '패러다임 전환'이라 이름 붙인 것을 겪을 때 마주치게 된다. 패러다임 전환을 맞으면 과학은 이전이라면 가치 없다고 여겼을 것을 이해하게 됨으로써 진화적 도약을 이룬다. 환원론적 물질주의와 유심론과 같은, 현실의 본질을 놓고 서로 다투는 패러다임들 사이의 회해할 수 없어 보이는 양상에 대해, 쿤은 또한 과학의 눈은 결코 전적으로 '객관적'일 수만은 없어서 주관적으로 인식되는 자아개념과 과학계 구성원들의 관련 세계관을 불가피하게 포함하고 있다고 주장했다.

그렇다면 많은 과학자들이 물리적 세계에 대한 이해를 바꿔놓을 뿐만 아니라 자신과 현실의 본질에 대한 개인적 견해까지도 뒤집어놓을 새로운 과학혁명 앞에서 개인적으로 인지부조화의 고통을 겪고 있는 것도 놀라운 일이 아니다.

공동창조의 8원칙

우리가 현실이라 부르는 모든 것은 정보적이고, 본질적으로 존재의 여러 차원에서 자신을 탐사하고 경험하는 온전한 의식임을 인식한다면, 의식적으로든 무의식적으로든 우리가 관여하는 공동창조의 모든 원칙은 코스믹 홀로그램의 물화物化된 현실이 우리 우주 속에 표현될 때 따르는 것과 동일한 정보물리학의 원칙을 따라야만 한다.

나는 다양한 영적 전통들의 보편적인 통찰과 여러 해에 걸친 나 자신의 연구와 경험으로부터 발견해낸 ― 그리고 그런 정보적 원칙과 실로 밀접한 상관관계를 보이는 ― 공동창조적 인식의 여덟 가지 원리에 대해 쓴 적이 있다.

지혜로 가는 방향을 가리키는 이 여덟 개의 표지판은 곧 상대성, 용해, 공명, 반영, 변화, 선택, 결과, 보존, 그리고 수용의 원리이다.

그것을 여기서 간단히 요약해보겠다.

'상대성의 원리'는, "전체로 보면, 누구 한 사람도 외딴 섬이 아니다"라는 존 던John Donne의 시가 말하는 자명한 이치를 표현한다. 시공간의 근본적인 상대성과 에너지-물질의 얽히고설킨 패턴으로부터 비롯하여 우리 우주의 만물은 관계의 양극성을 통해 매개되고 존재한다. 우리의 모든 경험도 우리의 다양한 측면들, 타인들과 더 넓은 세계와의 접점을 통해 펼쳐진다. 우리의 인식 전반에 정보가 제공되는 것은 실로 무수한 그런 상대성의 상호작용을 통해서이다.

던의 시는 이어서, 외견상의 분리에도 불구하고 "모든 인간은 대륙의 한 조각, 지구의 한 부분"이라고 말한다. 그러니 그러한 상대성을 초월할 때, '용해의 원리'는 그들이 이루어낸 화해, 균형, 그리고 궁극의 통합을 말한다. 거기서 환영인 우리의 이원론적 인식은 의식의 일체성에 대한 자각 속으로 점차 용해되어 들어간다.

우리의 우주를 지배하는, 그리고 코스믹 홀로그램의 징표인 조화롭게 동조된 관계는 '공명의 원리'를 통해 드러난다. 우리는 이 원리를 신체적, 감정적, 정신적 차원에서, 개인적으로도 집단적으로도 체화하고 있다. 우리는 좋아하는 사람들과, '마음에 드는' 것들과 '같은 주파수'이다. 거꾸로, 조화롭지 못할 때 우리는 말 그대로 '삑사리'를 낸다.

우리의 행복은 우리의 존재가 모든 형태의 관계와 공명하여 조화를 이룰 때 생겨난다. 실험에 의하면, 만성적인 두려움과 불안 속에서 살면 그 지속적인 부조화와 스트레스 상대가 우리의 정신적, 성서적, 신체적 건강에 악영향을 미쳐서 면역계를 약화시키고 우울증, 순환계장애와 위장장애와 같은 병을 일으킴이 밝혀졌다.

하지만 주변 환경과 긍정적으로 조화를 이루면, 우리의 호의적인 기분과 깊어진 연결감은 향상된 건강상태로도 나타난다. 의식이 확장되어가면 우리는 갈수록 점점 더 의식적으로 온 우주와 연결되고 공명하게 된다.

'반영의 원리'는 본질적으로 공명의 법칙을 내부로 확대시켜, 우리 삶의 외적 환경이 어떻게 우리의 정신적, 정서적, 그리고 결국은 신체적 상태에까지 반영되는지를 말해준다. 그와 같은 반영을 의식적으로 할 수 있다면, 우리는 그런 반영 속에 담겨 있는 모든 왜곡을 더 잘 알아차리고 바로잡을 수 있게 될 것이다.

모든 물리적 과정은 시간의 냉혹한 흐름을 통해 불가피하게 변화해가게 되어 있다. 그 무엇도 변함없이 남아 있을 수 없다. 인간의 상황에 적용될 때, '변화의 원리'는 우리로 하여금 자신의 경험을 맞아들여서 거기서 교훈을 배우기를 권한다. 붓다가 깨달았듯이, 우리가 삶에서 겪는 가장 큰 고통 중 하나는 사람이나 사물에 대한 우리의 집착이 우리로 하여금 상황에 매달리게 하는 것이다. 우리는 종종 그것을 놓아 보내는 아픔보다 붙들고 있는 고통이 더 커질 때까지 거기에 매달려 있곤 한다.

우리는 인과가 어떻게 시공간 전체에 걸쳐 무소부재하게 펼쳐지고 있는지를 보았다. 여기서도 마찬가지로, 이 우주적 법칙이 우리 자신에게 적용되면 '선택과 결과의 원리'가 더 깊은 의미를 지니고 다가와서 우리를 부추겨, 자신이 결정한 모든 것을 책임지도록 스스로에게 힘을 부여하게 한다. 우리의 인간적 자아가 의식적으로 선택하지 않은 도전적인 상황들도 분명히 존재하지만 그럼에도 거기에 어떻게 반응할 것인가 하는 선택권은 언제나 우리에게 주어져 있다. 이 자명한 진실을 심리학자 빅터 프랭클^{Viktor} ^{Frankl}보다 더 근본적이고 심오하게 설명한 사람은 아마도 없을 것이다. 가족과 함께 유대인 집단수용소에 들어갔다가 홀로 살아남은 그는 훗날 이렇게 썼다. 모든 상황에서, 아무리 끔찍한 상황에서조차 오로지 이런 마음으로 견뎌냈다고. ―"자극과 반응 사이에는 공간이 있다. 그 공간 속에는 반응을 선택할 수 있는 우리의 권능이 놓여 있다. 우리의 반응 속에는 우리의 성장과 자유가 놓여 있다."

'보존의 원리'를 의식에 적용하자면 그것은 삶의 모든 밀물과 썰물, 주기와 받기의 관계를 부각시킨다. 그것은 에너지 보존의 한 확장판이다. 밀물과 썰물, 주기와 받기, 그리고 형태를 바꾸지만 궁극적으로 보존되는 에너지의 순환처럼, 이 원리는 카르마라는 고대의 개념과 연결된다. 하지만 의미심장하게도 그것은 '이에는 이' 하는 식의 편협한 해석을 넓혀서 우리 의식의 모든 차원에서 펼쳐지는 공동창조 경험 전체를 심판 없이 품어 들일 수 있게 해준다.

여덟 원리 중 마지막은 '수용의 원리'로서, 이것은 우리가 삶에서 맞이하는 상황과 경험들 배후의 의미와 목적을 알아차리도록, 자신의 선택에 대한 책임을 인정하도록, 그로부터 펼쳐지는 것이 합당한 것임을 받아들이도록, 그리하여 배우고 성장해기도록 우리를 부추겨준다.

고대 하와이 사람들이 가족과 부족 간의 갈등을 해소하기 위해 전통적으로 실천해온 용서와 화해의 수행법인 호오포노포노

ho'oponopono에 이 같은 수용의 태도가 잘 표현되어 있다. 개인적으로, 또 집단적으로 잘못을 시인하고 책임을 받아들이는 과정에서 '미안합니다, 나를 용서해주세요, 감사합니다, 사랑합니다'라는 호오포노포노의 기도는 개인과 개인 사이의, 그리고 개인의 내부의 갈등을 해소하고 치유하여 그로부터 해방시켜준다.

　　의식의 일체성에 대한 자각이 커지면 호오포노포노의 기도를 통한 깨달음은 우리의 우주 끝까지 퍼져나갈 것이다. 의식의 어떤 차원에서는 우리 각자가 이 모든 현실의 공동창조자이며, 그래서 결국 그 결과에도 책임을 져야만 한다는 깨달음 말이다.

나에서 우리로

　　환경과는 별개의 존재인 생물들이 별개로 존재하는 환경에 대해 반응하는 것이 아니다. 이제껏 살펴보았듯이, 진화의 과정이란 본질적으로 모두가 함께하는 창조의 과정이어서 전체 환경은 자신의 표현물인 생명과 역동적으로 대화를 나누고 있다. 이 같은 인식의 변화는, 환경에 적응해가는 생명의 진화는 오로지 개체의 차원에서 DNA의 변화를 통해서만 일어나며 희소한 자원을 차지하기 위한 경쟁에 의해 추동된다는 지금까지의 생물학자들의 생각도 크게 바꿔놓는다.

　　후생유전학적 적응에 관한 연구는 배후의 DNA가 바뀌지 않더라도 생활방식과 환경적 요인에 의해 유전자의 발현이 달라진다는 사실을 갈수록 분명히 밝혀내고 있다.

　　앞으로 살펴보겠지만, 지난 몇 해 동안에 점점 더 많은 수의 연구자들이 — 특히나 다양한 분야의 연구자들이 — 진화를 이해하는 다차원의 접근방식을 제시했다. 여기에는 생물들과 그 환경 사이의 공동창조적인 적응뿐만 아니라 협동적 사회화에 의해 일어나는 동족과 단체 차원의 적응선택(fitness selection)도 포함된다.

먼저 이제 막 싹트고 있는 후생유전학에 대한 연구를 살펴보기로 하자. 인간에 관한 생물학으로서는 아직 초보 단계임에도 불구하고 이 연구는 후생유전적 형질이 살아 있는 사람에게 장기적인 영향을 미칠 뿐만 아니라 자손에게 유전될 수도 있다는 사실을 밝혀내고 있다.

2013년에 의학박사인 케리 레슬러Kerry Ressler와 에모리Emory 대학교의 신경생물학자 브라이언 다이어스Brian Dias는 과실수의 꽃에서 흔히 발견되는 아세토페논acetophenone의 달콤한 향기를 전기충격과 결부시킴으로써 수컷 생쥐가 이 향기를 두려워하게 만들었다. 생쥐는 이 향기를 맡을 때마다 충격에 떨었을 뿐만 아니라, 새끼도 같은 반응을 보였다. — 새끼는 이전에 그 향기를 맡은 적도 없고 아버지처럼 전기충격을 겪은 적도 없는데도 말이다. 그 두려움의 기억은 발현 유전자 속에 정보로 각인되어서 3대까지도 나타났다.(참조 4)

뉴욕 마운트 사이나이Mount Sinai 병원의 정신과 의사 라켈 예후다Rachel Yehuda와 그녀의 연구팀은 두 가지의 연구를 통해 인간에게서도 그처럼 후생유전적으로 전달된 스트레스를 발견했다고 밝혔다. 2005년에 보고된 그들의 첫 번째 분석(참조 5)은 9.11 사태 이후 임신한 여성들에게서 외상 후 스트레스 장애(PTSD)의 소견이 나타나는지, 그리고 그런 외상이 자녀들에게도 후생유전학적 영향을 미치는지를 조사했다. 연구자들은 사건 당시에 무역센터 안이나 그 부근에 있었던 38명의 여성에게서 스트레스 호르몬인 코르티솔 수치의 표본을 얻어냈다. 외상 후 스트레스 장애를 겪었던 그룹은 사건에 비슷하게 노출되었지만 외상 후 스트레스 장애를 겪지 않은 그룹보다 코르티솔 수치가 훨씬 낮게 나타났다. 1년 후 연구팀이 그들의 아기로부터 코르티솔 수치 샘플을 채취했을 때, 아기들의 코르티솔 수치는 엄마의 수치와 상관관계를 보였다.

2015년에 보고된 두 번째 연구(참조 6)는 32명의 홀로코스트 생존자 자녀들의 스트레스 관련 장애를 조사하여, 제2차 세계대전 기간에 다른 지역에서 안전하게 살았던 유대인 가족들의 자녀들과 비교해보았다. 연구팀은 특히 스트레스 호르몬 조절과 관련된 후생유전학적 '꼬리표'(유전자 스위치를 올리고 내리고 하는, DNA에 부착된 화합물)를 조사했다. 그들은 홀로코스트 생존자와 그들의 자녀에게서 그런 꼬리표를 발견했다. 비교 그룹의 자녀들에게서는 그런 연관성이 발견되지 않자, 연구팀은 생존자의 자녀들이 생후에 외상을 겪은 경우를 면밀히 걸러낸 후에, 그런 영향이 단지 사회의 영향이나 스트레스를 주는 사건에 의해서가 아니라 유전적으로도 정말 전해진다는 사실을 밝혀낼 수 있었다.

진화는 본연의 이기적이고 경쟁적인 행태를 통해 개체의 차원에서만 진행된다고 보는 생물학자들의 이제까지의 공통된 견해와는 대조적으로, 갈수록 많은 연구자들이 그룹의 협동과 이타심이 진화에 미치는 영향을 탐지하는 더 포괄적이고 다차원적인 접근방식을 논하고 있다.

개미나 벌처럼 군집 생활을 하는 곤충의 경우. 그들의 집단적 존재는 동족선택(kin selection)을 통한 상호지원에 의존하게끔 진화해왔다. 하지만 대두되는 새로운 관점은 포유류의 그와 같은 사회적 협동의 의미를 더 깊고 폭넓은 것으로 만들어준다. 이 관점은 개체의 이기심에 그룹의 이타심을 결합시킴으로써, 그 같은 실질적 지원과 문화적 관계가 주는 진화상의 이점을 발견해내고 있다.

고등동물, 특히 인간에게는 친족이나 그보다 더 폭넓은 집단 내부의 '정서적' 유대도 진화적 발달에 매우 중요하고, 종종 이타적인 행동을 하게 하는 (그 어떤 세속적인 요인보다도) 더 강력한 요인이 된다는 관점은 아직 거의 고려되지 않고 있다.

그럼에도 이와 같은 소위 유전자-문화 공진화론(gene-culture coevolution approach)은 모든 진화과정은 오로지 경쟁과 개체의 적응을 통해서만 진행된다는 이전의 견해에 도전장을 내민다. 인류학자 로버트 보이드Robert Boyd와 피터 리처슨Peter Richerson과 다른 사람들도 주장하듯이, 이렇게 더 풍부해진 진화 요인들은 인간으로 하여금 특정한 적응기능을 얼른 ― 유전자의 돌연변이보다 훨씬 더 빨리 ― 발달시키게 해준다. 보이드와 리처슨은 또 100만 년쯤 전의 원인原人들이 사회적 협동을 발달시킨 것은 급격한 기후변화에 대한 공동창조적 반응으로서 진화되어 나온 것으로, 이후의 협동적 행동에 하나의 행태적 틀을 제공해주었다고 주장한다.

2003년에 통계 논문을 발표한 경제학자 사무엘 보울즈Samuel Bowles와 허버트 긴티스Herbert Gintis를 위시하여 일단의 연구자들이 행한 연구는, 이처럼 사회적 관계 맺기를 좋아하는 사회는 그렇지 않은 사회보다 생존율이 더 높다는 사실을 밝혀준다.(참조 8)

사회과학자 니콜라스 크리스타키스Nicholas Christakis와 제임스 폴러James Fowler의 최근의 분석도 소셜네트워크가, 한 번도 만난 적이 없을 수도 있는 세 단계 건너 사람들의 행동과 신념과 심지어는 신체적 건강에까지도 변화를 일으킬 정도로 강력한 힘을 발휘한다는 것을 보여주었다.(참조 9) 그런 네트워크에서는 '친구의 친구의 친구'라는 미약한 연결고리를 통해서도 영향력의 물결과 파도와 흐름이 퍼져나간다.

관계망 속에서 일어나는 특정 패턴의 상호작용은 그 안에 엮여 있는 사람들에게 신체적, 정신적, 정서적 건강으로부터 경제 현상과 혁신의 전파에 이르기까지, 다양한 것을 준다. 이러한 내부적 연결은 관계망을 부분들의 단순 총합보다 큰 하나의 '초생물'의 형태로 묶어준다.

우리는 앞서 작은 세상 관계망이라는 개념을 다뤘었다. 인간 사회의 모든 곳에 존재하는 사회적 연결망은 태생적으로 '나'들을 더 폭넓은 '우리' 속으로 엮어 들인다. 우리를 범지구적 관계망에 연결시키는 인터넷과 널리 퍼져 있는 과학기술과 함께, 오늘날의 우리는 그 어느 때보다도 더 깊이 서로가 서로에게 영향을 미치고 있다. 크리스타키스는 우리의 연결된 삶이 가져다주는 이득은 비용을 능가한다고 주장한다. 그는 이렇게 말한다. "좋은 일을 퍼뜨릴 수 있다는 것이야말로 우리가 관계망 속에서 살아야 할 모든 이유를 정당화해준다."

거의 모든 사람이 사회와 관계망 속에 긴밀히 소속되어 있는 오늘날, 2009년에 리처드 윌킨슨Richard Wilkinson과 케이트 피킷Kate Pickett이 함께 쓴 책《평등이 답이다》(Spirit Level)에서 설명한 발견은 특히 주목할 만하다.(참조 10) 23개의 선진국에서 얻어낸 다량의 사회경제, 건강 관련 데이터와 교육적 성취도, 범죄 행동 데이터를 통해 그들은 한 사회 내의 불평등 지수가 높을수록 '모든 구성원에게' 더 큰 기능부전이 일어난다는 것을 보여주었다.

광범위한 요인으로 인해 기회의 평등이 결과의 평등을 가져다주지는 못하지만, 내재적인 불평등은 더 큰 불평등을 불러와서 피프의 모노폴리 게임처럼 게임의 마당이 평평하지 않고 울퉁불퉁해지게 만든다. 통제받지 않는 돈은 권력과 영향력을 사들이고, 그것은 또 더 큰 권력과 영향력을 키워 불평등을 부추김으로써 그 결과로 온갖 사회적 병폐가 자라나게 한다.

윌킨슨과 피킷이 인용한 것처럼, 지난 몇 해 동안 갈수록 증가해온 사회학 연구의 결과들이 보여주듯이, 불평등 지수가 높으면 사회의 가변성과 일체성과 신뢰와 삶의 기대치와 교육적 성과와 신체적, 정신적, 정서적 건강이 모두 저하된다. '99퍼센트'의 사람들만이 아니라 '1퍼센트'의 사람들도 말이다. 우리는 문자 그대로 100퍼센트이다.

✳ 14장 ✳
의식적 진화

진화의 진화: 무의식적 선택으로부터 의식적 선택으로…

— 미래학자 바바라 막스 허바드Barbara Marx Hubbard의 정의

"우리는 좀더 영적이고 조화로운 문명을 설계하고

소통하여 건설하는 것을 우리의 사명으로 삼을 것이다.

인류로 하여금 본연의 잠재력을 깨달아 그다음의 물질적, 영적, 문화적

진화단계로 나아갈 수 있게 해주는 그런 문명 말이다."

— 2014년 후지 선언

지금은 역사적인 시기이다. 우리의 완벽한 우주의 진화 여
정은 인류의 자아의식을 '의식적으로' 자신을 진화시켜갈 수 있는
— 그것도 시대에 걸쳐서가 아니라 몇 세대에 걸쳐서 그렇게 할 수

있는 ─ 수준까지 데려다놓았다.

이제 우리의 선택은 중차대한 기로에 서 있다. 우리를 인식의 다음 차원으로 나아갈 수 있게 해줄 뿐만 아니라 실질적으로 살아남을 수 있게 해줄 선택 말이다. 여태까지의 우리의 제약된 인식은 우리와 우리의 집인 이 행성을 고장 직전까지 데려다놓았다. 한층 더 깨어 있는 높은 의식의 출현만이 이 난국을 돌파할 수 있게 해줄 것이다.

세계 곳곳의 토착 원주민 장로들이 일러주듯이, '선택은 우리의 몫이다.'

그것은 무엇이 될까?

우리의 선택

우리는 지금 인류 역사상 가장 결정적인 시기의 문턱에 서 있다. 우주를 바라보는 우리의 작은 시야는 우리와 우리의 행성을 파국의 낭떠러지로 데려다놓았지만, 새롭게 대두하고 있는, 의식의 본질적 일체성을 깨우쳐주는 코스믹 홀로그램 모델의 전일적인 시야는 우리에게 변신을 통하여 난국을 돌파할 수 있는 선택의 기회를 제시해주고 있다.

나날이 늘어나고 있는 증거들은 우리의 완벽한 우주 속 만물이 서로 연결되어 있음을 지적으로 깨닫게 하는 수준을 훌쩍 뛰어넘이 있다. ─ 현실은 통합된 하나의 실체임을 보여주는 코스믹 홀로그램 모델은 만물을 포용하는 시야를 삶을 통해 경험할 수 있는 가능성을 현실로 만들어준다.

이 전일적 우주관은 인류의 집단적 경험인 중간우주와 영원 무한한 우주심의 한 유한한 표현물로 존재하는 우리의 우주인 거시우주를 모두 포용하면서도, 개인적이고 소우주적인 의식의 표현물들의 고유한 개성은 그대로 보전해준다.

온전히 깨닫기만 하면, 이 우주관은 이원적 세계관이 빚어내는 갈등 관계를 무색해지게 만들어 이기심을 누그러뜨리고, 인간들끼리만이 아니라 모든 생명과 협동하도록 우리의 이타심을 드높여줄 것이다.

결정적으로, 의식의 일체성을 이해한다는 것은 균질화를 의미하지 않는다. 오히려 그것은 모든 생명의 심오한 목적을 깨우쳐주어 한 집단으로서 인류로 하여금 표현의 다양성을 한껏 누리게 하는 한편으로, 우리의 개인적인 자아감각에도 더욱더 큰 의미를 부여해준다. 우리의 의식이 확장하여 그 같은 전일성을 포용하게 되면 우리는 우리의 우주와 동조되어 조화롭게 공명한다. 분리라는 환영으로부터 비롯된 우리의 두려움은 우리의 진정한 바탕인 사랑에 의해 치유된다.

개인적으로, 집단적으로 변신을 가져오는 이 관점을 맞아들이면, 우리의 선택과 행동도 변성하여 우리는 잊혀있던 기억 속에서 되살려낸 현실의 의식적인 공동창조자이자 우리의 집인 지구의 자비로운 관리자가 될 것이다. 이것이 우리의 개인적이고 집단적인 미래이다. ― 우리가 그렇게 선택하기만 한다면.

통합(integrate) — 위대한 존재로의 합체(into-great)

영적 전통들과 신비가들은 깨어 있는 일상적인 상태와는 다른 의식상태들을 수천 년 동안 탐구해왔지만, 과학은 지난 반세기에 들어서야 그런 변성되고 확장된 의식상태를 연구하기 시작했다. 정신의학자 C. G. 융을 위시한 개척기의 연구자들은 인간의 에고 너머 다차원적인 의식에 관한 자신들의 연구사례들이 동양의 신비가들과 토착 주술사들에게는 이미 너무나 친숙한 것이라는 사실을 발견했다. 그 같은 초개아적 의식상태에 대한 그들의 탐구는 심리학자 스타니슬라프 그로프Stanislav Grof를 위시한 다른 선구적인 연구자들에 의해 크게 확대되었다.

그로프는 50년 이상의 연구를 통해 자신이 '홀로트로픽 holotropic(일체지향적)' 의식상태로 명명한, 종종 독자적으로 입증 가능한 체험들과 관련 정보를 집대성했다. 이 의식상태에서 그는 다차원적이고 원형적이고 우주적인 의식 차원들을 무수히 접했다.

《불가능한 일이 일어날 때》(When the Impossible Happens)*를 위시한 일련의 저서에서, 그로프는 풍부한 종류의 심오한 체험들과 다양한 차원계에 존재하는 의식과 지성과의 소통을 보고한다.(참조 1) 여기에는 역사적 상황과 사건들, 전생체험, 사자들과의 조우, 주술적 체험, 미시세계와 집단 차원을 포함한 다른 생명체들과의 연결, 인도령, 정령, 악령, 외계인, 천사들과의 만남, '신화적인' 존재들과의 연결 능이 포함된다. 체험 보고는 더욱더 확장되어 보편적

---

* 국내에서는 《초월의식: 환각과 우연을 넘어서》라는 제목으로 출간되었다. 역주

인 형태, 혹은 문화적으로 특정한 형태로 나타나는 원형의 세계, 우주적 법칙의 세계, 그리고 마침내는 무형의 우주적 공 자체까지 묘사한다.

이 같은 의식의 다차원적 세계는 시대에 걸쳐 다양한 이름으로 불려왔다. 최근에 어빈 라슬로는 고대 인도에서 본질적으로 그런 초월계를 지칭하던 힌두 개념인 '아카샤^{akasha}'에서 영감을 얻어서 이 세계를 '아카샤의 영역'(akashic domain)이라고 명명했다.

이 같은 초월적 현상을 파헤치는 날로 광범위해지는 연구에는 세 가지 중요한 발견이 있다.

첫째, 초정상 현상의 성질과 마찬가지로, 그런 다차원계의 비일상적 체험 속에서는 비국소적 차원의 검증 가능한 정확한 정보에 접할 수 있다.

둘째, 임사체험 보고와 마찬가지로, 이런 체험은 인간의 혼은 육신을 떠난 후에도 존속한다는 깨달음의 관문을 열어준다. 그리하여 죽음에 대한 두려움에서 해방시켜준다.

셋째, 이런 체험은 의식을 에고의 울타리 너머로 확장시킴으로써 무수한 차원과 존재계에서 다양하고 풍부하게 펼쳐지는 의식의 모습을 보여준다.

지금까지의 주류과학의 이원론과 물질주의는 이런 초월적 현상들의 수용은커녕 해석 틀도 제공하지 못하고 있지만, 새롭게 출현하고 있는 코스믹 홀로그램 모델의 이해는 다차원적이고 비국소적인 능력과 현상과 경험을 포용적인 전일적 우주관 속에 다 품어 안을 수 있게 해준다.

게다가 그로프, 라슬로와 같은 많은 연구자, 그리고 진 휴스턴과 같은 철학자가 말하듯이, 그처럼 확장된 영역에 대한 자각뿐만 아니라 다차원적 존재계의 무수한 차원에 거하는 지성체들과의 교류와 배움은 우리의 진화의 다음 단계를 위해 매우 낙관적인 인식과 조언을 제공해준다.

일상 속의 비일상

거의 60년간의 개인적 경험으로부터 알게 되었지만, 다차원적인 체험을 우리 인간의 육체적 경험 속에 정착시키면서 초개아적인 삶을 살아간다는 것은 때로 쉽지 않다.

나는 네 살 때 최초로 인드라망의 코스믹 홀로그램과 다차원적 의식의 현실을 몸소 체험했었다. 어느 날 잠과 깨어 있는 상태 사이에 붕 떠 있을 때, 나는 영국 북부의 우리 집 침실만큼이나 생생한 현실 같은 심상을 보았고, 그것을 광부인 아버지와 주부인 엄마와 할머니에게 이야기했다. 하지만 날 괴롭히는 남동생에게는 말하지 않았다.

그 심상 속에서 나는 무지갯빛으로 맥동하는 광활한 그물망의 한가운데에 있는 것 같았다. 그것은 기하학적인 형상을 띠고 가물거렸는데, 그 형상은 내가 느끼고 볼 수 있는 가작 작은 규모에서 가장 큰 규모에 이르기까지 서로를 거울처럼 비추어주고 있었다. 그 모습은 고정된 것이 아니라 순간순간 바뀌고 있었다. 그리고 나는 그 패턴으로부터 만들어진 빛의 생명체가 존재함을 깨달았다.

최초의 그 경험 이래로 나는 무수한 심령적 경험과 변성의식 상태와 유체이탈 체험을 하고, 그로부터 얻은 가르침들을 검증해보았다. 그리고 평생 동안의 그런 경험들로부터 얻어온 통찰은, 존재의 물질적 차원 너머에 그런 현실계가 존재하며 지성을 지닌 우주는 상호연결된 만물로 이루어진 하나의 통일체임을 확신하게 만들었다.

나로 하여금 대우주가 '어떻게' 지금과 같은 모습에 이르렀는지만이 아니라 '왜' 그렇게 되었는지를 최초로 묻게 만든 것은, 이런 신비한 체험들이 깊숙이 드러내준 더 광대한 실재를 이해하고 싶은 호기심이었다. 그것은 이 현실을, 다차원의 존재계로부터 역동적으로 공동창조하고 경험하는 무한한 우주심의 의식으로 바라보도록 나를 천천히 이끌어갔다. 그리고 이런 경험들은 긴 세월을 통해 결국 나로 하여금 이 물리적 세계를, 궁극적으로 하나인 온 우주와 우주심의 무한한 지성으로부터 나와서 존재의 모든 규모에 홀로그램과 같은 전일적 구조로 화현하고 있는 무엇으로 바라보게끔 만들었다.

나의 이 모든 경험적 이해는 새롭게 대두되고 있는 과학 개념인 코스믹 홀로그램 모델과, 이 책에서 언급한 대로 급속히 늘어나고 있는 광범위한 증거들 속에 요약되어 있다.

이 발견과 기억해내기의 여정은 아직도 진행 중이다. 가장 지혜로운 선구적 과학자들과 가장 용기 있는 신비가들로부터 영감 받아서 내가 개인적으로 붙들고 있는 유일한 기준은, 마음을 열고 가슴을 열고 증거가 나를 어디로 데려가든지 간에 그것만을 기꺼이 따르는 것이다.

✳

발견과 기억해내기의 여정이 이어지는 동안 이해와, 경험과, 마침내는 전일적 우주관을 지닌 일체의식(unity awareness)의 체득을 향한 우리의 길은 갈수록 더욱 확연해지고 있다.

- 정보는 현실이다.
- 만유는 비트^{bit}이다.
- 마음은 물질이다.

그리고 의식이란 우리가 지니고 있는 무엇이 아니라 우리 자신이요, 온 우주 자체이다.

저마다 현실의 더 깊은 본성을 밝혀내는 여정에 나섰던 무수한 과학자와 철학자와 영적 구도자들의 믿기지 않는 헌신이 없었다면 이 책을 쓸 수가 없었을 것이다.

증거가 어디로 데려가든 기꺼이 따라나섰던 모든 선구적 과학사상가들에게, 이 지면에서는 특히 아이작 뉴턴, 루드비히 볼츠만, 제임스 클러크 맥스웰, 아멜리에 뇌서, 막스 플랑크, 앨버트 아인슈타인, 앨런 튜링, 데니스 가보르, 클로드 섀넌, 데이비드 봄, 존 아치볼드 휠러, 브누아 망델브로에게 감사를 바친다.

또한 시대를 통틀어 현실의 코스믹 홀로그램 속을 깊숙이 탐험하여, 그 보편적인 영적 체험을 공유해준 모든 전통의 철학자들과 영적 구도자들에게도 감사를 바친다.

놀라운 후원과 지혜로운 조언과 즐거운 우정을 베풀어준 '진화의 선도자들'(Evolutionary Leaders)의 친구들과 동료들에게, 그리고 의식적 진화의 창발에 기여하는 사람들의 갈수록 커지는 범지구적 공동체에도 감사를 드린다.

이너 트레이디션Inner Tradition 출판사의 헌신적이고 능숙한 모든 분이 이 책에 관심을 기울이며 그 메시지를 공유해준 데 대해 감사를 드린다. 특히 편집자 존 그래험, 제니 막스, 캐넌 래브리와 영업부장 존 헤이, 홍보부장 블리스 베이츠에게 감사한다.

친절하게 서문을 써주신 어빈 라슬로에게, 그와 그의 사랑하는 부인 카리타의 변함없는 우정과 후원에 감사드린다.

나의 친구이자 동료이자 여행의 길벗이며, 지금은 통합된 실재를 전망하는 전일적 세계관을 논하는 '변성(Transformation) 3부작' 중 1권인 《코스믹 홀로그램》과 나머지 두 권의 메시지의 씨앗을 퍼뜨리는 목표를 향해 나와 함께 나란히 걸어가고 있는 질 애그뉴에게 감사드린다.

전일적 세계의 탐사와 경험을 일평생 해오는 동안 나는 많은 전통의 현자들 — 육신을 지닌 분들과 육신을 지니지 않은 분들 — 을 만나고 배우고 인도받는 엄청난 특권을 누려왔다. 이름을 열거하기에는 너무나 많지만 그 모든 분에 대한 나의 감사는 가슴속에 남아 있다.

내 귀한 남편이자 소울메이트인 토니에게 나는 날마다 온 가슴으로 감사를 드린다. 그는 유머와 인내심과 사랑으로 내 인생의 모든 모험을 응원하고 함께한다. 그는 나를 웃게 하고 내 영혼의 보금자리를 제공해주고, 세상이 무겁게 느껴질 때 나를 포옹해주며,

코스믹 홀로그램

언제나 자신의 놀라운 본보기로써 나를 고양시키고 북돋아준다.

마지막으로, 내가 네 살 때 내 방 안에 빛으로 나타난 이래로 늘 함께하며 멘토이자 안내자이자 사랑하는 친구가 되어준 토트 Thoth에게 말로 다할 수 없는 감사를 올린다.

참고문헌

머리말

1. G. 't Hooft, "Canonical Quantization of Gravitating Point Particles in 2+1 Dimensions," *Classical and Quantum Gravity 10*, no. 8 (1993): 1653.arXiv:gr-qc/9305008.

1장

1. J. A. Frieman, M. S. Turner, and D. Huterer, "Dark Energy and the Accelerating Universe," *Annual Review of Astronomy and Astrophysics* 46, no. 1 (2008): 385–432. arXiv:0803.0982. doi:10.1146/annurev.astro.46.060407.145243.
2. R. Landauer, "Information Is Physical," *Physics Today* 44, (1991): 23–29.
3. L. Szilard, "On the Decrease of Entropy in a Thermodynamic System by the Intervention of Intelligent Beings," (trans.) *Zeitschrift für Physik* 53 (1929): 840–56. www.sns.ias.edu/~tlusty/courses/InfoInBioParis/Papers/Szilard1929.pdf.
4. A. Bérut, A. Arakelyan, A. Petrosyan, S. Ciliberto, R. Dillenschneider, and E. Lutz, "Experimental Verification of Landauer's Principle Linking Information and Thermodynamics, *Nature* 483 (2012): 187–89.
5. A. Peruzzo, P. Shadbolt, N. Brunner, S. Popescu, and J. L. O'Brien, "A Quantum Delayed Choice Experiment," *Science* 338 (2012): 634–637. http://arxiv.org/pdf/1205.4926.pdf.
6. S. S. Afshar, "Waving Copenhagen Good-bye: Were the Founders of Quantum Mechanics Wrong?" Harvard seminar announcement (2004).
7. R. Menzel, D. Puhlmann, A. Heuer, and W. P. Schleich, "Wave-Particle Dualism and Complementarity Unraveled by a Different Mode," Proceedings of the National Academy of Sciences of the United States of America 109, no. 24 (2012): 9314–9319. www.pnas.org/content/109/24/9314.abstract.
8. E. Bolduc, J. Leach, F. M. Miatto, G. Leuchs, and R. W. Boyd, "Fair Sampling Perspective on an Apparent Violation of Duality," Proceedings of the National Academy of Sciences of the United States of America (2014).
9. H. Everett III, "Relative State Formulation of Quantum Mechanics," *Reviews of Modern Physics* (1957).
10. https://en.wikipedia.org/wiki/Dennis_Gabor.

2장

1. L. M. Krauss, *A Universe From Nothing* (New York: Simon & Schuster, 2012).
2. C. Blake et al., "The WiggleZ Dark Energy Survey: Measuring the Cosmic Expansion History Using the Alcock-Paczynski Test and Distant Supernovae," *Astronomy and Geophysics* 49, no. 5 (2011): 5.19–5.24. https://arxiv.org/pdf/1108.2637.pdf.
3. P. A. Milne, R. J. Foley, P. J. Brown, and G. Narayan, "The Changing Fractions of Type Ia Supernova NUV—Optical Subclasses with Redshift," *Astrophysical Journal* 803, no. 20 (2015). DOI: 10.1088/0004-637X/803/1/20.
4. A. S. Eddington, *The Nature of the Physical World* (New York: The MacMillan Company, 1915), 74.
5. S. Toyabe, T. Sagawa, M. Ueda, E. Muneyuki, and M. Sano, "Information Heat Engine: Converting Information to Energy by Feedback Control," *Nature Physics* 6 (2010): 988–992. http://arxiv.org/pdf/1009.5287.pdf.
6. J. D. Bekenstein, "Universal Upper Bound on the Entropy-to-Energy Ratio for Bounded Systems," *Physical Review D* 23, no. 2 (January 15, 1981): 287–98. doi:10.1103/PhysRevD.23.287.

3장

1. J. M. Maldacena, "The Large N Limit of Superconformal Field Theories and Supergravity," *Advanced Theoretical Math and Physics* 2 (1998): 231–252. https://arxiv.org/abs/hep-th/9711200.
2. A. Aspect, P. Grangier, and G. Roger, "Experimental Realization

of Einstein-Podolsky-Rosen-Bohm Gedankenexperiment: A New Violation of Bell's Inequalities." *Physical Review Letters* 49, no. 2 (1982): 91–94. doi:10.1103/PhysRevLett.49.91.

3. F. Bussières, C. Clausen, A. Tiranov, B. Korzh, V. B. Verma, S. W. Nam, F. Marsili, A. Ferrier, P. Goldner, H. Herrmann, C. Silberhorn, W. Sohler, M. Afzelius, and N. Gisin, "Quantum Teleportation from a Telecom-Wavelength Photon to a Solid-State Quantum Memory," *Nature Photonics* 8 (2014): 775–778. http://arxiv.org/pdf/1401.6958.pdf.

4. K. C. Lee, M. R. Sprague, B. J. Sussman, J. Nunn, N. K. Langford, X. M. Jin, T. Champion, P. Michelberger, K. F. Reim, D. England, D. Jaksch, and I. A. Walmsley, "Entangling Macroscopic Diamonds at Room Temperature," *Science* 334, no. 6060 (2011): 1253–56. doi:10.1126/science.1211914.

4장

1. D. Hutsemékers, L. Braibant, V. Pelgrims, and D. Sluse, "Spooky Alignment of Quasars Across Billions of Light-Years," *European Southern Observatory* (November 19, 2014), https://www.eso.org/public/news/eso1438.

2. K. N. Abazajian, N. Canac, S. Horiuchi, M. Kaplinghat, and A. Kwa, "Discovery of a New Galactic Center Excess Consistent with Upscattered Starlight," *Journal of Cosmology and Astroparticle Physics* 7 (2015): 013. http://arxiv.org/abs/1410.6168 (submitted 22 Oct 2014; last revised 10 Jul 2015).

3. A. Bogdan and A. Goulding, "Dark Matter Guides Growth of Supermassive Black Holes," Harvard-Smithsonian Center for Astrophysics release 2015-07 (February 18, 2015).

4. V. Salvatelli, N. Said, M. Bruni, A. Melchiorri, and D. Wands, "Indications of a Late Time Interaction in the Dark Sector," *Physical Review Letters* 113 (October 30, 2014).

5. R. L. Jaffe, "The Casimir Effect and the Quantum Vacuum," *Physical Review D* 72 (2005). https://arxiv.org/abs/hep-th/0503158 (submitted Mar 21, 2005).

6. S. J. Brodsky, C. D. Roberts, R. Shrock, and P. C. Tandy, "New Perspectives on the Quark Condensate," *Physical Review C* 82, 022201(R). www.slac.stanford.edu/th/lectures/Stanford_DarkEnergy_B_Dec2010.pdf.

7. Laser Interferometer Gravitational-Wave Observatory, "Gravitational Waves Detected 100 Years After Einstein's Prediction," 2016, www.ligo.caltech.edu/news/ligo20160211.

8. T. Jacobson, "Thermodynamics of Spacetime: The Einstein Equation of State," *Physical Review Letters* 75 (1995): 1260–1263. http://arxiv.org/pdf/gr-qc/9504004.pdf.

9. E. P. Verlinde, "On the Origin of Gravity and the Laws of Newton," *Journal of High Energy Physics* (2011). https://arxiv.org/abs/1001.0785.

10. T. Wang, "Modified Entropic Gravity Revisited," *High Energy Physics Theory*, https://arxiv.org/abs/1211.5722 (submitted November 25, 2012).

11. R. Loll, "What You Always Wanted to Know about CDT, but Did Not Have Time to Read about in Our Papers," mp4 seminar, http://pirsa.org/14040086/ (November 18, 2005).

12. P. Hořava, "Quantum Gravity at a Lifshitz Point," *Physical Review D* 79, no. 8 (2009). arXiv:0901.3775.

13. P. G. O. Freund, "Emergent Gauge Fields," *High Energy Physics*, http://arxiv.org/abs/1008.4147 (submitted August 24, 2010).

14. Z. Chang, M-H. Li, and X. Li, "Unification of Dark Matter and Dark Energy in a Modified Entropic Force Model," *Commun. Theoretical Physics* 56 (2011): 184–192. http://arxiv.org/abs/1009.1506.

5장

1. SLAC, "BaBar Experiment Confirms Time Asymmetry," www6.slac.stanford.edu/news/2012-11-19-babar-trv.aspx.

2. M. Rees, *Just Six Numbers: The Deep Forces That Shape the Universe* (New York: Basic Books, 2001).

3. M. P. Mueller and L. Masanes, "Three-Dimensionality of Space and the Quantum Bit: An Information-Theoretic Approach," *New Journal of Physics* 15 (2013). http://arxiv.org/abs/1206.0630.

4. B. Dakic, T. Paterek, and C. Brukner, "Density Cubes and Higher-Order Interference Theories," *New Journal of Physics* 16 (2013). http://arxiv.org/pdf/1308.2822v2.pdf.

6장

1. Y. Yuval, M. Eitan, Z. Iluz, Y. Hanein, A. Boag, and J. Scheuer, "Highly Efficient and Broadband Wide-Angle Holography Using Patch-Dipole Nanoantenna Reflectarrays," *Nano Letters* 14, no. 5 (2014): 2485. doi:10.1021/nl5001696.

2. X. Xu, X. Liang, Y. Pan, R. Zheng, and Z. A. Lum, "Spatiotemporal Multiplexing and Streaming of Hologram Data for Full-Color Holographic Video Display," *Optical Review* 21 (February 2015): 220–25.

3. B. Long, S. A. Seah, T. Carter, and S. Subramanian, "Rendering Volumetric Haptic Shapes in Mid-Air Using Ultrasound," *ACM Transactions on Graphics* (November 2014). http://dx.doi.org/10.1145/2661229.2661257.

4. Fermilab, "The Holometer: A Fermilab Experiement," YouTube video (posted December 16, 2014), www.youtube.com/watch?v=8HqEaPKZ7fs.

5. A. S. Chou, R. Gustafson, C. Hogan, B. Kamai, O. Kwon, R. Lanza, L. McCuller, S. S. Meyer, J. Richardson, C. Stoughton, R. Tomlin, S. Waldman, and R. Weiss, "Search for Space-Time Correlations from the Planck Scale with the Fermilab Holometer," *Fermilab* (December 2015). https://arxiv.org/pdf/1512.01216.pdf.

6. Planck Collaboration, "Planck 2015 results. XIII. Cosmological Parameters." *Astronomy and Astrophysics* (February 2015). https://arxiv.org/abs/1502.01589.

7. Y. B. Zeldovich and A. Starobinski,

"Quantum Creation of a Universe with Nontrivial Topology," *Soviet Astronomy Letters* 10, no. 135 (1984).

8. M. Tegmark, A. de Oliveira-Costa, and A. Hamilton, "A High Resolution Foreground Cleaned CMB Map from WMAP," *Physical Review* D68 (2003). http://arxiv.org/abs/astro-ph/0302496.

9. M. M. Caldarelli, J. Camps, B. Goutéraux, and K. Skenderis, "AdS/Ricci-Flat Correspondence and the Gregory-Laflamme Instability," *Physical Review* D67 (March 2013). http://eprints.soton.ac.uk/391645.

10. R. Aurich, H. S. Janzer, S. Lusti and F. Steiner, "Do We Live in a Small Universe?" *Classical and Quantum Gravity* 25 (2008). http://arxiv.org/abs/0708.1420.

8장

1. D. L. Turcotte, "Fractals in Geology: What Are They and What Are They Good For?" *GSA Today* (1991), www.geosociety.org/gsatoday/archive/1/1/pdf/i1052-5173-1-1-sci.pdf.

2. "Fractal Patterns Spotted in the Quantum Realm," Physics World online (February 9, 2010), http://physicsworld.com/cws/article/news/2010/feb/09/fractal-patterns-spotted-in-the-quantum-realm.

3. B. Hunt, J. D. Sanchez-Yamagishi, A. F. Young, M. Yanlowitz, B. J. LeRoy, K. Watanabe, T. Taniguchi, P. Moon, M. Koshino, P. Jarillo-Herrero, and R. C. Ashoori, "Massive Dirac Fermions and Hofstadter Butterfly in a van der Waals Heterostructure," *Science* 340, no. 6139 (June 2013): 1427–30. doi:10.1126/science.1237240.

4. M. Fratini, N. Poccia, A. Ricci, G. Campi, M. Burghammer, G. Aeppli, and A. Bianconi, "Scale-Free Structural Organization of Oxygen Interstitials in La2CuO4+y" *Nature* 466 (August 2010): 841–44. www.nature.com/articles/nature09260.epdf.

5. Warwick University, "Astrophysicists Find Fractal Image of Sun's 'Storm Season' Imprinted on Solar Wind," (2014), www2.

warwick.ac.uk/newsandevents/pressreleases/astrophysicists_find_fractal.

6. J. Li and M. Ostoja-Starzewski, "Saturn's Rings Are Fractal," (June 2012). https://arxiv.org/abs/1207.0155.

7. International Centre for Radio Astronomy Research, "WiggleZ Confirms the Big Picture of the Universe," (2012) www.icrar.org/news/news_items/media-releases/wigglez-confirms-the-big-picture-of-the-universe.

8. L. McClelland, T. Simkin, M. Summers, E. Nielsen, T. C. Stein, eds. *Global Volcanism 1975–1985* (Englewood Cliffs, NJ: Prentice Hall, and Washington DC: American Geophysical Union, 1989).

9. J. F. Lindner, V. Kohar, B. Kia, M. Hippke, J. G. Learned, and W. L. Ditto, "Strange Nonchaotic Stars," *Physical Review Letters* 114 (2015): 1–5.

10. L. P. Kadanoff, "The Droplet Model and Scaling," in *Critical Phenomena, Proceedings of the Int. School of Physics*, edited by M.S. Green (New York: Academic Press, 1971), 118–122.

11. P. Bak, C. Tang, and K. Wiesenfeld, "Self-organized Criticality: An Explanation of the 1/f Noise, *Physical Review Letters* 59 (July 1987): 381–384.

12. E. Lorenz, "Predictability; Does the Flap of a Butterfly's Wings in Brazil Set Off a Tornado in Texas?" American Association for the Advancement of Science 139th Meeting. (1972). http://eaps4.mit.edu/research/Lorenz/Butterfly_1972.pdf.

9장

1. J. P. Crutchfield and D. P. Feldman," "Regularities Unseen, Randomness Observed: The Entropy Convergence Hierarchy," *Chaos* 15 (2003): 25–54.

2. D. P. Feldman, C. S. McTague, and J. P. Crutchfield, "The Organization of Intrinsic Computation: Complexity-Entropy Diagrams and the Diversity of Natural Information Processing," *Chaos* 18 (2008). doi:10.1063/1.2991106. Also available at: arXiv:0806.4789v1.

3. B. Skyrms, "Signals, Evolution and the Explanatory Power of Transient Information," *Philosophy of Science* 69, no. 3 (2002): 407–28.

4. J. J. Johnson, A. Tolk, and A. Sousa-Poza, "A Theory of Emergence and Entropy in Systems of Systems," *Procedia Computer Science* 20 (2013): 283–89.

5. https://en.wikipedia.org/wiki/Evaporating_gaseous_globule.

6. Harvard-Smithsonian Center for Astrophysics, "Magnetic Fields Play a Larger Role in Star Formation than Previously Thought," news release, September 9, 2009, www.cfa.harvard.edu/news/2009-20. Relating to: H-b. Li, D. Dowell, A. Goodman, R. Hildebrand, and G. Novak, "Anchoring Magnetic Field in Turbulent Molecular Clouds," *The Astrophysical Journal* 704, no. 2 (2009). http://arxiv.org/abs/0908.1549.

7. Max Planck Institute for Radio Astronomy, "Interstellar Molecules are Branching Out," news release, September 25, 2014, www.mpifr-bonn.mpg.de/pressreleases/2014/10.

8. C. L. Ilsedore, E. A. Bergin, C. L. O'D. Alexander, F. Du, D. Graninger, K. J. Oberg, and T. J. Harries, "The Ancient Heritage of Water Ice in the Solar System," *Science* 345 (2014). doi:10.1126/science.1258055.

9. T. B. Mahajan, J. E. Elsila, D. W. Deamer, and R. N. Zare, "Formation of Carbon-Carbon Bonds in the Photochemical Alkylation of Polycyclic Aromatic Hydrocarbons," *Origins of Life and Evolution of Biospheres* 33 (2002): 17. web.stanford.edu/group/Zarelab/publinks/zarepub677.pdf.

10. P. Michael, M. P. Callahan, K. E. Smith, H. J. Cleaves II, J. Ruzicka, J. C. Stern, D. P. Glavin, C. H. House, and J. P. Dworkin, "Carbonaceous Meteorites Contain a Wide Range of Extraterrestrial Nucleobases," *Proceedings of the National Academy of Sciences* 108, no. 34 (2011): 13995–13998. http://www.pnas.org/content/108/34/13995.short.

11. J. K. Jorgensen, C. Favre, S. E. Bisschop, T. L. Bourke, E. F. van Dishoek. and M. Schmalzl, "Detection of the Simplest Sugar, Glycolaldehyde, in a Solar-Type Protostar with ALMA," *Astrophysics Journal Letters* 757 (2012). www.eso.org/public/archives/releases/sciencepapers/eso1234/eso1234a.pdf.

코스믹 홀로그램

12. R. Malhotra, "Orbital Resonances and Chaos in the Solar System," in *Solar System Formation and Evolution, ASP Conference Series*, vol. 149, edited by D. Lazzaro, et al. (1998).
13. K. Batygin and G. Laughlin, "Jupiter's Decisive Role in the Inner Solar System's Early Evolution," *Proceedings of the National Academy of Sciences* 112, no. 14 (2015): 4214–4217. www.pnas.org/content/112/14/4214. abstract.
14. J. Hecht, "Saturn's Calming Nature Keeps Earth Friendly for Life," *New Scientist* November 21, 2014. www.newscientist.com/article/dn26601-saturns-calming-nature-keeps-earth-friendly-to-life. Based on E. Pilat-Lohinger, "The Role of Dynamics on the Habitability of an Earth-like Planet," *International Journal of Astrobiology* 14, no. 2 (special issue, 2015): 145–152.
15. M. Landeau, P. Olsen, R. Degeun, and B. H. Hirsch, "Core Merging and Stratification Following Giant Impact," *Nature Geoscience*, published online September 12, 2016, www.nature.com/ngeo/journal/vaop/ncurrent/full/ngeo2808.html.
16. C. W. Carter Jr. and R. Wolfenden, "tRNA Acceptor Stem and Anticodon Bases Form Independent Codes Related to Protein Folding," *Proceedings of the National Academy of Sciences* 112, no. 24 (2015): 7489–7494. www.pnas.org/content/112/24/7489.full.pdf; R. Wolfenden, C. A. Lewis Jr., Y. Yuan, and C. W. Carter Jr., "Temperature dependence of amino acid hydrophobicities," *Proceedings of the National Academy of Sciences* (2015). doi:10.1073/pnas.1507565112.
17. B. H. Patel, C. P. Percivalle, D. J. Ritson, C. D. Duffy, and J. D. Sutherland, "Common Origins of RNA, Protein and Lipid Precursors in a Cyanosulfidic Protometabolism," *Nature Chemistry* 7 (2015): 301–307. www.nature.com/nchem/journal/v7/n4/full/nchem.2202.html.
18. T. Shomrat and M. Levin, "An Automated Training Paradigm Reveals Long-Term Memory in Planaria and Its Persistence through Head Regeneration," *Journal of Experimental Biology* 216, no. 20 (2013): 3799–3810. doi:10.1242/jeb.087809.

19. K. Burton, "NASA Scientists Find Clues that Life Began in Deep Space," NASA news release January 26, 2001, www.nasa.gov/centers/ames/news/releases/2001/01_06AR.html.
20. B. H. Lipton, *The Biology of Belief: Unleashing the Power of Consciousness, Matter and Miracles* (Carlsbad, CA: Hay House, 2011).
21. https://en.wikipedia.org/wiki/Stuart_Kauffman
22. R. H. Thompson and L. W. Swanson, "Hypothesis-Driven Structural Connectivity Analysis Supports Network over Hierarchical Model of Brain Architecture," *Proceedings of the National Academy of Sciences* 107, no. 34 (2010): 15235–15239. www.ncbi.nlm.nih.gov/pubmed/20696892.
23. https://en.wikipedia.org/wiki/Milankovitch_cycles.

10장

1. W. Willinger and V. Paxson, "Where Mathematics Meets the Internet," *Notices of the American Mathematical Society* 45 (1998): 961–70.
2. R. Albert, H. Jeong, and A-L. Barabási, "The Diameter of the WWW," *Nature* 401 (1999): 130–31. arXiv:cond-mat/9907038.
3. M. Faloutsos, P. Faloutsos and C. Faloutsos, *Power-Laws of the Internet*, Technical Report UCR-CS-99-01 (Riverside: University of California, 1999).
4. L. F. Richardson, "Variation of the Frequency of Fatal Quarrels with Magnitude," *Journal of the American Statistical Association* 43, no. 244 (1948): 523–46.
5. L. F. Richardson, "Statistics of Deadly Quarrels, 1809–1949," ICPSR5407. www.icpsr.umich.edu/icpsrweb/ICPSR/studies/5407 (pub 1984).
6. Miami University, "Predicting Insurgent Attacks," news release July 14, 2011 www.miami.edu/index.php/news/releases/predicting_insurgent_attacks.
7. D. J. Watts and S. H. Strogatz, "Collective Dynamics of 'Small-World' Networks," *Nature*

393 (1998): 440–42, doi:10.1038/30918.
8. A-L Barabási and J. G. Oliveira, "Human Dynamics: Darwin and Einstein Communication Patterns," *Nature* 437 (2005). www.nature.com/nature/journal/v437/n7063/abs/4371251a.html.
9. Z. Dezsö, E. Almaas, A. Lukács, B. Rácz, I. Szakadát, and A-L Barabási, "Dynamics of Information Access on the Web," *Physical Review* 73 (2006).
10. D. Rybski, S. V. Buldyrev, S. Havlin, F. Lilijeros, and H. A. Makse, "Scaling Laws of Human Interaction Activity," *Proceedings of the National Academy of Sciences* 106, no. 31 (2009): 12640–12645. www.pnas.org/content/106/31/12640.abstract.
11. C. Fan, J-L. Guo, and Y-L. Zha, "Fractal Analysis on Human Behaviors Dynamics," *Physica A* 391 (2012): 6617–6625. http://arxiv.org/ftp/arxiv/papers/1012/1012.4088.pdf.
12. C. Song, Z. Qu, N. Blumm, and A-L. Barabási, "Limits of Predictability in Human Mobility," *Science* 327, no. 5968 (2010): 1018–21, doi:10.1126/science.1177170.
13. M. Sambridge, H. Tkalčić, and A. Jackson, "Benford's Law in the Natural Sciences," *Geophysical Research Letters* 37 (2010), doi:10.1029/2010GL044830.
14. J. Aron. "Mathematical Crime-fighter Helps Hunt for Alien Worlds," *New Scientist*, November 28, 2013, www.newscientist.com/article/dn24668-mathematical-crime-fighter-helps-hunt-for-alien-worlds.
15. X. Gabaix, "Zipf's Law for Cities: An Explanation," *The Quarterly Journal of Economics* 114, no. 3 (August 1999): 739–767, www.jstor.org/stable/2586883.
16. H. Lin and A. Loab, "Astrophysicists Prove that Cities on Earth Grow in the Same Way as Galaxies in Space," *MIT Technology Review*, January 16, 2015. www.technologyreview.com/s/534251/astrophysicists-prove-that-cities-on-earth-grow-in-the-same-way-as-galaxies-in-space.
17. W. Cheng, P. K. Law, H. C. Kwan, and R. S. S. Cheng, "Stimulation Therapies and the Relevance of Fractal Dynamics to the Treatment of Diseases," *Open Journal of Regenerative Medicine* 3, no. 4 (2014): 73–94.

www.scirp.org/journal/PaperInformation.aspx?paperID=51401.
18. N. N. Taleb, *The Black Swan: The Impact of the Highly Improbable*, 2nd ed. (New York: Random House, 2010).

11장

1. D. J. Simons and D. L. Levin, "Failure to Detect Changes to People during a Real-World Interaction," *Psychonomic Bulletin & Review* 5 no. 4 (1998): 644–49.
2. W. J. Cromie, "Meditation Changes Temperature: Mind Controls Body in Extreme Experiments," *Harvard Gazette*, April 18, 2002.
3. E. Peper, V. S. Wilson, M. Kawakami, and M. Sata, "The Physiological Correlates of Body Piercing by a Yoga Master: Control of Pain and Bleeding," *Subtle Energies and Energy Medicine Journal* 14, no. 3 (2005): 223–237. https://biofeedbackhealth.files.wordpress.com/2011/01/final-piercing-7-15-05.pdf.
4. V. De Pascalis, "Psychophysiological Correlates of Hypnosis and Hypnotic Susceptibility," *International Journal of Clinical Experimental Hypnosis* 47, no. 2 (1999): 117–143.
5. G. H. Montgomery and I. Kirsch, "Mechanisms of Placebo Pain Reduction: An Empirical Investigation," *Psychological Science* 7 (1996): 174–76.
6. F. Benedetti, J. Durando, and S. Vighetti, "Nocebo and Placebo Modulation of Hypobaric Hypoxia Headache Involves the Cyclooxygenase-Prostaglandins Pathway," *Pain* 155, no. 5 (May 2014): 921–28. www.ncbi.nlm.nih.gov/pubmed/24462931.
7. S. Silberman, "Placebos Are Getting More Effective. Drugmakers Are Desperate to Know Why," *Wired*, August 24, 2009. www.wired.com/2009/08/ff-placebo-effect.
8. K. Paramaguru, "Has the Universe Stopped Producing New Stars?" *Time*, November 13, 2012. http://newsfeed.time.com/2012/11/13/has-the-universe-almost-stopped-producing-new-stars.

9. N. J Poplawski, "Cosmology with Torsion: An Alternative to Cosmic Inflation," *Physics Letters B* 694 (2010): 181–185. https://arxiv.org/abs/1007.0587.

10. M. J. Longo, "Detection of a Dipole in the Handedness of Spiral Galaxies with Redshifts *z0.0 4*," Physics Letters B~ 699, no. 4 (May 2011): 224–29.

12장

1. D. Ellerman, "A Common Fallacy in Quantum Mechanics: Why Delayed Choice Experiments Do NOT Imply Retrocausality," (2012), http://jamesowenweatherall.com/SCPPRG/EllermanDavid2012Man_QuantumEraser2.pdf. Published as "Why Delayed Choice Experiments Do NOT Imply Retrocausality," *Quantum Studies: Mathematics and Foundations* 2, no. 2 (2015): 183–199.

2. Colin Cooke, *An Introduction to Experimental Physics* (London: UCL Press, 1996), 5.

3. E. Laszlo and J. Currivan, *CosMos: A Co-Creator's Guide to the Whole World* (Carlsbad, Calif.: Hay House, 2008).

4. Benedict Carey, "A Princeton Lab on ESP Plans to Close Its Doors," *New York Times*, February 10, 2007. www.nytimes.com/2007/02/10/science/10princeton.html?_r=1.

5. L. Storm, P. E. Tressoldi, and L. Di Risio, "Meta-Analysis of Free-Response Studies, 1992–2008: Assessing the Noise-Reduction Model in Parapsychology," *Psychological Bulletin* 136, no. 4 (2010): 471–85.

6. L. Storm, P. E. Tressoldi, and L. Di Risio, "Meta-Analysis of ESP Studies, 1987–2010: Assessing the Success of the Forced-Choice Design in Parapsychology," *Journal of Parapsychology* 76, no. 2 (2012): 243–74.

7. L. Storm, P. E. Tressoldi, and J. Utts, "Testing the Storm et al. (2010) Meta-Analysis Using Bayesian and Frequentist Approaches: Reply to Rouder et al.," *Psychological Bulletin* 139, no. 1 (2013): 248–54.

8. P. E. Tressoldi, "Extraordinary Claims Require Extraordinary Evidence: The Case of Non-Local Perception, a Classical and Bayesian Review of Evidences," *Frontiers in Psychology* 2, no. 117 (June 2011). doi:10.3389/fpsyg.2011.00117.

9. J. Mossbridge, P. E. Tressoldi, and J. Utts, "Predictive Physiological Anticipation Preceding Seemingly Unpredictable Stimuli: A Meta-Analysis," *Frontiers in Psychology* 3, no. 390 (October 2012). doi:10.3389/fpsyg.2012.00390.

10. S. Schmidt, "Can We Help Just by Good Intentions? A Meta-Analysis of Experiments on Distant Intention Effects," *Journal of Alternative and Complementary Medicine* 18, no. 6 (2012): 529–33. doi:10.1089/acm.2011.0321.

11. Guy Lyon Playfair, *Twin Telepathy: The Psychic Connection* (3rd edition, Hove, U.K.: White Crow Books, 2012).

12. S. Saseendran, "Miracle Girl: Nandana Has Access to Mother's Memory," *Khaleej Times*, March 15, 2013, www.khaleejtimes.com/business/miracle-girl-nandana-has-access-to-mother-s-memory.

13. D. Radin, *Entangled Minds: Extrasensory Experiences in a Quantum Reality* (New York: Paraview Pocket Books/Simon & Schuster, 2006).

14. D. J. Bierman and H. S. Scholte, "Anomalous Anticipatory Brain Activation Preceding Exposure of Emotional and Neutral Pictures," University of Amsterdam (2002).

15. R. McCraty, M. Atkinson, and R. T. Bradley, "Electrophysiological Evidence of Intuition: Part 1. The Surprising Role of the Heart," *Journal of Alternative and Complementary Medicine* 10, no. 1 (2004): 133–43.

16. D. J. Bem, "Feeling the Future: Experimental Evidence for Anomalous Retroactive Influences on Cognition and Affect," *Journal of Personality and Social Psychology* 100, no. 3 (March 2011): 407–25. doi:10.1037/a0021524.

17. S. Rhine Feather and M. Schmicker, *The Gift: Extraordinary Experiences of Ordinary People* (New York: St. Martin's, 2006).

18. S. A. Schwartz, *Opening to the Infinite* (Buda, Tex: Nemoseen Media, 2007).

19. E. C. May, S. J. P. Spottiswoode, and L. V.

Faith, "The Correlation of the Gradient of Shannon Entropy and Anomalous Cognition," *Journal of Scientific Exploration* 14, no. 1 (2000): 53–72.

20. S. Parnia, K. Spearpoint , G. de Vos, P. Fenwick, D. Goldberg, J. Yang, J. Zhu, K. Baker, H. Killingback, P. McLean, M. Wood, A. M. Zafari, N. Dickert, R. Beisteiner, F. Sterz, M Berger, C. Warlow, S. Bullock, S. Lovett, R. M. McPara, S. Marti-Navarette, P. Cushing, P. Wills, K. Harris, J. Sutton, A. Walmsley, C. D. Deakin, P. Little, M. Farber, B. Greyson, and E. R. Schoenfeld, "AWARE-AWAreness During REsuscitation: A Prospective Study," *Resuscitation* (2014). www.ncbi.nlm.nih.gov/pubmed/25301715.

21. University of Southampton, "Results of World's Largest Near Death Experiences Study Published," October 7, 2014 press release, www.southampton.ac.uk/news/2014/10/07-worlds-largest-near-death-experiences-study.page.

22. P. van Lommel, R. van Wees, V. Meyers, and I. Elfferich, "Near-Death Experience in Survivors of Cardiac Arrest: A Prospective Study in the Netherlands," *Lancet* 358, no. 9298 (December 2001): 2039–45.

23. E. Cardeña, "A Call for an Open, Informed Study of All Forms of Consciousness," *Frontiers in Human Neuroscience* 8 (2014), www.ncbi.nlm.nih.gov/pmc/articles/PMC3902298.

13장

1. R. Rosenthal and L. Jacobson, "Teachers' Expectancies: Determinants of Pupils' IQ Gains," *Psychological Reports* 19 (1963): 115–18.

2. Graham Lawton, "The Grand Delusion: Why Nothing Is as It Seems," *New Scientist* May 6, 2011. www.learningmethods.com/downloads/pdf/the.grand.delusion--why.nothing.is.as.it.seems.pdf.

3. Paul Piff, "Does Money Make You Mean?" TED Talk, October 2013, www.ted.com/talks/paul_piff_does_money_make_you_mean?language=en.

4. B. G. Dias and K. J. Ressler, "Parental Olfactory Experience Influences Behavior and Neural Structure in Subsequent Generations," *Nature Neuroscience* 17 (2014): 89–96. http://dx.doi.org/10.1038/nn.3594.

5. R. Yehuda, "Neuroendocrine Aspects of PTSD," *Handbook of Experimental Pharmacology* 169 (2005): 371–403. www.ncbi.nlm.nih.gov/pubmed/16594265.

6. R. Yehuda, N. P. Daskalais, H. N. Bierer, T. Klengel, F. Holsboer, and E. B. Binder, "Holocaust Exposure Induced Intergenerational Effects on FKBP5 Methylation," *Biological Psychiatry* (2015). www.biologicalpsychiatryjournal.com/article/S0006-3223(15)00652-6/abstract.

7. R. Boyd and P. J. Richerson, *Not by Genes Alone: How Culture Transformed Human Evolution* (Chicago: University of Chicago Press, 2006).

8. S. Bowles and H. Gintis, "The Evolution of Strong Reciprocity: Cooperation in Heterogeneous Populations," *Theoretical Population Biology* 65, no. 1 (February 2004): 17–28. www.umass.edu/preferen/gintis/evolsr.pdf.

9. N. A. Christakis and J. H. Fowler, *Connected: The Surprising Power of Our Social Networks and How They Shape Our Lives—How Your Friends' Friends' Friends Affect Everything You Feel, Think, and Do* (New York: Back Bay Books/Little Brown, 2011).

10. K. Picknett and R. Wilkinson, *The Spirit Level: Why Greater Equality Makes Societies Stronger* (New York: Bloomsbury, 2011).

14장

1. S. Grof, *When the Impossible Happens: Adventures in Non-Ordinary Realities* (Louisville, Colo.: Sounds True, 2006).